U0166256

决策咨询系列

国家科学思想库

中国科学家思想录

第十六辑

中国科学院

科学出版社
北京

内 容 简 介

中国科学院学部是国家在科学技术方面的较高咨询机构，长期以来围绕推进经济社会发展、改善人民生活、保障国防安全等方面的重大科技问题，开展了一系列决策咨询和战略研究，提出了许多重要咨询意见和建议，为中央决策提供了科学依据。

“中国科学家思想录”较为系统地对这些重要报告和院士建议进行了梳理和精编，记录了广大院士在科学研究基础上服务国家科学决策的丰富思想，将对各级政府决策科学化、社会公众理解科学起到积极的推动作用。

本书汇集了2017年经学部咨询评议工作委员会审议通过并报送党中央、国务院的咨询报告和院士建议，内容关注的重大问题均与国家经济社会发展密切相关，提出的政策建议都是众多院士专家经过深入调查和广泛研讨完成的，具有重要的参考价值。

图书在版编目（CIP）数据

中国科学家思想录. 第十六辑 / 中国科学院编. —北京：科学出版社，2021.6

ISBN 978-7-03-068957-3

Ⅰ. ①中… Ⅱ. ①中… Ⅲ. ①自然科学-学术思想-研究-中国 Ⅳ. ①N12

中国版本图书馆 CIP 数据核字（2021）第 103848 号

责任编辑：侯俊琳 牛 玲 刘巧巧 / 责任校对：贾伟娟
责任印制：师艳茹 / 封面设计：黄华斌 陈 敬 张伯阳

科学出版社 出版
北京东黄城根北街 16 号
邮政编码：100717
http://www.sciencep.com

天津市新科印刷有限公司 印刷

科学出版社发行 各地新华书店经销

*

2021年6月第 一 版 开本：720×1000 1/16
2021年6月第一次印刷 印张：22 1/4
字数：350 000

定价：148.00元

（如有印装质量问题，我社负责调换）

丛书序

白春礼

中国科学院作为国家科学思想库，长期以来，组织广大院士开展战略研究和决策咨询，完成了一系列咨询报告和院士建议。这些报告和建议从科学家的视角，以科学严谨的方法，讨论了我国科学技术的发展方向、与国家经济社会发展相关联的重大科技问题和政策，以及若干社会公众广为关注的问题，为国家宏观决策提供了重要的科学依据和政策建议，受到党中央和国务院的高度重视。本套丛书按年度汇编 1998 年以来中国科学院学部完成的咨询报告和院士建议，旨在将这些思想成果服务于社会，科学地引导公众。

当今世界正在发生大变革、大调整，新科技革命的曙光已经显现，我国经济社会发展也正处在重要的转型期，转变经济发展方式、实现科学发展越来越需要我国科技加快从跟踪为主向创新跨越转变。在这样一个关键时期，出思想尤为重要。中国科学院作为国家科学思想库，必须依靠自己的智慧和科学的思考，在把握我国科学的发展方向、选择战略性新兴产业的关键核心技术、突破资源瓶颈和生态环境约束、破解社会转型时期复杂社会矛盾、建立与世界更加和谐的关系等方面发挥更大作用。

思想解放是人类社会大变革的前奏。近代以来，文艺复兴和思想启蒙运动极大地解放了思想，引发了科学革命和工业革命，开启了人类现代化进程。我国改革开放的伟大实践，源于关于真理标准的大讨论，这一讨论确立了我党解放思想、实事求是的思想路线，极大地激发了中国人民的聪明才智,创造了世界发展史上的又一奇迹。当前，我国正处在现代化建设的关键时期，进一步解放思想，多出科学思想，多出战略思想，多出深刻思想，比以往任何时期都更加紧迫，更加重要。

思想创新是创新驱动发展的源泉。一部人类文明史，本质上是人类不断思考世界、认识世界到改造世界的历史。一部人类科学史，本质上是人类不断思考自然、认识自然到驾驭自然的历史。反思我们走过的历程，尽管我国在经济建设方面取得了举世瞩目的成就，科技发展也取得了长足的进步，但从思想角度看，我们的经济发展更多地借鉴了人类发展的成功经验，我们的科技发展主要是跟踪世界科技发展前沿，真正中国原创的思想还比较少，“钱学森之问”仍在困扰和拷问着我们。当前我国确立了创新驱动发展的道路，这是一条世界各国都在探索的道路，并无成功经验可以借鉴，需要我们在实践中自主创新。当前我国科技正处在创新跨越的起点，而原创能力已成为制约发展的瓶颈,需要科技界大幅提升思想创新的能力。

思想繁荣是社会和谐的基础。和谐基于相互理解，理解源于思想交流，建设社会主义和谐社会需要思想繁荣。思想繁荣需要提倡学术自由，学术自由需要鼓励学术争鸣，学术争鸣需要批判思维，批判思维需要独立思考。当前我国正处于社会转型期，各种复杂矛盾交织，需要国家采取适当的政策和措施予以解决，但思想繁荣是治本之策。思想繁荣也是我国社会主义文化大发展、大繁荣应有之义。

正是基于上述思考，我们把“出思想”、“出成果”和“出人才”并列作为中国科学院新时期的战略使命。面对国家和人民的殷切期望，面对科技创新跨越的机遇与挑战，我们要进一步对国家科学思想库建设加以系统谋划、整体布局，切实加强咨询研究、战略研究和学术研究，努力取得更多的富有科学性、前瞻性、系统性和可操作性的思想成果，为国家宏观决策提供咨询建议和科学依据，为社会公众提供科学思想和精神食粮。

二〇一二年十一月

前 言

作为国家在科学技术方面最高咨询机构，长期以来，中国科学院学部组织广大院士围绕我国经济社会可持续发展、科技发展前沿领域和体制机制、应对全球性重大挑战等重大问题，开展战略研究和决策咨询，形成了许多咨询报告和院士建议。这些咨询报告和院士建议为国家宏观决策提供了重要参考依据，许多已经被采纳并成为公共政策。将咨询报告和院士建议公开出版发行，对于社会公众了解中国科学院学部咨询评议工作、理解国家相关政策无疑是有帮助的，对于传承、传播院士们的科学思想和为学精神也大有裨益。

“中国科学家思想录”丛书自2009年5月开始启动出版，至今已有十余年的时间。本次出版的《中国科学家思想录·第十六辑》，汇集了2017年经学部咨询评议工作委员会审议通过并报送党中央、国务院的咨询报告和院士建议，内容关注的重大问题均与国家经济社会发展密切相关，提出的政策建议都是众多院士专家经过深入调查和广泛研讨完成的，具有重要的参考价值。

希望本次出版的《中国科学家思想录·第十六辑》能让广大读者更加深入地了解中国科学院学部为加强国家高水平科技智库建设所做出的不懈努力，了解广大院士为国家决策发挥参谋、咨询作用提供的诸多可资借鉴的宝贵资料，也期待广大读者提出宝贵意见。

中国科学院学部工作局

2021年6月

目　录

丛书序　/ i
前言　/ iii

推进“未来地球”研究，加强科学为决策服务的顶层设计，提升可持续发展能力……1

关于新型城镇化过程中中国城市和城市建筑的若干问题及建议……29

抓住OLED发展的战略机遇，实现我国显示产业的跨越式发展……58

渤海海峡隧道工程建设必要性分析与建议……77

关于重视核电站水库安全防控和预警工作的建议……94

关于开展我国自主高精度全球测图的建议……103

高附加值稀土功能材料发展对策……114

中国近海生态环境评价与保护管理的科学问题及政策建议……123

关于推进“资源节约型、环境友好型”绿色种业建设的建议……134

改革我国科技评价指标体系的若干建议……146

中国制造2049：战略与规划……153

后 AR5 时代气候变化主要科学认知及若干建议 ······ 171

加快我国煤炭行业一流采矿技术成果转化，建设采矿强国 ······ 182

关于我国沙化防治与沙产业发展的建议 ······ 202

新时期我国科技成果转化若干问题研究及对策建议 ······ 212

关于推动我国空间遥感及其综合应用发展的若干建议 ······ 230

协调江湖关系，促进长江中游绿色生态廊道建设 ······ 246

关于建设雄安新区水安全保障体系的建议 ······ 254

大力推广绿色控草技术，科学防治我国农田杂草危害 ······ 267

加强三江源暖干化趋势下水文-生态系统相关研究的建议 ······ 275

关于加速成立中国生物信息学学会的建议 ······ 288

关于开展中国大陆地质源温室气体监测的建议 ······ 290

关于黑河流域水资源保护与生态需水的建议 ······ 293

关于 2017 年 1～2 月京津冀霾污染趋势预测展望 ······ 297

关于“建设 2022 年冬奥会赛区雪务保障基础设施若干紧要问题”的建议 ······ 300

北京 2022 年冬奥会气象与雪质监测预报重大科技攻关刻不容缓 ······ 304

关于“在青藏高原国家重点生态功能区甘南藏族自治州开展绿色现代化建设试点”的建议 ······ 310

关于 2017 年冬季京津冀和长三角区域霾污染趋势的预测展望 ······ 317

关于将电子束新兴产业列入“一带一路”合作项目的建议 ……………… 321
关于雄安新区能源系统规划建设的建议 ……………………………… 324
雄安新区建设前期有关水生态与水环境的重点研究工作建议 …………… 329
关于利用长江水体开展地下探测计划的建议 ………………………… 336
关于大力加强四川杂卤石型钾资源地质勘查与技术开发的建议 ………… 340

推进“未来地球”研究，加强科学为决策服务的顶层设计，提升可持续发展能力

吴国雄　等

导　言

从政府间气候变化专门委员会（Intergovernmental Panel on Climate Change，IPCC）1990年发布第一次气候变化评估报告至2014年发布第五次报告，越来越多的观测数据和科学研究都证明了：人类活动是20世纪中叶以来全球气候变暖的主要贡献者；人类活动的规模能够影响地球系统的总体进程，并且与自然变化一起导致了危害人类生存和发展的全球环境变化。人类活动、地球系统的大尺度变化和局地影响之间的跨尺度相互作用对人类发展具有重大影响，并导致人类社会面临众多的可持续性挑战，越来越多的科学发现和事实表明，向可持续性转变是保护未来全球可持续繁荣的必然选择。我们应在解决经济发展、人口结构变化、气候变化和生物多样性减少等可持续发展挑战的同时，提供基于科学知识的解决方案，以满足粮食、淡水和能源需求，确保人类社会的持续繁荣发展。

作为全球最大的发展中国家，中国在过去30年的经济快速发展极大地

改善了人民的生活，但同时也引发了资源、环境与发展的矛盾。根据国际能源机构数据，2014 年中国消费了全球能源消费总量的 23%，是世界上最大的能源消费国、最大的石油进口国和二氧化碳排放国。中国在成为世界最大制造工厂的同时，也成为环境问题最严重的国家之一。习近平总书记于 2014 年在中国科学院第十七次院士大会、中国工程院第十二次院士大会上指出："不能想象我们能够以现有发达水平人口消耗资源的方式来生产生活，那全球现有资源都给我们也不够用！老路走不通，新路在哪里？就在科技创新上，就在加快从要素驱动、投资规模驱动发展为主向以创新驱动发展为主的转变上。"[①]由此可见，"发展低碳经济和生态文明社会"已成为我国最重要的国家发展战略之一，如何让环境与经济和谐发展已成为政府、公众最为关注的问题，也是科学界亟须回答的问题。

自 2008 年起，国际科学理事会（ICSU）有意在原有四大全球变化研究计划[世界气候研究计划（WCRP）、国际地圈生物圈计划（IGBP）、国际生物多样性计划（DIVERSITAS）、国际全球环境变化人文因素计划（IHDP）]的基础上，组建更加强调可持续发展目标的全新研究计划。ICSU 的改革动力首先来自 2000 年以后国际社会对全球气候/环境问题的日益关注，"科学为社会发展服务、为政策制定服务"的概念被广泛接受。低碳减排、保护环境不仅要靠工程技术的发明和革新，更要依赖科学家、公众、政策制定者的广泛参与，尤其是自然科学家和社会科学家的协作，才能达到科研成果社会效应的最大化。在这种背景下，由 ICSU、国际社会科学理事会（ISSC）、联合国教科文组织（UNESCO）、联合国环境规划署（UNEP）、联合国大学（UNU）、贝尔蒙特论坛（Belmont Forum）和国际全球变化研究资助机构（IGFA）等联合组成的"全球可持续发展科学和技术联盟"，发起为期 10 年（2014～2023 年）的"未来地球"（Future Earth，FE）计划。"未来地球"计划旨在联合自然科学和社会科学研究，向社会普及知识，为决策者提供依据，促进全球可持续发展。其主旨契合我国政府倡导的"创造人类与自然和谐发展的生态文明社会"的理念，而其新颖的实施理念——"协同设计、协同实

---

① 习近平：在中国科学院第十七次院士大会、中国工程院第十二次院士大会上的讲话. http：//cpc.people.com.cn/n/2014/0610/c64094-25125594.html.

施、协同推广"（co-design，co-production and co-delivery），更加强调了"未来地球"计划科学任务从策划、实施到成果推广所有过程的开放参与性，有助于增强这一全新计划服务全球可持续性发展的能力[1]。

中国的全球变化研究经过 30 多年的发展，在科学认知、能力建设和服务决策等诸多方面都取得了显著的进展和巨大成就，但仍存在一些科学组织机制上的不足，这些不足约束了全球变化科学领域创新活力的迸发。例如，服务国家重大战略需求的科学布局仍有待加强，跨学科交叉研究组织策划仍显不足，缺乏对复杂问题系统性解决方案的顶层设计，等等。

2014 年 5 月，在北京召开的"未来地球"计划中国委员会的筹备会议上，与会专家指出："未来地球"在中国的研究要克服四个方面的难题：一是科学本身的难题，包括未来气候环境变化趋势的不确定性及其影响的不确定性；二是体制上的难题，我国的学科交叉研究较为落后，造成对科学问题的综合认知水平较差；三是科学如何为决策服务的难题，如何让决策人接受科学家的意见；四是科学家如何与公众进行交流的难题。

习近平总书记在 2016 年 5 月 30 日全国科技创新大会、两院院士大会、中国科学技术协会第九次全国代表大会上的讲话中指出，"长期以来主要依靠资源、资本、劳动力等要素投入支撑经济增长和规模扩张的方式已不可持续"，并要求"现在，我国低成本资源和要素投入形成的驱动力明显减弱，需要依靠更多更好的科技创新为经济发展注入新动力；社会发展面临人口老龄化、消除贫困、保障人民健康等多方面挑战，需要依靠更多更好的科技创新实现经济社会协调发展；生态文明发展面临日益严峻的环境污染，需要依靠更多更好的科技创新建设天蓝、地绿、水清的美丽中国；能源安全、粮食安全、网络安全、生态安全、生物安全、国防安全等风险压力不断增加，需要依靠更多更好的科技创新保障国家安全"①。习近平总书记这一讲话精神也是"未来地球"研究的追求目标，并对我国"未来地球"计划的组织实施和科学研究工作具有重要的指导意义。

受中国科学院学部支持，由吴国雄院士、秦大河院士和傅伯杰院士牵头承担的"开展中国'未来地球'研究，提升社会可持续发展能力"学部咨询

① 习近平指出科技创新的三大方向. http：//politics.people.com.cn/n1/2016/0602/c1001-28406379.html.

评议项目，旨在探索如何在中国组织开展“未来地球”计划研究，如何从国家战略、国际前沿和跨学科研究方法的角度探索“科学为可持续发展决策服务”的新机制，以及如何建立基于“协同设计、协同实施、协同推广”理念的全新科学组织体系。咨询项目于2014年10月正式启动，来自中国科学院28个单位的49位专家参加研究，希望通过研究建立我国全球变化可持续发展研究的全新组织模式，加强自然科学和社会科学的跨学科交叉研究，探索利益相关方参与的协同工作机制，以及鼓励科研成果更好地支持政府决策和服务社会需求；希望通过充分发挥我国特有科技资源和特色科学研究优势，鼓励中国科学家积极参与和主导国际研究，为全球可持续发展研究做出中国的贡献。

一、可持续发展的全球挑战与需求

“可持续发展”这一概念：融经济增长、社会发展和环境保护于一体，自1987年在世界环境与发展委员会关于人类未来的报告——《我们共同的未来》中正式提出以来，已成为一个事关全球发展的综合战略和指导人类发展的理念[2]。过去30年，各个国家为促进可持续发展付出了巨大努力，但是全球的经济、社会和环境发展仍面临着严峻的挑战，全球可持续发展形势依然严峻。

（一）经济和社会领域面临的挑战

近20年来，世界政治和经济格局发生了十分显著的变化，发展中国家的地位不断上升，但是全球经济发展依然不平衡，在经济总量不断上升的同时，经济增长的不稳定性在加大。世界贫富差距明显，贫困问题不容乐观。世界总人口数不断增加，1992年全球人口为54亿，至2015年底超过73亿，短短的20多年间人口总数增长了1/3。不断膨胀的人口一方面需要一个健康的经济和社会环境来支撑，另一方面也给经济、社会及环境的可持续发展带来重要影响。环境恶化导致的居民健康状况堪忧，给人类社会带来巨大损失。2016年5月召开的第二届联合国环境大会上发布了题为《健康星球，健康人类》的报告。该报告的分析结果表明：2012年全球有大约1260万人由于环境原因死亡，占全球总死亡人数的23%；全球每年因环境恶化而导致过早死亡人数比冲突致死人数高234倍；气候变化加剧了环境健康风险的规模和强度。根据世界卫生组织的预计，全球在2030～2050年每年将新增25万人死于酷热以及气候变化导致的营养不良、疟疾、腹泻。在过去的20年间，一些新生的人畜共患病造成的直接成本消耗超过1000亿美元。

（二）地球环境系统面临的挑战

有证据表明，人类活动正在以威胁健康和发展的方式改变着地球系统，并且与自然变化一起导致了危险的全球环境变化。人类正面临着前所未有的全球风险。全球环境变化的区域和局地影响可破坏自然资源和生态系统服务，使得地球系统面临跨越关键拐点的风险。地球系统的突变将为人类社会带来潜在的灾难性和不可逆转的影响，并对经济发展和人类福祉产生严重的影响[3-6]。

全球可持续性研究领域面临着如下5项重大挑战，这些挑战虽然涉及不同领域，但都是了解自然环境和人类系统相互作用的最重要的方面，旨在揭示社会-环境耦合系统如何变化，以及未来需要采取怎样的行动和措施以实现人类的可持续发展[7]。

挑战1：预测，提高未来环境预测的实用性和对人类的贡献。

优先研究问题：①哪些显著的环境变化可能是人类活动导致的？这些变化如何影响人类，以及人类如何应对？②全球环境变化给脆弱群体带来什么威胁？哪些应对措施可以有效减少对这些群体的伤害？

挑战2：观测，发展、改进和集成观测系统以管理全球和区域环境变化。

优先研究问题：①为了应对、适应和影响全球变化，对社会-环境系统，我们需要观测什么，在什么尺度上观测？②适用于观测和信息交流系统的特征是什么？

挑战3：突变与风险，决定如何预见、认识、避免和管理破坏性的全球环境变化。

优先研究问题：①社会-环境耦合系统中哪些方面具有有害后果和风险？②如何识别、分析社会-环境耦合系统是否接近阈值？③怎样的预防、适应和变革策略可以有效应对突发变化？④如何有效增进对全球变化风险的科学认知，并促进和支持决策者和公众采取合适的行动？

挑战4：应对，确定什么制度、经济和行为改变可有效达到全球可持续性发展。

优先研究问题：①什么制度和组织结构对平衡局部、区域和全球尺度上各方利益是有效的，如何实现？②经济系统的何种变化将对全球可持续性发展贡献最大，如何实现？③生活方式或行为发生怎样的变化，并对改进全球可持续发展贡献最大？如何实现？④如何通过制度管理，动用社会资源以减缓贫困、解决社会不公和满足发展需求？⑤如何将控制全球环境变化的政策与其他全球政策相互支持和集成？⑥如何在多重尺度上寻求环境解决方案并为各方接受？

挑战5：创新，鼓励在技术发展、政策和社会响应方面的创新以实现全球可持续性发展。

优先研究问题：①需要何种激励机制和模式来增强技术、政策和机构的创新系统能力以响应全球环境变化？②如何在可再生能源、土地、水、气候变化等关键领域满足创新和评估的迫切需求？

（三）地球系统跨学科集成研究的必要性

面向全球可持续性转型的挑战不仅在规模上是庞大的，在时间上也是紧迫的。关于人类面临的全球风险和地球系统如何运行，我们仍有许多知识空白。我们处于一个全球社会-环境研究转型的关头：从自然科学主导转变为广泛的科学和人文领域参与的研究，从单学科主导转为更加平衡的多学科集成研究，以及从依赖单学科专长到促进多学科和跨学科整体方案的研究。

新的全球可持续性地球系统研究需要提上议程，在积累知识和加深理解的同时寻求转型的解决方法，研究人类对全球环境变化响应的各种需求，包括科学、技术、体制、经济以及人类行为变化。新的集成研究需要重新界定人类-环境相互作用，构建全球观测系统以监测和理解世界正在发生的生物物理学过程和社会变化，以及地球系统动力学和全球变化的人文因素，探索用户研究、转型变化、创新、经济发展以及提高人类安全伙伴关系的新机遇。

（四）“未来地球”计划与全球可持续发展

鉴于以上紧迫的需求，围绕未来全球可持续发展的科学目标、科学问题和研究手段，2008 年 ICSU 对旗下各科学计划组织了一次全面评估，确定了解决全球环境变化和可持续发展交叉的重大挑战的发展目标，并最终推动了 ICSU 对全球变化研究组织进行改组的决定。ICSU 决定在 2014 年前停止 IGBP、IHDP、DIVERSITAS、地球系统科学联盟（ESSP）的运行，并于 2012 年与 ISSC 和其他相关组织联合推出了新的大型科研项目“未来地球”计划，动员全球研究社团和研究人员通过新的协同设计和集成研究共同应对这些重大挑战。“未来地球”计划将培育新的研究项目，协调研究资助，并为全球社团提供知识解决方案，最终实现全球可持续发展的战略目标。

二、国际“未来地球”计划

自 20 世纪 80 年代开始，ICSU 先后主导成立了 WCRP（1980 年）、IGBP（1986 年）、DIVERSITAS（1991 年）和 IHDP（1990 年）四大全球变化研究计划，这四大计划在全球推动了大批科研项目，大大提高了人类对全球变化的科学认识，并在全球范围内推动建立了跨学科研究和观测网络，密切了科学界与政府决策部门的联系。但是随着对全球变化等科学问题研究的不断深入，原有的研究计划体系逐步显现出研究对象片段化、研究方法单一化、研究成果内部化等不足，在科学组织方面很难策划实施更为系统、全面、综合和深入的观测与研究，在科学产出方面也难以满足国际社会有关气候变化应对和可持续发展等重大问题的科学需求。

（一）“未来地球”计划提出过程

为更好地推动全球变化的集成交叉研究，从地球系统的角度实现对全球变化研究的认识突破，IGBP、IHDP、WCRP 和 DIVERSITAS 四大计划于 2001 年 7 月在阿姆斯特丹召开了首次全球变化科学大会，此次大会上成立了 ESSP。2008 年，ICSU 对 ESSP 以及各科学计划组织了一次全面评估，确定了解决全球环境变化和可持续发展交叉的重大挑战的发展目标[7,8]，并最终推动了 ICSU 对全球变化研究组织进行改组的决定。2012 年 6 月的“里约+20 峰会”上，“未来地球”计划被正式提出（图 1），并于 2013 年底全面启动，全球环境变化研究也由此掀开了全新的一页。

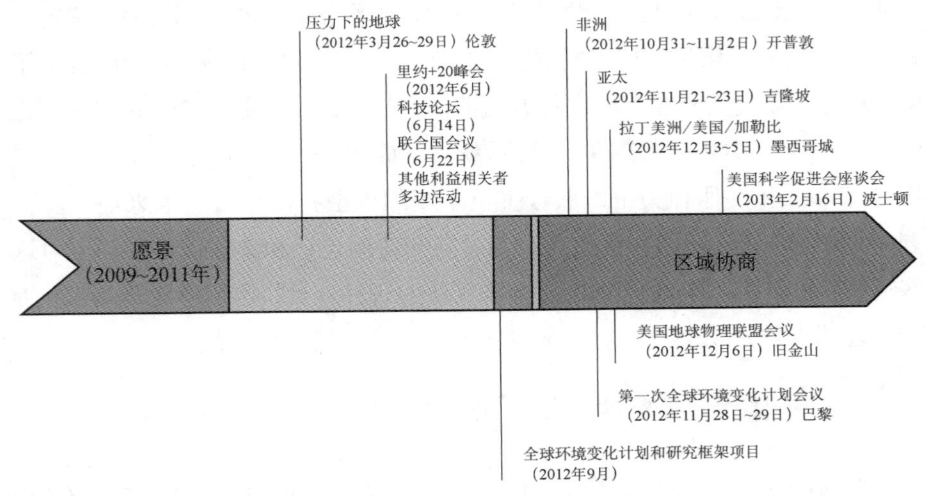

图 1 “未来地球”计划初步设计发展历程

（二）“未来地球”计划的定位和思路

“未来地球”计划的宗旨是发展有效应对全球环境变化所带来的风险与机遇的科学知识，支持人类社会的可持续性转变。“未来地球”计划是对国际化、集成性、协同化和解决问题导向型研究倡议的响应，以应对全球环境变化和可持续发展的迫切挑战。“未来地球”计划是一项基于地球系统科学的十年计划，汇聚全球环境变化的研究者，进一步发展解决可持续发展关键问题的跨学科合作。

“未来地球”计划将开展以下研究与工作：深入认识自然和社会系统的变化；研究各种变化的动力学问题，尤其是对人类与环境相互作用进行观测、分析和模拟；对各种变化的风险、机遇和危险等提供知识和预警；制定和评估自然/社会系统变化的应对战略，包括制定创新性的解决方案。“未来地球”计划为当前全球变化国际计划、项目和行动体系内、外的科学家提供了在全新框架下共同工作的机遇。

“未来地球”计划的工作思路：利用跨学科交叉研究手段，以协同设计、协同实施和协同推广的全新理念，推动全球可持续性科学的创新。主要方法是：①在世界各地开展由利益相关方广泛参与的基础研究与应用研究，并评估这些全新组织方法的有效性；②将“未来地球”计划打造成多方参与的合作研究新模式，并在世界各地区推广；③鼓励开放讨论和宣传“未来地球”研究的成功案例，推进以解决实际问题为目标导向的科技研发和创新活动；④调整国际科研资助方法，更好地支持跨区域、跨学科、解决可持续发展问题的集成研究；⑤促进国家和国际机构间的合作，最大限度地利用资源，不断提高可持续发展研究的影响力；⑥推行有利于改善环境和实现可持续发展的数据共享模式，以支持不同层面的决策和实践。

“未来地球”计划将全面运用自然和社会科学、工程学和人文科学等不同学科观点和研究方法，加强来自不同地域的科学家、管理者、资助者、企业、社团和媒体等利益相关方的联合攻关和协同创新，从不同视角多维思考，实现对地球系统的深入认识，提出重大环境与发展问题的解决方案。

基于过去经验和对未来挑战的重视，“未来地球”计划对其工作重点进行了全新设计和重新定位，原有的全球变化研究计划将停止或部分停止，一些全球性和区域性的研究项目将被移植到新的框架中，一系列致力于地球动力学、环境与发展问题、可持续性转型战略与对策等的新研究将依次有序启动。

（三）“未来地球”计划的概念框架

地球系统包括大气圈、水圈、冰冻圈、岩石圈、生物圈和人类圈六大圈层，各大圈层通过多种途径相互作用。进入工业社会以来，人类活动已成为地球系统演化的重要驱动力，人类活动正在影响从局地到全球尺度的环境过程。同时，人类福祉也受自然系统的功能性、多样性和稳定性的影响。“未来地球”计划正是基于这一认识进行了概念框架的设计（图 2），该概念框架是制定“未来地球”研究主题和科学项目的基础。

该概念框架说明了不断变化的自然系统与人类驱动力之间的相互作用，以及由此产生的环境变化及其对人类福祉的影响。不断加剧的人类活动产生了局地、区域和全球尺度的环境影响，并与变化的自然驱动力相互作用，这些相互作用发生在各个时空尺度。“未来地球”计划以地球系统为边界，探

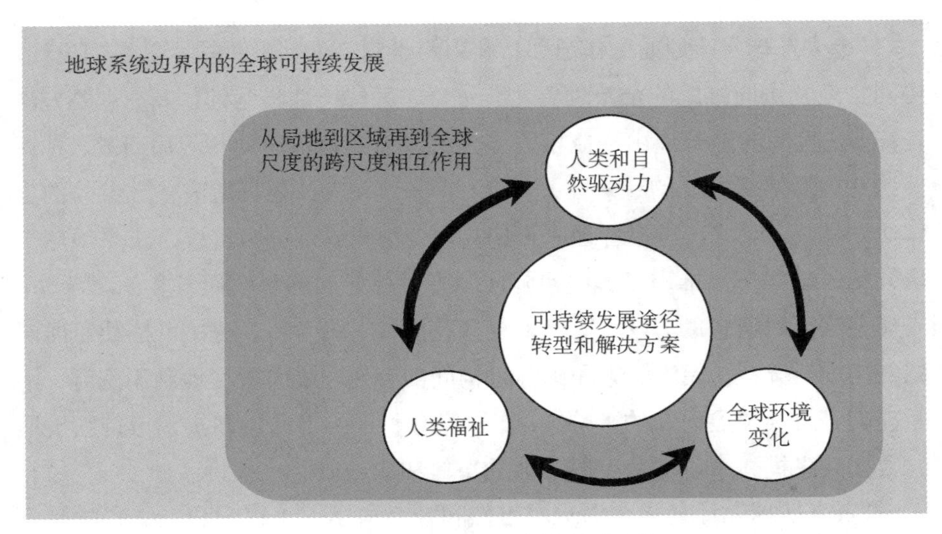

图 2 "未来地球"计划的概念框架

索人类与自然系统的相互作用关系，这一根本认识是推进人类社会向可持续性转型的基础。

（四）"未来地球"计划战略研究议程：实现 2025 年愿景

"未来地球"计划在其"2025 年愿景"中指出，"使人类生活在可持续发展、平等的世界是未来地球计划的愿景"，但要实现全球可持续发展仍面临着以下八大关键挑战。

（1）满足全球对水、能源和食物的需求，建立水、能源与食物之间的协同与平衡管理，理解这些相互作用如何受到环境、经济和政治变化的影响。

（2）实现社会经济系统脱碳化以稳定气候，促进技术、经济、社会、政治和行为向可持续性转型，为人类和生态系统构建有关气候变化影响和适应响应的知识体系。

（3）保护支撑人类福祉的陆地、淡水和海洋自然资源，了解生物多样性、生态系统功能和服务之间的关系，制定有效的评估和治理方法。

（4）建设健康发展、恢复力强、生产力旺盛的城市，探索既改善城镇环境和生活，又降低资源消耗的创新性实践，提供可以抵御灾害的高效服务与基础设施。

（5）促进生物多样性、资源和气候变化大背景下农村的可持续发展，以满足人类增长的需求，研究土地利用、粮食系统和生态系统的不同发展途径，识别制度和治理需求。

（6）改善人类健康，阐明环境变化、污染、病原、疾病传播媒介、生态系统服务和人们生活、营养及福祉之间复杂的相互作用，提出应对措施。

（7）鼓励可持续、公平的消费和生产模式，理解资源消耗的社会和环境影响，识别不依赖资源的增加人类福祉的机会，探索可持续发展之路及相关的人类行为改变。

（8）提高社会应对未来威胁的恢复力，建立适应性治理系统，形成全球联网的风险阈值早期预警，测试有效、可靠、透明的可持续性转型机制。

《"未来地球"计划战略研究议程 2014》将"未来地球"计划中的动态地球、全球可持续发展和向可持续发展转型三大研究主题细化为 9 个子研究方向。动态地球优先研究子领域包括：观测并归因变化；理解全球变化的过程、相互作用、风险和阈值；探索并预测未来变化。全球可持续发展优先研究子领域包括：满足基本需求，消除不平等；治理可持续性发展；管理增长、协同和平衡。向可持续发展转型优先研究子领域包括：理解和评估转型；确定和推广可持续发展行为；转型发展路径。基于 9 个子研究方向，确定了全球变化与可持续发展的 62 个具体研究问题，供不同领域、学科和地区的研究机构和组织设立优先发展和资助领域时参考[9]。

三、开展中国"未来地球"研究，推进可持续发展

（一）聚焦资源环境挑战，推进可持续发展研究

改革开放以来，中国经济得到快速发展，人民生活水平显著提高，但资源环境压力不断增大、区域发展不均衡的问题也逐步显现。以高能耗、低产能换取经济增长的模式短期内难以突破，实现可持续发展面临巨大挑战。

资源压力和自然生态环境的脆弱性仍是我国可持续发展的刚性约束。生存与发展的刚性需求对资源环境的压力继续加大，由此而引发的粮食安全问题、能源安全问题、环境风险、气候变化、公共卫生安全问题、重大自然灾害等问题日益突出。我国经济依然处于重工业比重偏高的发展阶段，经济发

展短期内难以摆脱对资源环境的依赖。

发展不平衡和不充分是中国可持续发展面临的长期压力。中国社会经济发展不平衡首先表现在区域之间、城乡之间经济发展水平的差异：区域之间和城乡之间资源配置明显失衡，劳动力供需结构性矛盾依然突出，城乡人均收入差距扩大的趋势没有改变，资源占用不均衡的状况没有改变，社会矛盾和问题交织叠加、生态环境破坏等问题的根源。

可持续发展与应对全球环境变化的挑战是互为条件、互相依存的关系，在处理这两方面的问题时必须统筹考虑，任何一方面都不可或缺。“未来地球”计划的开展将对人类应对全球变化提供科学知识、技术手段、评估方法和预测模型，将自然科学与社会科学结合在一起，综合考虑全球变化和可持续发展，既关注两者的科学内涵和学术价值，更要为解决人类生存和社会繁荣稳定等重大问题提供科学解释和战略对策。

在中国科学技术协会和中国科学院的支持下，2013 年 9 月在北京召开了“未来地球计划在中国”国际研讨会。与会专家认为“未来地球”计划在中国有良好的科学基础，中国具备全面开展“未来地球”计划所需的条件，而且中国在环境变化、社会发展中面临的许多问题也契合“未来地球”计划的研究框架。中国科学家参与“未来地球”计划的切入点（如人口、环境、食品和水安全问题，生态过程与城市化问题，海岸带发展问题，能源与绿色经济、减灾问题）都是我国当前可持续发展面临的迫切环境问题。通过积极参与“未来地球”计划，结合中国国情与特色，组织有针对性的联合攻关研究，探索中国的可持续发展道路，既满足我国经济社会发展需要，也为全球可持续发展做出应有贡献。

（二）强化解决问题导向，建立科学为决策服务新机制

科学技术在推动国家治理体系和治理能力现代化建设中越来越发挥主导性和关键性作用。在信息化和全球化“双轮驱动”的时代，时空压缩效应、不确定效应和瞬时效应对国家的生存与发展具有较高的风险和挑战。国家生存与发展面临气候变化、生态危机、环境污染、资源短缺、疫病频发、金融危机、地区冲突等一系列前所未有的威胁和挑战，迫切需要科学为决策提供

前瞻引领、敏捷精准、权威可信、高质高效的服务和支撑，强化面向解决问题的科学研究，建立科学为决策服务（science for policy）的全新机制。

近年来，科学为决策服务在各国越来越科学化、制度化和规范化，但是普遍存在三个突出问题。一是科学为决策服务的支撑体系不完善。主要表现为科学为决策服务的体制机制不够健全，科学家、科学家群体和科学研究机构等参与国家重大决策的广度和深度不够；科学为决策服务的各个环节，包括科学为决策服务的信息系统、智库系统、评估系统等相互衔接不够充分、不够配套。二是科学为决策服务的科学交叉融合和协同设计不深入。主要表现为科学为决策服务更注重依靠自然科学方面的"硬科学"，而对人文社会科学方面的"软科学"（如管理学、心理学）等重视不够，科学为决策服务的科学融合交叉不够深入，科学界、管理机构、资助单位、企业、社团和媒体等利益相关方的联合攻关和协同创新不足。三是科学为决策服务的专业化支撑不足。主要表现为各类专业化的科技智库不能有效参与重大决策的整个过程，特别是在重大工程、重大政策和重大战略决策的预测预见等方面；同时，缺乏以大数据、云计算、"互联网+"等现代信息技术手段支撑的专业化、情景化、数字化、智能化的"智能决策系统"。

在我国也亟待"加快推进重大科技决策制度化，解决好实际存在的部门领导拍脑袋、科技专家看眼色行事等问题"①。"科技体制改革……要着力把科技创新摆在国家发展全局的核心位置，加快制定创新驱动发展战略的顶层设计，对重大任务要有路线图和时间表。要着力从科技体制改革和经济社会领域改革两个方面同步发力，改革国家科技创新战略规划和资源配置体制机制，完善政绩考核体系和激励政策，深化产学研合作，加快解决制约科技成果转移转化的关键问题。要着力加强科技创新统筹协调，努力克服各领域、各部门、各方面科技创新活动中存在的分散封闭、交叉重复等碎片化现象，避免创新中的'孤岛'现象，加快建立健全各主体、各方面、各环节有机互动、协同高效的国家创新体系。"②强化科学为决策服务的导向性研究，一是

① 习近平：为建设世界科技强国而奋斗——在全国科技创新大会、两院院士大会、中国科协第九次全国代表大会上的讲话. http://www.xinhuanet.com/politics/2016-05/31/c_1118965169.htm.

② 习近平.在中国科学院第十七次院士大会、中国工程院第十二次院士大会上的讲话（2014 年 6 月 9 日），北京：人民出版社：15-16.

有利于体制机制创新，推进科学为决策服务的顶层制度设计，提高科学为决策服务的前瞻引领性和精准敏捷性；二是有利于降低决策成本，提高决策效益，优化决策咨询产品的供给质量，有效支撑国家宏观调控的科学化，推进国家治理的精细化和精准化；三是有利于优化科学为决策服务的“生态环境”，综合平衡国家、部门、地方和行业等各方面利益，实现科学为决策服务的利益最优化，促进决策参与主体之间“协同设计、协同实施、协同推广”，增强科学为决策服务的高效性和可操作性。

（三）改善科学组织范式，积极应对重大科学挑战

传统科研模式是“少数人的认知，多数人的执行”，即科研主要是科学团体的活动，鲜有其他利益相关者的参与。“未来地球”计划基于全球环境变化和可持续发展等重大科学挑战，提出了协同设计、协同实施和协同推广的全新的“三协同”科学组织范式，以全面提升应对重大科学挑战的能力。其中，协同设计是指科学界与其他利益相关者共同鉴别与界定研究议程的框架并确定优先研究问题；协同实施是指科学界与其他利益相关者共同参与研究过程，取得科学共识，并共同推动和实施面向发展与决策需求的科学研究；协同推广是利益相关方充分参与和互动的科学成果推广工作，并面向不同利益相关方的不同需求进行科学成果的再组织，以及采用更具有效率的交流和分发形式进行成果推广，以强化科学产出对公众、政府和经济社会发展的积极影响。

本报告所指不同利益相关方涉及与可持续发展及相关科学活动相关的各类社会群体，如学术界、科学-政策界面组织、资助机构、政府、公众、发展团体、工商业界、民间团体和媒体等，简单可归纳为科学、政府及公众三大类。“协同设计、协同实施和协同推广”机制实质上是对科学、政府和公众各方参与“未来地球”研究角色的概括。随着科技对经济社会发展的作用日益显著，在全球治理的国际大环境下，科学-政府-公众三者之间的关系日益紧密。“协同设计、协同实施”理念的提出，更是从政策引导科学（policy for science）角度对未来的科研活动模式提出了新的要求。从国际实践看，这一全新的科研模式在各国实践中初见端倪，并逐渐形成趋势。从国内实践看，

我国各方面对科研创新活动的重视和支持力度大幅提高，基本具备推广多元化协同科研的软硬条件，但在开展跨学科交叉研究、推广“三协同”科学组织范式方面，还存在顶层设计不足的问题。

当然，这一全新科研组织模式的潜在矛盾也不容忽视，如科学利益与政府利益的矛盾、局部利益与整体利益的矛盾等。协同科研的模式不仅提出了在中国开展“未来地球”治理的需要，更从科学自身发展与演变规律的角度指出在中国继续深化科技体制改革的必要性。从科学演变规律看，科学研究从最初的学院科学，逐渐发展并演变为后学院科学及后常规科学；从科学组织模式看，科学研究经历了单学科、多学科、交叉学科与融合研究等多个阶段。我国目前由于科技计划管理与协调的顶层设计不足、科技管理部门之间的协调不足以及科研力量的相对分散且缺乏有效的协同和整合等问题，导致协同科研模式还需在实践中不断完善。

科学的力量不仅取决于其自身的价值大小，还取决于它是否得以传播以及传播的广度和深度。我国当前的科学成果传播主要是以科学界面向公众传授知识的单向通道模式为主，这一模式仅强调了科技工作者在科学成果传播中的作用，却忽略了其他利益相关方在科技成果传播中的主观能动性。对于同一科学研究成果，不同需求方对其具体内容和表达方式具有不同要求，同质化的科技成果信息传递无法满足各方的差异化需求，这也大大约束了科学传播工作的成效。

信息技术的迅猛发展打破了传统媒体对文字篇幅和表达方式的限制，支撑了海量信息在各类新媒体平台上的快速、高效传播。“协同推广”这一传播模式更有助于扩大科学成果的影响和社会经济效益，也因信息技术的发展而具备了实现条件。但不容忽视的是，在一些公众关注的热点问题上，科学的严肃性、公正性受到质疑，局限性和不确定性则被无限放大。这一现象泛滥的原因首先是发布者的信息科学审查环节缺失，其次是公众缺少对严谨科学知识的准确判断，最后是主流科学观点引导的缺失。要解决以上问题，应当从科学组织范式重构的角度对科学传播工作的目标、机制和形式等进行重新审视和改造。

（四）加强转型能力建设，加快向可持续发展的转变

全球环境变化与社会可持续发展是当今科学研究正面临的重大挑战和机遇，“未来地球”计划的提出，为推进可持续性转型和寻求可持续发展解决方案提供了新思路。“向可持续发展转变”研究的能力建设既涉及科技发展的能力，也涉及综合管理的能力，两者都需要跨领域的协同研究。在科技发展方面，“向可持续发展转变”研究需要自然科学家、社会科学家、经济学家和工程技术人员之间的密切合作，需要强化自然科学和社会科学的协同机制；在综合管理能力方面，“向可持续发展转变”研究需要建立广泛的与利益相关者的伙伴关系，尤其需要强化科学与决策的协同机制。

我国在全球环境变化与可持续发展研究中，通过政治、经济、科技等多方面的努力，在碳循环、国家安全、全球环境变化的区域适应等多个领域已取得了长足的进展，但在研究组织、内容设置以及能力建设等方面仍存在一些问题。目前，我国关于全球环境变化的研究队伍仍以自然科学家为主，人文领域科学家介入较少，这使其在内容设置上缺乏深度，且自然与人文领域的研究成果交流共享不够，在理论和方法上缺乏交叉融合，存在脱节现象；在科学-决策层面，政策制定者的需求与科学研究之间存在着严重不协调或不相称，缺乏与利益相关方的交流互动平台，在共同应对全球变化和可持续发展问题时缺乏及时有效的沟通渠道。

可持续发展问题是涉及不同人群、环境、行业、经济体等要素的跨范围、跨区域、跨时间的复杂系统，它需要自然科学与社会科学、科学研究与管理决策的共同参与和统筹考虑。中国当前正处于实现中华民族伟大复兴的关键时期，保障经济增长、扩大对外开放、消除贫困的任务还十分艰巨。切实贯彻“创新、协调、绿色、开放、共享”的发展理念，促进国家治理体系和治理能力现代化，实施生态文明建设、新型城镇化和“一带一路”倡议，必须加强自然科学与社会科学的协同以及科学与决策的协同，以需求促进学科发展，将学科目标与国家目标和国际前沿相结合，解决地球系统内附和衍生的各种问题，以支撑我国应对气候变化、生态文明建设和可持续发展。

四、中国“未来地球”研究的设计

（一）“未来地球”计划中国委员会的成立与科学任务

2013年9月26～27日，中国科学技术协会在北京组织了“未来地球计划在中国”国际研讨会，会议确认了中国需要优先解决的、与可持续性能力建设相关的问题。2014年1月2日，中国科学技术协会组织召开了“未来地球”计划座谈会，决定组建“未来地球”计划中国委员会。2014年1月22日，中国科学技术协会“国际科学理事会中国国家委员会”（CNC-ICSU）全体会议在北京召开。在“未来地球”计划的总体框架下，通过推动跨学科协作，联合政府职能部门、资助方、科研单位和企业等各个利益相关方，真正实现协同设计、协同实施和协同推广，把“未来地球”国际计划在中国的组织实施与我国社会可持续发展的国家需求相结合。2014年3月21日，“未来地球”计划中国委员会（Chinese National Committee for Future Earth，CNC-FE）在北京成立。委员会由来自自然科学、工程科学和社会科学等各领域的40余名专家组成，充分体现了学科交叉、科学为社会发展服务的理念。

结合“未来地球”计划主题和国家科技发展要求，CNC-FE确定了14个重点研究领域：环境污染及健康，城镇化与社会和谐发展，季风区气候变异与人类活动，全球变化及关键区响应，食品、能源供给与未来发展，生物多样性与生态系统服务，产业转型与绿色生产，变化环境下的灾害预警，东亚传统文化与可持续性发展，极区可持续性发展，地球系统观测和知识服务，地球系统模式、气候经济模式与气候变化科学决策，海洋与海岸带可持续发展，青藏高原及其全球气候变化。同时，CNC-FE成立了“未来地球”计划中国委员会信息中心，为“未来地球”计划在我国的设立和发展设计提供咨询研究，挂靠单位为中国科学院兰州文献情报中心。

（二）科学为决策服务的导向机制

科学为可持续发展决策服务的总体设计思路是“一条主线，五大任务”。

一条主线是：创新科学为可持续发展决策服务的供给体系，提高科学为可持续发展决策服务和支撑的前瞻引领、敏捷精准、权威可信、高质高效的能力。

五项任务是：加强科学为可持续发展决策服务的顶层制度设计、构建科学为可持续发展决策服务的网络化运行机制设计、优化科学为可持续发展决策服务的“生态环境”、促进决策现代手段与传统方法的有机结合、建立基于大数据的科学为可持续发展决策服务支撑体系。具体内容如下。

1. 加强科学为可持续发展决策服务的顶层制度设计

结合国际前沿与国家需求，加强科学为可持续发展决策服务的顶层制度设计，与决策部门建立常态化的联系沟通机制，与国家高端科技智库深度合作，增强战略谋划能力和综合研判能力。为相关决策提供科学咨询，提高科学为可持续发展决策服务的影响力和有效性，避免决策过程的主观性和片面性。

2. 构建科学为可持续发展决策服务的网络化运行机制设计

优化科学为可持续发展决策服务的多元主体及其之间关系的“生态链”，充分利用大数据、云计算、“互联网+”等信息技术手段，加强各类智库之间，以及智库与科学团体的合作与沟通，实现决策服务的去碎片化，提高科学为可持续发展决策服务的引领性、敏捷性、精准性和高效性，切实提高决策咨询服务的前瞻引领能力和应急反应能力。

3. 优化科学为可持续发展决策服务的“生态环境”

加快健全和完善科学为可持续发展决策服务的体制机制，实现科学为可持续发展决策服务的科学化、规范化、法治化、制度化，确立决策分级议事范围制度，让各类科学智库和专家成为客观、公正的决策服务群体。建立健全决策责任制、监督制和决策失误追究制度，实施决策执行跟踪反馈制度，建立决策实施过程的科学评价机制，提高重大决策的自我纠错能力。

4. 促进决策现代手段与传统方法的有机结合

运用调查研究，通过由表及里、去粗取精、去伪存真的理性思考，按照“交换、比较、反复”的工作方法，最大限度地汇聚参与决策的各利益相关方的智慧，从而增强科学为可持续发展决策服务的可操作性，就国家重大决策问题提出建设性意见和建议。

5. 建立基于大数据的科学为可持续发展决策服务支撑体系

推动以大数据为核心的科学为可持续发展决策服务的基础能力建设。通过数据化记录、网络化连接、融合化分析和实时化反馈建立起一整套基于大数据的科学决策、精细管理、精准服务支撑体系，构建起一套“用数据说话、用数据支持决策、用数据管理、用数据创新”的全新机制。加快推进从传统的信息公开向数据开放的转变，各级决策部门通过促进相关数据完全共享，更多地依赖数据进行决策，实现从以有限个案为基础向“用数据说话”转变的全新决策。通过收集和分析大量事件相关内部和外部数据，获取有价值的信息，建立决策咨询模型，立体化地展现决策方法和手段，进行智能化决策分析。尽量缩小科学家、决策者与公众之间的科学“数据鸿沟”，实现科学数据可获取、可理解、可评价、可应用，提升科学为可持续发展决策服务的可信度。

（三）协同设计、协同实施与协同推广机制

“未来地球”计划旨在打破目前的学科壁垒，重组现有的国际科研项目与资助体制，填补全球变化研究和实践的鸿沟，使自然科学与社会科学研究成果更积极地服务于可持续发展。同时该计划希望关联学者、政府、企业等各利益相关方，增强全球可持续发展的能力以应对全球环境变化带来的挑战。协同设计、协同实施与协同推广是实现上述目标的重要基础和关键途径。中国“未来地球”研究在科学框架和任务体系的设计中也积极探索建立“三协同”机制，通过把利益相关方引入研究组织，扩大科学研究支撑决策的成效和服务社会发展的影响。

1. 遴选利益相关方并在研究设计中识别其作用

中国“未来地球”计划研究充分吸收了来自不同部门的自然科学家、社会科学家和工程学家的思想，以确保科学主题覆盖的全面性与系统性。同时，中国“未来地球”计划的相关研讨会以及多个具体任务的设计，也专门邀请来自政府部门、社会团体、非政府组织和媒体的代表参加，充分发挥不同利益相关方对“未来地球”计划研究的作用。“未来地球”计划研究的利益相关方涉及政府部门、研究团队、企业、媒体、社团和公众等，不同利益相关

方的需求及其在“未来地球”计划研究中扮演的角色、展现的作用都有明显差异。

政府部门是“未来地球”计划研究“科学—政策—实践”链条中最重要的推动者，其作用包括资助政策设计、决策需求驱动科学研究、科学成果指导政策实践等。研究者是“未来地球”计划研究的核心群体，在研究计划中扮演着多重角色。企业是科学研究的重要资助者和推动者，也是科学成果的主要受益者，以及通过产业转型实现可持续发展的主体。媒体是科学和公众间的主要桥梁，一方面及时把科学成果传递给公众，另一方面将公众对科学的需求与期望传递给科学界。社团是环境领域最具有行动活力的组织之一。公众是“未来地球”计划研究最根本的利益相关方，由于受文化程度和所关注问题的差异，公众自身对科学成果的需求具有较强的差异性。

中国“未来地球”计划研究应当努力建立科学界与政府、媒体、社团、企业和其他研究者合作进行科学成果推广和教育培训的新机制，吸引更广泛的公众关注或参与，增强社会各界对可持续性挑战的危机意识和参与意识，加快实现可持续性转型和生态文明社会的目标。

2. 建立有效的协同设计和协同实施机制

“协同设计、协同实施、协同推广”揭示的是科学-政府-公众三者的关系，并为平衡三者诉求而开展高效的、具有针对性的研究。中国“未来地球”计划研究须在国际计划的实施框架下，在科研项目设计初始，即明确主要利益相关方，并引入利益相关方的建议和意见，构建各利益相关方之间的交流平台，加强政府部门、科研部门与产业界之间的协作与沟通。在明确各利益相关方诉求的基础上，整合资助机构、研究执行机构及产业化的多个主体，提炼形成科技计划的研究任务，形成有效的问题协同设计机制。

在中国“未来地球”计划研究的实施过程中，也应当吸收部分利益相关方参与相应环节研究工作，以兼顾各方需求，增强研究成果的代表性。为实现这一目标，需要在现有的体制条件下，充分利用和整合已有科技资源，打破学科、机构的界限，建设和形成相对稳定的跨学科合作团队，实现多学科思想、方法、技术工具的深层融合，同时加强跨界合作与协同，使得信息与资源能够在政府、科研机构、企业、公众之间有效流通，在此基础上实现科技与经济的有效结合。此外，在实施中需要通过结合利益相关方的需求对实施内容进行不断修订，以形成良性的协同实施机制。

3. 建立高效的协同推广机制

科学成果的推广是科学研究工作的关键环节和重要目标，以往的科学研究成果推广渠道多局限于学术交流环节，对公众的科学影响和对政府的决策支持重视不够，亦缺少与媒体的充分合作。中国“未来地球”计划研究需要努力探索由利益相关方广泛参与的协同推广工作机制，并借助现代新媒体平台，扩大科学成果的传播范围，改善公众的科学认知，服务政策的决策需求，并根据不同利益相关方的需求提供科学数据库、人才库、成果库和思想库的服务。

科学成果的推广也应当更加强调分发的效果，针对各利益相关方的需求，对成果进行专门的分类、整合和加工，以更符合用户需求的个性化方式进行差异化分发。

五、依托“未来地球”计划研究，提升我国社会可持续发展的能力建议

（一）加强科学为可持续发展决策服务的顶层设计

当前，科学技术以前所未有的速度、广度和深度改变着人类社会的生产、生活和行为方式。同时全球面临着全球气候变化、资源短缺、生态破坏、环境污染、灾害频发、疫病暴发、金融危机、地区冲突加剧、恐怖蔓延等一系列前所未有的威胁和风险。政府决策的复杂性前所未有，迫切需要科学为决策提供前瞻引领、敏捷精准、权威可信、高质高效的服务和支撑，以实现全球的可持续发展和保障国家安全。在此形势下，欧洲、美国、日本等主要发达国家和地区以及澳大利亚、古巴、捷克、印度、爱尔兰、马来西亚、新西兰等国都委任了首席科学顾问以及大量的部门科学顾问。2013 年 9 月，联合国秘书长潘基文宣布成立科学顾问委员会，负责为联合国秘书长和联合国机构的行政首长提供建议。通过不断健全国家科学顾问制度体系，完善科技创新决策咨询机制，整合科学技术创新战略，统筹科学技术创新资源，可进

一步增强科学为可持续发展决策服务和支撑能力。由 ICSU、ISSC 等联合发起的国际“未来地球”计划，从应对全球环境变化、增强全球可持续发展能力的角度提出科学为可持续发展决策服务的“协同设计、协同实施、协同推广”理念，旨在加强自然科学、社会科学、工程技术等方面的跨学科集成研究、强化学者与政府的关联、强化科学为可持续发展决策服务的顶层制度设计。2016 年 5 月 17 日，习近平总书记在哲学社会科学工作座谈会上明确提出要“建立健全决策咨询制度”[①]。2016 年 5 月 19 日，中共中央、国务院发布了《国家创新驱动发展战略纲要》，该纲要明确提出要“建立国家高层次创新决策咨询机制”[②]。

但是，随着气候变化、自然灾害、地区冲突等问题日趋严重，政策制定者、公众、媒体对科学家、工程师以及其他专家提出的问题越来越多元化，单一学科和单一渠道的科学建议无法应对复杂多元的现实问题。需要加强科学为可持续发展决策服务的顶层设计。

加强科学为可持续发展决策服务的顶层设计，一是有利于科学家与决策者的直接对话，为相关决策提供科学咨询，提高科学为可持续发展决策服务的高效性、前瞻引领性和精准敏捷性，避免决策过程的主观性和片面性；二是有利于降低决策成本，提高决策效果，优化决策咨询产品供给的质量，有效支撑国家宏观调控的科学化，推进国家治理的精细化和精准化；三是优化科学为可持续发展决策服务的“生态环境”，综合平衡决策过程中国家、部门、地方、行业，以及管理者、科学家、企业、社团、媒体和社会公众等各方利益，实现科学为可持续发展决策服务的整体利益最大化，促进决策各利益相关方之间“协同设计、协同实施、协同推广”，增强科学为可持续发展决策服务的高效性和可操作性。

科学为可持续发展决策服务的顶层设计的目标包括：

（1）就科技战略、科技规划、科技政策的有关问题，科学领域的新进展和新形势，以及各部委的科技发展和人才计划的协调统筹向党中央和国务院

---

① 习近平：在哲学社会科学工作座谈会上的讲话. http：//www.xinhuanet.com/politics/2016-05/18/c_1118891128_4.htm.

② 中共中央　国务院印发《国家创新驱动发展战略纲要》. http://politics.people.com.cn/n1/2016/0520/c1001-28364670-3.html.

提供咨询意见，选择、确立和布局重大科学技术的问题和方向，推动科学技术与经济社会协同发展。

（2）科学集成、客观评估来自各部委、各大智库等多渠道、多层次的咨询建议，科学综合、独立判断国家重大需求和紧迫问题等重大决策的可行性，及时、准确地为国家首脑提供综合咨询建议，确保国家政策与国家发展目标保持一致。

（3）对各类国家科技规划、专项、计划、工程和科技政策、科学基金进行评估，帮助国家机构制定有关科学、技术和创新方面的政策措施，并通过短期、中期以及长期机制对它们的政策效果进行复审和更新。为不同领域的新科学、新技术提供评估意见。保持对科技进步以及新兴技术的关注，为新知识、新技术的引入提供咨询建议。

（4）提出大学、研究机构以及产业界间新型伙伴关系建议。促使大学、研究机构以及企业建立新型伙伴关系，并加强它们间的合作和协调性。

（5）以客观的科学依据恰当解读决策，帮助公众理解以及加强国家科学技术文化建设。对国家重点项目（如气候变化、“未来地球”计划）可能会对公众产生的影响进行评估和说明。

（6）促进国际科学技术交流与合作。在国际事务中，重点关注优秀的科研单位，主动寻求在未来高端领域的合作。

总而言之，加强科学为可持续发展决策服务的顶层设计将会科学集成多渠道多层次的智库咨询意见，就国家重大决策提出及时高效的科学建议；加强自然科学、社会科学、工程技术等方面的跨学科集成研究，综合协调国家、部门、地方、行业等的重大计划的制定和实施，强化科学为可持续发展决策服务的顶层设计。

（二）建立我国协同设计、协同实施与协同推广工作机制与实施平台

“协同设计、协同实施、协同推广”三协同模式秉承的思路也是整合各方力量与智慧去确定研究目标，开展以问题为导向的针对性研究，最终解决社会经济可持续发展中的重大前沿问题。为了实现这一目标，需要建立三协同的工作机制与推广平台。在机制方面，需要通过优化组织、匹配资源、试

点引导等通盘考虑并逐步建立和完善协同设计机制、协同实施机制和协同推广机制。在平台方面，应当以当前的科技网络和科技成果传播平台为基础，逐步整合各利益相关方，建立沟通、反馈渠道，综合各方意见，整合各方力量开展针对性研究。

工作机制与平台建设的具体实现可以借鉴“智库桥”网络思路，探索建立利益相关方广泛参与的科学研究开放机制；通过“未来地球”计划引入利益相关方参与科学研究各环节的工作试点，在我国形成公众、政府和企事业等社会各方关心科技、投身科技、讨论科技、利用科技的良好环境，推动科技创新事业加快服务，推动科学服务决策机制加快建立。在对利益相关方进行区分的基础上，构建由公众、媒体、企业、研究部门、传播部门、决策部门等多方构成的科学成果互动推广平台。结合国家对地观测系统与国家科技基础条件平台建设，制定公共数据开放和共享的指导政策及法律法规体系，使数据共享的任务与特定机构相联系，运用立法、政策和实际运作密切结合的模式对数据进行综合管理。完善中国可持续发展研究数据平台与资料共享体系，以大数据推动科学为可持续发展决策服务。以传统媒体、互联网、移动互联网平台等多媒体为传播手段，以科学成果与政策建议为传播内容，将各利益相关方纳入科学研究、科学传播、科学决策的平台框架下，针对社会重大问题，在不同利益相关方之间建立有效连接，实现以问题为导向的科学团体间的深度融合，打破学科、机构、部门的藩篱，降低获取已有成果的信息租金，加大资源贡献、能力互补和思想交流的频度与力度，实现以目标为导向的积极因素的整合，促进科学成果/观点的高效产出与传播。

（三）加强跨学科交叉，推动中国“未来地球”计划研究

国家创新能力的提高，必须依靠自然科学和社会科学的全面进步。通过制订和实施可持续发展重大科学计划和工程计划等环节，针对我国经济社会发展中的一系列关键性、综合性问题，以社会–环境相互作用和系统耦合研究为基础，积极开展跨学科力量协作攻关。构建自然科学界与社会科学界学习和交流的平台，建立矩阵式组织结构和跨学科综合研究组织结构，促进跨领域研究相关学科在发展目标、基本理念和理论方法等方面有针对性的研究

转型，加强各学科方法和内容设置等方面的交叉融合，提升研究的包容性和集成性。建议科学技术部（简称科技部）等有关部委在“全球变化及应对”重点专项中按照“协同设计、协同实施与协同推广”的理念，设立“未来地球”计划研究专项，针对我国经济社会发展中的一系列关键性、综合性问题，开展自然科学和社会科学的综合交叉研究。在此基础上，设立“未来地球”计划国际合作专项，加强“未来地球”计划相关的国家合作。另外，注重培养具有学科交叉特色的复合型、创新型专业人才队伍，提高研究主体学科知识结构的高度综合性，尤其注重跨学科研究方法的培训，以促进可持续发展领域中科学研究、管理决策和实际应用的融合，支撑科技创新、政策创新和管理创新。

（四）加强可持续发展能力的监测与评估

国家对可持续发展政策和项目的实施过程进行监测和效果评估，是确保实现联合国可持续发展目标的关键，也是国家可持续发展战略达到预期的保障。这要求使用一些指标，用以反映各国关切问题和可持续发展目标体系所要求的优先事项。这个过程中的 5 项优先工作包括：

（1）设计权值，完善可定量、可考核、可验证的指标体系。

（2）建立监测机制，确定监测的阈值并确保获取相应数据。

（3）评估实施进展，核查可持续发展目标是否被纳入各个层面的规划和战略中，并得到落实。

（4）加强观测设施建设，完善“未来地球”等国际科学计划，扩展适应可持续发展目标的综合信息观测和处理能力。

（5）加强数据的标准化和验证，建立数据采集和监测的标准、方法、范式和共享机制，发展空间观测与地面勘察相互核实的方法等。政府需要综合各方需求制定本国和地方各级的可持续发展政策和目标，同时不断加以审查和修订，科学家需要支持并协助在各个层级的决策制定过程中的整合监测和评估机制，保证全球信息共享。

面对全球变化的严峻挑战，完成向可持续发展的转型，需要从政府、科学界到公众的共同参与，这是一个长期而艰巨的过程，不可能一蹴而就。国际“未来地球”计划刚刚启动，本咨询项目针对中国如何组织和参与“未来地球”计划这一问题展开讨论，从科学为可持续发展决策服务的顶层设计、科学家如何改变现有科研理念和研究范式，科研成果如何更好地向社会和公众传播，以及达到以上目标所需的制度、体系和人才建设等方面进行了思考和探索。通过这个咨询项目，我们希望中国科学家更积极地参与国际“未来地球”计划的各项活动，提高我国地球系统科学领域的跨学科研究能力，在国际上发出中国的声音、传播中国的经验，为亚洲及全球的可持续发展研究做出更大的贡献。

（本文选自 2017 年咨询报告）

参考文献

[1] International Council for Science（ICSU）. 2013. Future Earth Initial Design：Report of the Transition Team. Paris.

[2] United Nations World Commission on Environment and Development（WCED）. Our Common Future：Brundtland Report. New York：Oxford University Press，1987：300.

[3] Crutzen P J. 2002. Geology of mankind：The Anthropocene. Nature，2002，415（6867）：23.

[4] Lenton T，Held H，Kriegler E，et al. Tipping elements in the earth's climate system. Proceedings of the National Academy of Sciences of the United States of America，2008，105：1786-1793.

[5] Schellnhuber H J，Turner B L. Tipping elements in the earth system. Proceedings of the National Academy of Sciences of the United States of America，2009，106（49）：20561-20563.

[6] Steffen W，Crutzen P J，McNeill J R，et al. The Anthropocene：are humans now overwhelming the great forces of nature? AMBIO，2007，36：614-621.

[7] ICSU. 2010. Earth System Science for Global Sustainability：The Grand Challenges.

International Council for Science. Paris.
[8] Reid W V，Chen D，Goldfarb L，et al. Earth system science for global sustainability：Grand challenges. Science，2010，330：916-917.
[9] 国际科学理事会未来计划临时秘书处. 未来地球计划战略研究议程2014.王传艺，林征译. 北京：气象出版社，2015.

咨询项目组主要成员名单

项目负责人

吴国雄	中国科学院院士	中国科学院大气物理研究所
秦大河	中国科学院院士	中国气象局
傅伯杰	中国科学院院士	中国科学院生态环境研究中心

项目组成员

李静海	中国科学院院士	中国科学院
刘丛强	中国科学院院士	国家自然科学基金委员会
安芷生	中国科学院院士	中国科学院地球环境研究所
李家春	中国科学院院士	中国科学院力学研究所
沈保根	中国科学院院士	中国科学院物理研究所
陈晓亚	中国科学院院士	中国科学院上海生命科学研究院
姚檀栋	中国科学院院士	中国科学院青藏高原研究所
郭华东	中国科学院院士	中国科学院遥感与数字地球研究所
马柱国	研究员	中国科学院大气物理研究所
王　毅	研究员	中国科学院科技战略咨询研究院
王红兵	助理研究员	中国科学院科技战略咨询研究院
王振宇	处　长	中国科学院国际合作局国际组织处
王晓明	研究员	国务院发展研究中心产业经济研究部
艾丽坤	研究员	中国科学院青藏高原研究所
曲建升	研究员	中国科学院兰州文献情报中心
吕永龙	研究员	中国科学院生态环境研究中心

姓名	职称	单位
贺桂珍	副研究员	中国科学院生态环境研究中心
朱　江	研究员	中国科学院大气物理研究所
朱永官	研究员	中国科学院城市环境研究所
刘智渊	助理研究员	中国科学院科技战略咨询研究院
江志红	教　授	南京信息工程大学
严中伟	研究员	中国科学院大气物理研究所
李正风	教　授	清华大学
李建平	研究员	北京师范大学
李晓轩	研究员	中国科学院科技战略咨询研究院
李倩倩	助理研究员	中国科学院科技战略咨询研究院
杨多贵	研究员	中国科学院科技战略咨询研究院
邹秀萍	副研究员	中国科学院科技战略咨询研究院
张建生	部　长	中国科学技术协会国际联络部
张柏春	研究员	中国科学院自然科学史研究所
张晓林	研究员	中国科学院文献情报中心
周天军	研究员	中国科学院大气物理研究所
周志田	副研究员	中国科学院科技战略咨询研究院
赵夫增	副研究员	中国科学院科技战略咨询研究院
贾根锁	研究员	中国科学院大气物理研究所
徐　芳	副研究员	中国科学院科技战略咨询研究院
黄季焜	研究员	中国科学院农业政策研究中心
葛全胜	研究员	中国科学院地理科学与资源研究所
杨林生	研究员	中国科学院地理科学与资源研究所
董文杰	教　授	中山大学大气科学学院
谭宗颖	研究员	中国科学院文献情报中心
潘家华	研究员	中国社会科学院城市发展与环境研究所
穆荣平	研究员	中国科学院科技战略咨询研究院

关于新型城镇化过程中中国城市和城市建筑的若干问题及建议

郑时龄　等

第一部分　当代中国城镇化和城市

一、城市和城镇化

世界各国关于城市的界定有很大差异，没有统一标准，大体上可以归纳为根据人口规模定义的城市、根据功能定义的城市以及根据地域特征定义的城市。根据人口规模定义，将达到某一特定人口规模或某一最小人口密度的聚落界定为城市，如德国的城市人口下限为 2000 人，印度的城市人口下限为 5000 人，马来西亚的城市人口下限为 10 000 人，美国马萨诸塞州的城市人口下限为 12 000 人，而美国马里兰州规定的城市人口下限为 300 人，澳大利亚的城市人口下限为 10 000～30 000 人。

1955 年 6 月，国务院发布《关于设置市、镇建制的决定》，对于城市的设置强调人口因素和经济、政治、军事等方面的因素，阐明城市的行政地位和隶属关系，基本上建立了城镇体系。1955 年 11 月，《国务院关于城乡划分标准的规定》明确城镇的标准按照行政建制和人口规模确定。据 2014 年 3

月《国家新型城镇化规划（2014—2020年）》的统计，1978～2013年，我国城镇常住人口从1.7亿人增加到7.3亿人，城镇化率从17.9%提升到53.7%，年均提高1.02个百分点；城市数量从193个增加到658个，建制镇数量从2173个增加到20 113个；从城市数量的分布来看，特大城市占8.5%，大城市占13.1%，中等城市占36.5%，小城市占41.8%[①]。从国际经验来看，超大城市的增长压力是长期存在的，但这一问题需要放在区域和地区层面考虑，既要通过积极调控和城市群协同发展，保证超大城市的发展效率和综合承载力，也要积极发挥中小城镇在促进地方城镇化和城乡统筹中的作用，形成大中小城市协调发展、地区关系平衡、城乡协调发展的格局。

按照1989年颁布的《中华人民共和国城市规划法》中的定义，城市是指国家按行政建制设立的直辖市、市、镇。2008年颁布的《中华人民共和国城乡规划法》基本上沿用了《中华人民共和国城市规划法》的定义。行政建制市和行政建制镇是城市的一种分类，或者只是行政管理等级和统计学的概念，但是并不能涵盖城市的概念，行政概念及统计学概念与地理学、经济学意义上的城市概念存在一定的差异，这个差异会对我国的城镇化产生直接影响。中国目前关于城市和镇的统计主要建立在行政中心城市的基础上，而城市的行政功能只是城市的功能之一。从城镇化的未来发展而言，中国新型城镇化意义上的城市应当是行政建制与地理学、经济学、社会学概念的综合。此外，就市与镇的区分而言，在行政建制和政治上有明显的等级、治理范围和管辖权限的区别，但是就经济学、地理学和社会学意义上的城市而言并不存在严格的差别，都属于城市的范畴。有些镇的人口已经达30万，甚至50万，已经属于中等规模的城市。此外，大量人口已经相当密集的聚居点由于没有明确的行政定位而缺乏城市的一些基本职能。

1800年世界的城市化率为5.1%，1900年为13.3%[②]。英国是世界上最早实现城市化的国家，根据2011年的统计，英国的城市化率为79.6%。回顾历史，1700年英国的城市化率仅为2%，1801年为17%，1850年达到50%，

① 中国城市科学研究会，中国城市规划协会，中国城市规划学会，等. 中国城市规划发展报告2011—2012. 北京：中国建筑工业出版社，2012：65.

② 周干峙，邹德慈. 中国特色新型城镇化发展战略研究·第一卷. 北京：中国建筑工业出版社，2013：4.

标志着英国进入城市时代。英国的城市化率在1900年已经达到75%，1951年为78.9%，此时，其他欧美发达国家的城化率仅为51.8%，世界的平均城市化率仅为28.4%①。截至2007年，城市人口已经占全世界总人口的一半，标志着世界进入了城市纪元。预计到2020年，城市人口将达到全球总人口的56%，2050年为67%，2100年为83%②。根据联合国人居署的预测，在未来30年内，世界城市人口将增加1倍，城市愈益成为全球关注的重点。

除新加坡、摩纳哥、百慕大群岛等的城市化率为100%之外，大部分发达国家的城市化率都在70%～80%。根据2011年的统计，印度的城市化率为31.3%，泰国为54.1%，奥地利为67.7%，意大利为68.4%，瑞士为73.7%，俄罗斯为73.8%，德国为73.9%，西班牙为77.4%，挪威为79.4%，英国为79.6%，加拿大为80.7%，美国为82.4%，荷兰为83.2%，法国为85.8%，瑞典为86%，澳大利亚为89%，韩国为91.7%，以色列为92.1%，日本为91.3%。而一些发展中国家的城市化率相当高，如加蓬为87.2%，委内瑞拉为89%，巴西为90.6%，乌拉圭为95.3%③。根据联合国的预测，到2050年，发展中国家的城市化率为64%，发达国家为86%。

作为世界上最早的城市发源地之一的亚洲，城市的发展变化十分迅速。到2020年，2/3的亚洲人将居住在城市中。目前，3/4的世界人口增长出现在发展中国家的城市地区，形成了一些高速增长型的城市。当代发达国家和发展中国家的区别在很大程度上是城市化以及城市品质的区别，传统意义上的发达国家已经实现了长期稳定的城市化，而发展中国家则正处于增长的城市化阶段。

1800年，全世界没有一座城市的人口超过100万。最大的城市伦敦只有95万，巴黎只有50多万。1850年的伦敦人口超过200万，巴黎则超过100万。至1900年，已经有11座城市的人口超过100万，1950年有83座城市超过100万。在1960年，全世界有100座城市的人口超过100万，20世纪末已经有400座城市超过100万。今天在全世界有650座城市的人口超

① 转引自：高珮义. 中外城市化比较研究（增订版）. 天津：南开大学出版社，2004：6-9.

② 何传启. 中国现代化报告2013——城市现代化研究. 北京：北京大学出版社，2014：7.

③ United Nations, Department of Economic and Social Affairs. http：//beta.data.worldbank.org.

过100万，35座城市超过1000万，并且还在呈增长趋势[①]。20世纪初，世界上只有伦敦的人口超过500万。1950年，只有纽约和东京拥有1000万人口，而今天，东京、德里、首尔、上海、孟买、墨西哥城、北京、圣保罗、雅加达、纽约、洛杉矶、开罗、卡拉奇、大阪、拉各斯和马尼拉的人口已经超过2000万。今天，全世界有28座特大城市，特大城市被描述为“21世纪的都市现象”[②]。

二、中国的城镇化

2015年12月20～21日召开的中央城市工作会议指出，我国城市发展已经进入新的发展时期。改革开放以来，我国经历了世界历史上规模最大、速度最快的城镇化进程，取得了举世瞩目的成就。城市发展带动了经济和社会的发展，城市建设成为现代化建设的重要动力。

应当科学地认识城镇化的作用，城镇化是实现现代化的必由之路，是国家实现现代化的一种路径或手段，不同的阶段应有不同的路径。在城镇化的进程中会产生各种城市问题和城乡社会转型的矛盾，需要加强对城镇化的科学引导。在城镇化的进程中，空间结构和产业结构都在进行重组和转型。城市规划先行的思想和政策已经成为共识，城市规划日益成为公共政策，并成为城市发展的引导和城市管理的依据，而不再只是城市发展最终状态的蓝图。另一方面，在经济发展的过程中，许多城市的生态环境保护正日益面临挑战，以资源消耗和环境污染为代价的发展模式需要调整，新型城镇化的关键是提高城镇化质量，要求城市转型发展。城市的空间环境、生态安全、城市文化和生活质量需要获得更为深切的关注。

首先，目前一些大城市的建设用地占市域面积的比例已经居于高位，相当一部分城市的粗放型建成区面积已经超过实际需要。我国城市的开发强度普遍偏高，据初步统计，北京市扣除山区后的开发强度高达57%，上海市为43%，深圳市为47%。而法国巴黎大区为21%。由于中国城市的产业结构组

---

① 朵琳·玛西，约翰·艾伦，史提夫·派尔. 认识城市·第一册·城市世界. 王志宏译. 台北：群学出版有限公司，2009：135.

② Globe Scan，MRC McLean Hazel 市场调查公司定向调查研究报告. 特大城市面临的挑战.

成，目前中国城市的土地利用结构中，工业用地占的比重过高，大约占 30%，城市建成区面积快速扩展，粗放型的土地利用成为普遍现象。而伦敦、纽约、巴黎等国际大都市，工业用地的比重不超过 10%，北京市的经济结构中工业占 30%以上，天津市占 50%以上，武汉市占 56%。北京市的居住用地只占 30%，而伦敦占 46.7%，首尔占 62.5%，纽约占 42.2%。

其次，中国的大部分城市的路网密度比较低，只相当于欧洲一些城市的 1/6 或更少。东京市的路网密度为 19 千米/千米^2，纽约市为 12.5 千米/千米^2。中国的许多城市，尤其是新城和开发区，路网密度普遍偏低。一方面是交通容易拥堵，不易疏解，另一方面则缺乏街道的人性化空间，城市各个地区的可达性和通畅性较差。上海市中心城的路网密度为 5.3 千米/千米^2，北京市区的路网密度为 4.8 千米/千米^{2}①。

2001 年以来，我国各类建设占用耕地年均 355 万亩②，土地消耗的速度十分惊人，绝大部分城市仍然以新增建设用地作为发展的主要途径，土地财政和开发财政的发展模式依然盛行。资源和环境问题日益突出，城市生态失衡的现象普遍存在。城市建设占用规划绿地的情况严重，以上海为例，建设用地的扩展不断挤占生态空间。1997～2010 年，上海总体规划划定的生态敏感区内建设用地增长明显，新增建设用地以工业和居住为主，到 2011 年，生态敏感区内建设用地约占 55%，根据《上海市基本生态网络规划》划定的外环绿带、生态隔离带以及近郊绿环内建设用地约占 50%③。

目前的城市资源问题相当严重，据统计，全国有 118 个资源枯竭型城市。大中城市中，有 400 多个城市缺水，一些严重缺水地区的城市，蒸发量远大于降水量的城市在规划中设计大面积的水面，加剧了缺水现象。2014 年，上海的常住人口已经临近水资源的极限。国家发展和改革委员会的下属机构和其他研究机构联合发表了一份报告，对 133 个国家的环境竞争力进行评估，

① 中国工程院“宜居城市的绿色交通体系及发展对策研究”项目组. 宜居城市的绿色交通体系及发展对策研究报告. 2014：29.

② 1 亩≈666.7 米^2。

③ 上海市城市规划设计研究院. 上海市域城镇体系和城市发展边界研究//上海市城市总体规划编制工作领导小组办公室. 上海 2040 城市总体规划——人口、土地、环境、城市安全专题研究（土地篇）. 2015：97.

中国排在第 87 位，空气质量排全球倒数第二，仅比印度好。

2014 年颁布的《国土资源部关于推进土地节约集约利用的指导意见》指出，目前城市新区扩张问题较普遍。全国 391 个城市的新区规划人均城市建设用地为 197 米^2，建成区人均城市建设用地达到 161 米^2，远超过人均 100 米^2 的国家标准。2008～2014 年，中国设市城市的建成区面积增加了 1.35 万千米^{2}①，几乎相当于新建 56 个温州。

2008～2014 年，北京城市建设用地增长了 195 千米^2，北京市城市建设用地由 1310 千米^2 增加至 1505 千米^2，将近平原区面积的一半，截至 2014 年，全市工业用地约为 576 千米^{2}②。到 2014 年底，北京市常住人口达到 2151.6 万人③，已经超过了城市总体规划确定的 1800 万人口适宜规模。而且，"摊大饼"的扩张方式还在延续，这种状况造成了生态环境破坏、城乡接合部和城郊接合部建设混乱等诸多问题，资源环境负担也日益加重。

2007～2012 年，上海城市建设用地面积增长了 677 千米^2，增长率为 76.4%。截至 2015 年，上海的建设用地规模为 3071 千米^2，占陆域面积的 44.9%，远高于伦敦、巴黎、东京等国际大都市的 20%～30%的水平④。2000 年按常住人口计算的人均建设用地面积为 82.5 米^2，到 2015 年，这一数值已经提高到 127 米^2，郊区新城的人均建设用地更达 172.6 米^{2}⑤。上海已经从一个用地相对集约的城市变为用地比较粗放的城市。

20 世纪 90 年代初至今，中国绝大多数的城市都处于快速发展的时期，发生了带有根本性的城市空间结构的变化。中国的城市化率从 1953 年的 13.3%、1982 年的 20.9%、1990 年的 26%、2010 年的 49.7%，迅速增至 2015 年的 56.1%。预计到 2020 年，中国的城镇化水平为 60%左右，其中户籍城

---

① 参见：《中国统计年鉴 2009》《中国统计年鉴 2015》《中国城市统计年鉴 2015》。

② 唯佳，于涛方，武廷海，等. 特大型城市功能演进规律及变革——北京规划战略思考. 城市区域规划研究，2015，7（3）：15，38.

③ 参见：《中国城市统计年鉴 2009》《中国城市统计年鉴 2015》《北京统计年鉴 2015》。

④ 上海市城市总体规划编制工作领导小组办公室. 上海市城市总体规划（1999—2020）实施评估报告. 2015：56.

⑤ 上海市城市总体规划编制工作领导小组办公室. 上海市城市总体规划（1999—2020）实施评估报告. 2015：59.

镇化率大约为45%[①]。

新型城镇化的关键是提高城镇化质量。城镇化率只是一个数量指标，并不能衡量城镇化的质量。从国际经验来看，城镇化发展到一定程度，特别是城镇化率超过50%以后，城镇化率与经济水平发展的关联性减弱。我国要想避免一些发展中国家出现的过度城镇化现象，应注重社会、经济、文化、生态的统筹和城乡关系的协调，需要构建一套综合的评价体系。中国的城镇化正处于转型过程中，存在半城镇化的现象，2013年的户籍城镇化率仅为35.29%。据统计，2014年，常住人口城镇化率高于户籍人口城镇化率约17.5个百分点。北京市的常住人口有2151.6万人，非户籍人口达802万。上海市的常住人口为2425.68万，非户籍人口987万。广州常住人口1283万，非户籍人口400多万。城市内部的二元结构日益突出，大量农村剩余劳动力进入城市，但是户籍制度使得这些人来到城市只是打工、就业，并没有融入城市。另一方面，城乡差距、城市与城市之间的差距依然在扩大，中心城市的极化和小城镇的衰落并存。

中国的城镇化存在的突出问题是在很大程度上依赖土地资本以维持城市基础设施的运营和城市建设与管理。2000年，全国的土地出让收入为596亿元，2014年已经达到4.3万亿元，年均增长37.2%。土地出让收入占地方财政收入的比重同期从9.3%提高到61.3%。开发区的土地粗放利用、浪费土地的现象十分普遍，城市土地闲置的现象相当严重。在我国省级以上的900多个开发区中，已开发面积仅占规划面积的13.5%[②]。2000～2010年，中国城市土地面积扩大了83.41%，城镇人口增加了45%，土地城镇化是人口城镇化的1.85倍[③]。根据数据推算，我国目前的城市建成区大约可以容纳8亿或更多的人口，总体上已经可以满足未来5～10年城镇导入人口的需要。应切实控制城市的无序扩张，提倡转型发展，严格控制建设用地，重视城市用地的存量再开发，控制开发强度，增加生态用地。

目前，全国许多城市都在建设大型甚至特大型的新城和新区，包括经济

---

① 中共中央，国务院. 2014. 国家新型城镇化规划（2014—2020年）. http：//www.gov.cn/gongbao/content/2014/content_2644805.htm.

② 中华人民共和国国家统计局. 2015中国统计年鉴. 北京：中国统计出版社，2015.

③ 冯奎，郑明媚. 中国新城新区发展报告. 北京：中国发展出版社，2015：11.

技术开发区、高新区、产业园区、保税区、出口加工区、物流园区、自贸区、高铁新城、空港城、旅游度假区等。国家发展和改革委员会在 2013 年调查了 12 个省（自治区）的 156 个地级市和 161 个县级市。据统计，90%以上的地级市正在规划建设新城新区，12 个省会城市总共规划建设 55 个新城新区，有城市甚至要新建 13 个新城区。根据 2015 年 12 月 27 日上海交通大学发布的《2015 中国大都市新城新区发展报告》统计，北京、上海、重庆、天津、西安、广州、沈阳、郑州、武汉、成都、南京、汕头等 12 座城市共规划和建设新区 17 个、新城 117 个，平均每座城市建设 11.16 个新城、新区，总建设面积为 1.49 余万千米^2。这 12 座大都市仅占我国全部城市总数的 1.8%，而其新城、新区规划和建设数量则占 27.7%，面积占 33.9%。2000 千米^{2}以上面积的新区有天津滨海新区（2270 千米^2）、青岛西海岸新区（2096 千米^2）、大连金普新区（2299.8 千米^2）、南京江北新区（2438 千米^2）、新疆米东新区（3407 千米^2）①，需要关注其规划和建设规模的合理性及其影响。据统计，到 2000 年，全国已经建立各类开发区 4210 个，规划用地 12.36 万千米^{2}②。从目前的发展来看，需要重新开发走向以再开发为主，城市更新和存量优化是城市发展的总体趋势。其核心是要从扩张型增长模式转向内涵发展，注重提升城市发展质量和品质。城市发展的不同阶段载体不一样，不宜再大搞开发区，开发区政策应该退出，强调产城融合，新区、开发区与城市的融合。

中共中央于 2013 年 12 月 12～13 日召开城镇化工作会议，从国家层面上将城镇化发展作为一个战略发展目标。国务院《新型城镇化规划（2014—2020 年）》提出要优化城镇规模结构，增强中心城市辐射带动功能，加快发展中小城市，有重点地发展小城镇，促进大中小城市和小城镇协调发展。城镇常住人口据 2015 年的统计为 7.7 亿。农村人口向城市集聚的峰值估计是在 65%～70%。按照规划目标，到 2020 年，中国城镇化率预计将达到 60%，2030 年将达到 65%左右。根据住房和城乡建设部的预测，从 2010 年至 2025

① 冯奎，郑明媚. 中国新城新区发展报告. 北京：中国发展出版社，2015：6-7，52-54.

② 冯奎，郑明媚. 中国新城新区发展报告. 北京：中国发展出版社，2015：27.

年，中国还将新增城镇人口 3 亿人，到 2025 年中国的城市人口为 9 亿人[①]。

从全世界的经验来看，城镇化会带来一些负面影响，非洲、拉丁美洲以及亚洲的一些国家在城镇化的过程中出现了大量的贫民窟，失业率居高不下，犯罪率攀升，对社会管理和社会稳定提出了新的挑战。新型城镇化要处理好以下五个关系。

第一，产业发展、就业吸纳和人口集聚的关系。城镇化是一个人口聚集的过程，人口聚集的要素是第二和第三产业的发展，是就业机会的创造。

第二，农村人口向城市集聚过程中，存在一个如何处理好优化城市空间布局和城乡协调发展的关系。新型城镇化应该促进生产要素在城乡之间、城城之间以及城市内部优化配置，增强城市创新能力，实现城镇化的集聚效应。

第三，城市市民的素质对城镇化和城镇化的品质具有重要的影响，城市市民的思想、文化水平、日常行为、社会发展和公共服务需要相应进入城市时代。

第四，优化城市空间的品质，包括合理的路网结构，以及合理的开发强度、街道空间尺度、公共开放空间、建筑品质等。

第五，新型城镇化必须走可持续发展的道路，关注能源消耗、环境质量和环境保护问题。可持续的城镇化就是以生态文明的理念为引领，构建绿色产业体系，形成绿色生活模式，增强绿色保障能力，实现人与自然的和谐相处。

农村问题是城镇化的关键问题之一，预计 2030 年中国城镇化率达到 65%左右的时候，农村仍然居住着 4 亿多人口，城镇化的同时必然是工业化、农业和农村的现代化。同时，防止农业萎缩、农村凋敝，也是城镇化的主要任务。1996 年联合国第二次人类住区大会发表的《伊斯坦布尔宣言》指出："城市和乡村的发展是相互联系的。除改善城市生活环境外，我们还应努力为农村地区增加适当的基础设施、公共服务设施和就业机会，以增强它们的吸引力；开发统一的住区网点，从而尽量减少农村人口向城市流动。中、小城镇应给予关注。"随着城市化的推进，城市与乡村之间的关系正变得越来越"相依为命"。未来的和谐城市，越来越离不开一个同样和谐宜居的乡村

---

① Johnson I. China's Great Uprooting：Moving 250 Million Into Cities. New York Times.

腹地。2016 年 10 月 17～20 日在厄瓜多尔的基多召开的第三届联合国住房和城市可持续发展大会发布了《新城市议程》，也提出了在可持续发展目标下城镇和乡村如何规划和管治的问题。

有评论认为中国的城镇化处于亚健康状态，是算出来、比出来、耗出来、拆出来的城镇化。城镇化应避免高能耗、高水耗和高地耗的高资源消耗。城镇化会消耗大量的资源和能源。据统计，城镇化率每提高 1 个百分点，消耗的水量为 17 亿米^3，占用的建设用地为 1004 千米^2[①]。以此推算，到 2030 年的城镇化水平，大约需要占用 118 180 千米^{2}的土地，消耗 1150 亿米^{3}的水[②]。城镇化也需要大量的投资，根据国家发展和改革委员会的测算，到 2020 年，中国推行新型城镇化需要 20 万亿～27 万亿元。美国麦肯锡全球研究院 2012 年的报告《城市化的世界：城市与消费阶层的崛起》指出，到 2030 年，中国城镇人口将增加到 9.9 亿，占全球新增城镇人口的 1/4。中国社会科学院城市发展与环境研究所发表的《中国城市发展报告》蓝皮书认为，农民进城的成本为 13 万元/人。如果今后 20 年还有 3 亿～4 亿的人要进城，测算出来的成本可能要超过 50 万亿元，这些资金在很大程度上几乎都要由政府支付。此外，根据测算，为城市的供水、水处理、供热和其他公用设施建设，每年的基础设施投资至少需要 1 万亿元[③]。

城镇化必然经历一个由慢向快，再由快向慢的转变，具有阶段性特征，保持快速发展是不可能的，也是不可持续的，要关注不同阶段动力机制的转换和发展矛盾的转移。鉴于城镇化大量消耗资金、土地资源、水资源和能源，考虑到长远的转型和城镇化的品质，统筹空间、规模、产业的协调发展，应妥善、稳步地推进城镇化，逐步提高城镇化和城市空间的品质，不宜推行指标化的城镇化，同时应当注重区域的协调发展。根据中国的实际情况，从长期发展来看，考虑到各地区的不平衡，以及目前的半城市化现象，综合国际的发展经验，城镇化的总体目标以 70%～75%为宜。

---

① 方创琳，等. 中国新型城镇化发展报告. 北京：科学出版社，2014：11.

② 方创琳，等. 中国新型城镇化发展报告. 北京：科学出版社，2014：17.

③ Post a Classifieds. Articles about News in China. Echinacities-com Retrieved[2014-02-16].

三、韧性城市

城市面临着能源危机、全球气候变暖、极端气候灾害、地震灾害、疾病等巨大的挑战。为应对这一系列问题，降低城市对能源的依赖性，降低城市发展对环境的破坏，调节城市的发展模式，21 世纪初出现了“韧性城市”（resilient city，也称弹性城市）的概念。“韧性”（resilience）的概念最早来自生态学，21 世纪应用于社会经济领域。在生态学理论中，韧性是在受到严重压力或扰乱后还能恢复到初始状态的能力，是自组织、适应压力和变化的能力。韧性与适应性发展是可持续发展的两个必不可少并相互关联的特性，是获得应对变化的能力的关键。韧性是指“社会制度和生态系统在剧烈的、不可预料的压力下继续运作的能力”①。韧性城市是指城市系统能够适应未来挑战，应对多重威胁，具有恢复能力，并将灾害对城市的公共安全、健康和经济的影响降至最低限度，实现可持续发展，应对人口增长，更适宜居住，同时又能提高生活质量的城市模型。低碳城市、绿色城市、适应气候变化的城市发展等都属于韧性城市的范畴。韧性城市包括社会、经济、环境、制度、基础设施等诸多领域，是系统的概念，并非单纯的防灾。从老子的《道德经》中，吸取“大象无形”的哲理，在城市规划与设计中，充分注重虚实相间，注重留白与“无形”，注重保留湖泊、湿地、山川与绿地，提高建筑用地利用率，增强其紧凑度，以形成空间韵律。韧性城市应具有以下七个关键要素②。

（1）可再生能源城市。从区域到单体建筑的各个层面，城市都将使用可再生能源技术。

（2）碳中和城市。每个家庭、社区以及办公区都将实现碳中和。

（3）分散性城市。城市将从大型的中央化的供电系统、供水系统和废物处理系统转变为小型化的以社区为基础的系统。

（4）光合作用城市。开发再生能源并且在当地解决食品和衣物供给的潜在能力将成为城市绿色基础设施建设的重要组成部分。

---

① 杰拉尔德·G. 马尔腾. 人类生态学——可持续发展的基本概念. 顾朝林，袁晓辉，等，译校. 北京：商务印书馆，2012：173.

② 彼得·纽曼，蒂莫西·比特利，希瑟·博耶. 弹性城市：应对石油紧缺与气候变化. 王量量，韩洁译. 北京：中国建筑工业出版社，2012：63-64.

（5）生态高效城市。城市群及其周边的区域将从线性转变成环状的封闭系统，从而相当数量的能源及原材料需求可以从废物再生系统中得到。

（6）基于场所的城市。再生能源是建设当地经济的和培养居民归属感的有效途径，将在城市和区域的范围内成为更加广泛的共识。

（7）可持续公交城市。提供可步行的、公交导向型方案，以及完善电动汽车服务体系等，城市、社区和区域都将以节约能源消耗为设计原则。

欧洲城市在可持续发展方面具有重要的经验，欧洲城市的人均二氧化碳排放量只是美国的 1/2，城市规划强调紧凑型发展，减少生态足迹，减少二氧化碳的排放，减少城市资源消耗等。城市力求达到循环代谢的发展模式，倡导生态循环平衡，而不是线性的新陈代谢模式。不但使用先进的技术和交通方式，例如公共交通、发展轨道交通、控制汽车交通、区域供暖、绿色建筑和设计；同时也采用可持续发展的政策，例如控制土地使用、开发棕地等；还包括改变生活方式，促进可持续的、健康的生活方式，提倡慢生活，设置步行街区，鼓励自行车交通，减少能源消耗等（图 1）。

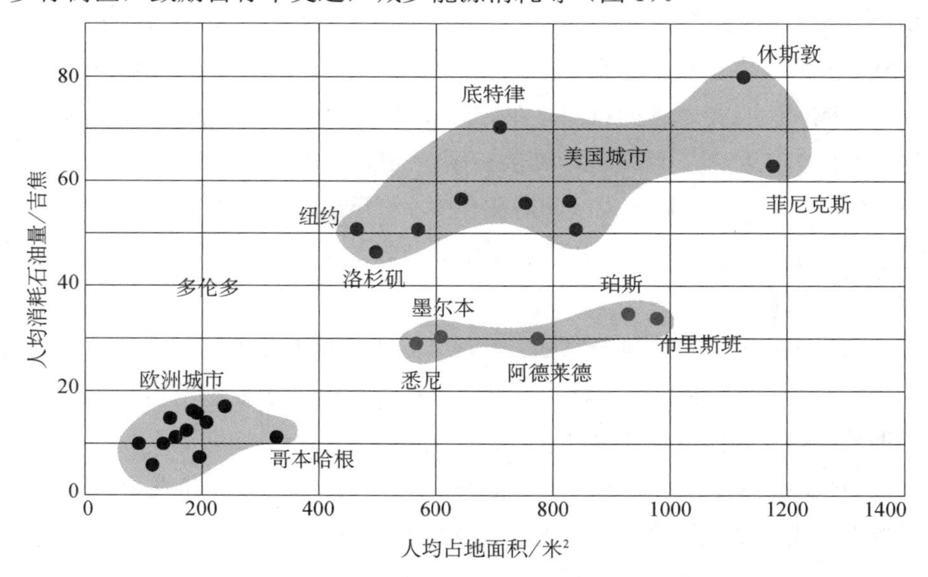

图 1　欧洲、美国、加拿大和澳大利亚主要城市人均占地面积和能源消耗的比较

为建设韧性城市，各大城市采取了各种措施，例如，伦敦、斯德哥尔摩、米兰收取交通拥堵税等。伦敦收取交通拥堵税后汽车使用率下降了 15%，放

弃驾车出行的人中有 50%～60%人转而乘坐公共交通。在征收交通拥堵税后，斯德哥尔摩的交通拥堵在早晨降低了 25%，在夜间降低了 40%[①]。

2012 年 10 月的飓风“桑迪”给纽约市造成前所未有的破坏，损失总额达 190 亿美元。瑞士再保险公司预测，如果不采取行动，到 21 世纪中叶，类似的 70 年一遇的暴风将造成 900 亿美元的损失。为此，纽约市制订了一份计划，包含大约 250 个项目，覆盖了能保证城市日常运作的关键系统和基础设施，包括污水系统、能源网络、医疗机构等。投资 200 亿美元把纽约变得更有恢复能力，提出了一系列办法来保护纽约的建筑群，计划聚焦于飓风“桑迪”期间遭受最大破坏的多个区域，以保证这些区域的建筑在重建后变得更加坚固和安全。

我国对韧性城市的研究仍然处于起步阶段，而我国面临的自然灾害和能源方面的挑战十分严峻，急需加强这方面的研究，并将建设韧性城市纳入城市规划体系。

四、可持续城市

城市是全球可持续发展的关键，可持续城市是一种生活和生产方式，也是一种发展和建设模式，与价值观念、人口、居民素质等方面有关。可持续城市涉及城市的生态、资源、科技、文化、教育、政治、机制、社会、经济等因素。可持续城市有两重含义：一是城市的可持续发展，侧重城市发展的过程；二是可持续发展的城市，后者侧重城市发展的目标[②]。1991 年联合国人居署和环境规划署在全球范围内推行“可持续城市计划”（SCP）。1992 年，在巴西里约热内卢召开的联合国“环境与发展大会”发表《21 世纪议程》，提出可持续发展的目标。

世界环境与发展委员会（WCED）于 1987 年 4 月发表报告《我们共同的未来》，该报告又名《布伦特兰报告》，报告一方面是对污染日益严重、资

---

① 彼得·纽曼，蒂莫西·比特利，希瑟·博耶. 弹性城市：应对石油紧缺与气候变化. 王量量，韩洁，译. 北京：中国建筑工业出版社，2012：118.

② 中国城市科学研究会，中国城市规划协会，中国城市规划学会，等. 中国城市规划发展报告 2011—2012. 北京：中国建筑工业出版社，2012：65.

源日益减少的世界的环境恶化、贫困和艰难不断加剧状况的预测，指出经济发展问题和环境问题不可分割。另一方面也提出了立足于使环境资源得以持续和发展的经济发展新时代。报告提出了可持续发展的概念："可持续发展是既满足当代人的需要，又不对后代人满足其需要的能力构成危害的发展。它包括两个核心概念：'需要'的概念。尤其是世界上贫困人群的基本需要，应放在特别优先位置进行考虑。'限制'的概念，是技术状况和社会组织针对环境能够满足现在和未来需求提出的限制。"①

1996 年联合国第二次人类住区大会在土耳其伊斯坦布尔召开，会议提出："可持续城市是这样一个城市，在这个城市里，社会、经济和物质都以可持续发展的方式发展，根据其发展需求有可持续的自然资源供给（仅在可持续产出的水平上使用资源），对于可能威胁到发展的环境危害有可持续的安全保障（仅考虑到可接受的风险）。"②与可持续城市相关的一些城市理念和发展目标有宜居城市、生态城市、可持续发展城市等。可持续城市的评价体系可以参照澳大利亚学者保罗·詹姆斯在 2015 年提出的城市可持续发展圈层的经济、制度、生态和文化四项指标。

（一）生态城市

联合国教科文组织的"人与生物圈计划"在 1971 年提出了"生态城市"的概念，生态城市规划的五项原则是：①生态保护战略（自然、动植物区系及资源保护和污染防治）；②生态基础设施（自然景观和腹地）；③居民的生活标准；④文化历史的保护；⑤将自然融入城市。1972 年 6 月，联合国在斯德哥尔摩召开人类环境大会，会议提出报告《只有一个地球》，并发表《人类环境宣言》，强调人类既是环境的创造物，又是环境的塑造者："为了在自然界里取得自由，人类必须利用知识在同自然合作的情况下建设一个较好的环境。为了这一代和将来的世世代代，保护和改善人类环境已经成为人类一个紧迫的目标，这个目标将同争取和平、全世界的经济和社会发展这两个既

① 彼得·纽曼，蒂莫西·比特利，希瑟·博耶. 弹性城市：应对石油紧缺与气候变化. 王量量，韩洁，译. 北京：中国建筑工业出版社，2012：63-64.

② 彼得·纽曼，蒂莫西·比特利，希瑟·博耶. 弹性城市：应对石油紧缺与气候变化. 王量量，韩洁，译. 北京：中国建筑工业出版社，2012：118.

定的基本目标共同和协调地实现。”[①]

自20世纪90年代起，全世界都热衷于将生态作为一种标签，但大多却流于表面形式。尽管如此，世界各地还是出现了一批不同规模的生态城市的试验，例如荷兰的太阳城、阿联酋在阿布扎比沙漠中新建的马斯达尔零碳城、瑞典斯德哥尔摩的哈马尔比滨水城、巴西的库里蒂巴生态城市、上海的崇明东滩生态城等。马斯达尔零碳城占地面积6千米^2，建在气候炎热的沙漠中，当地夏季白天气温可达50℃，城市规划学习古代定居者应对恶劣气候使用的生存手段。整个城市的100%能源将由可再生能源提供，城市大部分建筑的屋顶都用于收集太阳能，太阳能提供的电能还用于驱动制冷系统和海水淡化加工厂的运转。街道整体布局采用沙漠城市常用的狭窄街道设计，街道配备了公共空间冷凝水系统和空气循环系统。水得到循环利用，废物回收利用，99%的垃圾将尽可能回收、重复使用或用作肥料。树木和农作物使用经过处理的废水灌溉，达到比一般城市节约用水50%的目标。出行依靠人性化、快速的公共汽车。汽车用电力驱动，依靠磁力系统无人驾驶。马斯达尔零碳城要达到的环保目标是：零碳、零废物和可持续发展。整个城市共分七个阶段建设，计划于2016年建成。

（二）中国的可持续城市

1994年，中国通过了《中国21世纪议程》，把可持续发展作为国家的基本策略。

中国科学院城市环境研究所可持续城市研究组的《2010中国可持续城市发展报告》对可持续城市的定义是：“可持续城市是具有保持和改善城市生态系统服务能力，并能够为其居民提供可持续福利的城市。”[②]这里的生态系统服务是指作为社会-经济-自然复合生态系统的城市为人们的生存与发展所提供的各种条件和过程；福利是指相对比较广义的概念，包括经济、社会、环境等方面的内容。可持续城市要求城市为人们提供可持续福利，即

---

① 中国城市科学研究会，中国城市规划协会，中国城市规划学会，等. 中国城市规划发展报告2011—2012. 北京：中国建筑工业出版社，2012：65.

② 许安之. 国际建筑师协会关于建筑实践中职业主义的推荐国际标准. 北京：中国建筑工业出版社，2005：17-18.

福利总量和人均福利不随时间的推移而减少。

中国可持续城市评价指标体系包括：平均预期寿命、教育支出占 GDP 的比重、人均 GDP、城市化率、非农产业增加值比重、生活污水集中处理率、生活垃圾无害化处理率、工业固体废物综合利用率、工业废水排放达标率、单位工业产值二氧化碳排放量、单位工业产值烟尘排放量和建成区绿化覆盖率等。中国的可持续城市应当考虑弹性城市系统和城市的适应性发展，目前的评价体系并没有考虑城市应对气候变化和多重威胁的恢复能力，也没有纳入社会发展和城市文化的要素。

我们经常可以从不同的文献中发现相互矛盾的观点，需要结合具体的情况，包括经济的、文化的、政治的背景加以分析。例如有的文献认为大城市对有效利用能源、节约资源是重要的，而有些文献则劝诫发展中国家应当“避免采用增加大城市吸引力的政策”[①]。有的文献则认为城市应当集聚人口。就中国的城市和人口现实状况而言，大城市和特大城市的发展仍然是不可避免的。

第二部分　城市建筑文化

一、当代中国建筑的基本状况

中国自 20 世纪 80 年代末以来正经历大规模的城市建设进程，与此相应的是建筑数量的剧增。根据统计，2005～2010 年，房屋施工面积达 307 亿米^2，竣工面积达 141 亿米^2[②]。

自 20 世纪 80 年代以来，中国建筑师获得了千载难逢的从事城市规划、城市设计、建筑设计、室内设计和景观设计的机遇，大批年轻的建筑师得到培养和锻炼，创造了一批优秀的建筑。然而也不能不注意到，建筑师们也失去了许多本可以创造更好建筑的机会。一方面，中国建筑师得以在全新的环

---

① Fundamentals Catalogue. 14th International Architecture Exhibition. Marsilio, Rizzoli. 2014：356.

② 韩冬青. 我国职业建筑师的工作状态和社会生态调查报告//当代中国建筑设计现状与发展课题研究组. 当代中国建筑设计现状与发展. 南京：东南大学出版社，2014：152.

境和建筑领域中表现他们的才华；另一方面，许多中国建筑师和学术机构正在丧失他们的实验性和先锋性，缺乏深层次的社会人文关怀，缺乏前瞻性的研究，缺乏不断探索创造具有批判性意义的建筑。

国际建筑师协会第 20 届世界建筑大会于 1999 年在北京举行，大会发表了《北京宪章》，意味着中国建筑正在世界建筑界起着日益重要的作用。尤其是 2008 年北京奥运会和中国 2010 年上海世界博览会，吸引了许多国际建筑师和规划师的积极参与，2010 年上海世界博览会也是全球化时代最重要的建筑博览会之一，成为建筑创造性、新概念和新建筑技术的实验室，成为意义深远的建筑文化交流会。2012 年的普利兹克建筑奖颁给了中国建筑师王澍，表明中国的当代建筑正得到国际建筑界的重视。

中国建筑在特殊的条件下成为政治地缘文化的阐释和直喻，建筑经常成为政治运动的批判对象，也成为政绩的丰碑。20 世纪的中国建筑反映了向现代化和国际化的迅速转化，建筑理论、建筑设计方法、新结构、新材料、新技术和新设备的引进，传统技术与先进技术和新的功能因素的结合，传统建筑精神的探索等方面的发展成为当代中国建筑的主流。特殊的地缘政治环境形成了丰富而又复杂多变的社会、文化和经济背景，成为影响当代中国建筑最重要的因素。

就总体而言，当代中国建筑大致表现出以下六种相互影响并相互渗透的倾向：①新现代建筑，主要表现在对新的建筑类型的探讨，新建筑思想、新结构、新技术和新材料的应用，现代设计方法的引进，探索中国特色和传统元素在现代建筑上的表现等；②批判性地域建筑，表现为对中国特色和传统精神的探求，引领新建筑的发展；③境外建筑师的广泛参与以及建筑的实验；④新形式主义建筑，表现为追求形式的“新颖”，表现吸引眼球的奇特形式效果，注重纪念性、标志性和广告性，“形式追随利润”成为城市和建筑无声的宣言；⑤反现代建筑，表现为超越技术经济现实的过度“现代化”，甚至是封建迷信。过度奢华，追求感官效果。媚俗建筑、“欧陆风”建筑、山寨式仿制、超级具象建筑、迪士尼化和舞台布景式的建筑盛行；⑥原始功能主义建筑，单纯追求数量，忽视建筑质量，缺乏良好规划和设计等。这些倾向还将长期影响中国的当代建筑。

二、建筑师的社会生态环境

建筑师是建筑和建筑设计的核心，培养一名建筑师的时间通常比一般专业更长，而且建筑师有资格认证和执业的特殊要求，专业知识面相当广泛，需要一定的素质和资质，既需要学历教育，又需要实践经验。世界各国一般都有注册建筑师制度和执业管理。建筑师负有重托和信赖，要为失误、疏忽等承担责任，要为社会和人民的生命财产、为人们的生活品质、为社会功能的实现负责，其责任十分重大。正因为如此，各国制定了一系列规范建筑师执业的制度，以保证让合格的建筑师设计出合格的建筑。而建筑师的社会生态环境对建筑的发展至关重要，直接影响建筑的品质。

在社会进步和经济迅速增长的情况下，建筑设计越来越向专业化和综合化的方向发展。一方面，建筑设计的深度在增加，建筑师需要更专业化和更全面的知识，才能设计安全、符合功能需要、绿色而又美观的建筑。另一方面，建筑师又需要有更强的综合能力，协调各类专业。建筑师的设计范围也由传统的建筑单体，扩大到建筑群、城市设计、园林设计、景观设计，甚至项目策划、产品设计、城市街景、展示设计等。建筑师几乎成为一种万能的职业，这样全面的作用不可能集中在某一个建筑师身上，需要建筑师本身的分工。20 世纪 80 年代，《国际建筑师协会关于建筑实践中职业主义的推荐国际标准》中关于建筑师的职业精神原则和对建筑师的基本要求是这样表述的："能够创作可满足美学和技术要求的建筑设计；有足够的关于建筑学历史和理论以及相关的艺术、技术和人文科学方面的知识；与建筑设计质量有关的美术知识；有足够的城市设计与规划的知识和有关规划过程的技能；理解人与建筑、建筑与环境、以及建筑之间和建筑空间与人的需求和尺度的关系；对实现可持续发展环境的手段具有足够的知识；理解建筑师职业和建筑师的社会作用，特别是在编制任务书时能考虑社会因素的作用；理解调查方法和为一项设计项目编制任务书的方法；理解结构设计、构造和与建筑物设计相关的工程问题；对建筑的物理问题和技术以及建筑功能有足够知识，可以为人们提供舒适的室内条件；有必要的设计能力，可以在造价因素和建筑规程的约束下满足建筑用户的要求；必须要有在造价和建筑法规约束下满足使用者要求的设计能力；对在将设计构思转换为实际建筑物，将规划纳入总体规划过程中所涉及的工业、组织、法规和程序方面要有足够的知识；有足够的对项目资金、项目管理及成本控制方面的知识。”[①]这 14 项基本要求涉及功能，美学和技术，建筑历史及理论，城市设计和城市规划，建筑与可持续发展环境，建筑师的社会责任，结构、构造和工程技术，建筑物理，法规和有关程序，项目管理，成本控制等。从中可以看出建筑师的专业知识和技能是非专业的人员所无法替代的。

中国（不包括台湾地区）的建筑教育从 20 世纪 80 年代以来有了很大的发展，截至 2010 年，全国开设建筑学专业的院校达 259 所，学科点的分布已涵盖各省（自治区、直辖市）。其中，2010 年建筑学专业本科院校毕业生有 10 541 人，招生 15 498 人，在校生 66 402 人。根据中国建筑学会 2015 年的统计，目前我国有一级注册建筑师 32 542 人、二级注册建筑师 19 171 人。据统计，我国的人均建筑师数量是许多发达国家的 1/10、1/15、1/50，甚至 1/100。根据全世界 36 个国家的统计（不包括中国），一共有 84.77 万名建筑师，全世界的建筑师总数大致为 100 万～120 万。中国有 51 713 名注册建筑师，与全国人口的比例约为 1/26 740，考虑到有许多建筑师没有注册，估计中国建筑师占全国人口的比例为 1/26 000。巴西有 80 000 名建筑师，占人口的 1/2512；法国有 29 900 名建筑师，占人口的 1/2227；英国有 33 500 名建筑师，占人口的 1/1900；美国有 222 360 名建筑师，占人口的 1/1429；西班牙有 51 000 名建筑师，与中国建筑师的数量相仿，占人口的 1/915；德国有 101 600 名建筑师，差不多是中国的 2 倍，占人口的 1/789；意大利有 147 000 名建筑师，占人口的 1/414[②]。

目前中国建筑师的社会生态环境令人担忧，建筑师在业主的权势话语面前基本上没有发言权，中国建筑师的社会地位要比世界上大多数国家的建筑师低。社会缺乏对建筑师的认知和尊重。在许多情况下，设计院的管理以产值为导向，建筑师往往变成单纯的绘图工具，加之设计费低廉，而设计成本

① 许安之. 国际建筑师协会关于建筑实践中职业主义的推荐国际标准. 北京：中国建筑工业出版社，2005：17-18.

② Fundamentals Catalogue. 14th International Architecture Exhibition. Marsilio, Rizzoli. 2014：356.

不断攀升，同时又掺杂设计单位之间的恶性竞争，其后果必然是大量质量低劣的建筑充斥城市空间。行政条例以及有关规定对建筑设计的不合理干预和各种评审甚至会过分深入细枝末节，以至于从空间布局、贴线率、绿化比例、停车位、立面处理、窗墙比、材料选择到室内设计，都要求建筑师满足各种合理或不合理的要求，也制约了建筑师的创造性。

建筑师的社会地位决定了建筑师与业主的关系，建筑师与业主之间的关系应当是一种相互依存的合作关系。建筑师与业主的关系是建筑的本质问题，建筑从来就是为业主而设计建造的。按照美国建筑师学会的要求，建筑师在建筑过程中的作用是业主的代理人，建筑师负责将建筑过程中的所有方面联系起来，整个建筑业的运作也建立在这个基础上。应完善注册建筑师制度，优化建筑师的社会生态环境，提高设计费在总投资中的比重，摒弃以低价中标的做法，杜绝设计单位之间的恶性竞争。

同时，建筑师也需要加强社会责任，不断学习，深入研究中国文化，维护公众和业主的利益，摒弃急功近利和短期行为。目前中国建筑师在总体上仍然是年轻的，大部分建筑设计院从业人员的平均年龄还不到 40 岁，根据调查："设计院里 25～35 岁的设计师承担的工作最多。"①

建筑设计需要经验的积累，需要生活的广泛体验。建筑不仅仅是建筑师的作品，而且是整个社会的作品。优秀的建筑需要土壤培植，需要有让建筑师脱颖而出的环境，需要培育适合中国现代建筑生存的社会生态环境。

三、存在的问题和对策

（一）建筑的质量

建筑的质量是与建筑节能、环保和生态环境紧密结合在一起的，建筑质量涉及建筑物的寿命以及室内设备和装修、管道工程的使用寿命。建筑的质量也在相当程度上影响生活的质量，并影响资源和能源的消耗。据估计，每年全球一半的钢铁和水泥消耗用于建筑业②。应当倡导建筑被动节能方式向

---

① 韩冬青. 我国职业建筑师的工作状态和社会生态调查报告//当代中国建筑设计现状与发展课题研究组. 当代中国建筑设计现状与发展. 南京：东南大学出版社，2014：152.

② 段威，孙德龙，王路. 进入 21 世纪的中国建筑及其创作概况//当代中国建筑设计现状与发展课题研究组. 当代中国建筑设计现状与发展. 南京：东南大学出版社，2014：251.

传统文化学习。许多新建筑追求所谓的新技术，但投资大、维护成本高，反而舍本逐末。应加强建筑材料的研究，包括适应不同地区符合环保要求的保温隔热材料、防水材料、墙体材料等，以适合我国建筑的发展。

由于缺乏严格的监管，存在赶施工进度，材料质量差，偷工减料以及工程转包等现象，全国各地几乎都存在建筑质量问题，建筑倒塌的事故时有发生。建筑质量已经严重影响了我国的能源和资源政策，给生态环境带来巨大的威胁，有必要采取法规和政策措施，极大地提高建筑及其相关产品的质量和品质，以实现可持续发展。注意研究、修订、编制关于建筑质量的量化指标、标准与法规，加强建筑物质量的鉴定与检验工作，建立日常与定期维修制度。

中国建筑科学研究院 2014 年发布的《建筑拆除管理政策研究》报告指出，“十一五”期间，中国共有 46 亿米^{2}建筑被拆除，其中 20 亿米^{2}建筑在拆除时寿命小于 40 年。以此推算，“十二五”期间，每年过早拆除建筑面积将达到 4.6 亿米^2。粗略估计，如果按照每平方米拆除费用 1000 元计算，则每年因建筑过早拆除要花费 4600 亿元。而相较之下，英国建筑的平均寿命达到 125 年，法国是 84 年，美国是 80 年[①]。

（二）建筑的决策机制

需要优化建筑的决策机制，使之科学化，改变以行政决策取代科学决策，以权钱话语取代建筑话语的现象。决策包括行政决策、商业决策、经济决策、技术决策等，建筑的决策机制涉及建筑设计方案的选择和建筑实施的决策和管理。目前的建筑决策主要是公共投资项目和企业投资项目的区别，即使是企业投资也需要符合公共利益。此外，也有建筑业管理决策机制的影响。建筑不仅是建筑师的作品，而且是整个社会和城市的作品。

当前的建筑决策机制往往偏重建筑形式的选择，以模型和效果图决定取舍，轻视建筑的功能、结构、节能、造价和内在的品质。根据中国工程院 2013 年的调查，目前的建筑设计决策权按照权重的比例依次为政府官员（38%）、

---

① 段威，孙德龙，王路. 进入 21 世纪的中国建筑及其创作概况//当代中国建筑设计现状与发展课题研究组. 当代中国建筑设计现状与发展. 南京：东南大学出版社，2014：254.

建筑开发商（31%）、规划管理人员（19%）、建筑与规划专家（10%）、市民（1%）、其他（1%）。调查认为按照理想的决策权权重应当是建筑与规划专家（40%）、规划管理人员（18%）、市民（18%）、建筑开发商（13%）、政府官员（8%）、其他（3%）[①]。其中，规划管理人员则是从规划管理和建筑管理的角度对建筑设计方案加以控制，参与决策。这个结果预设了这六类有可能参与决策的人员，可以肯定的是，建筑师的决策权基本上被排斥。

我国是当前全世界举办国际设计竞赛、招标和方案征集最多，涵盖领域最广的国家，而且覆盖了几乎大部分省市，甚至遍及边远地区，投入的人力、财力和物力十分巨大。然而，相当一部分设计招标和方案征集反映出草率的计划，许多设计项目的任务书语焉不详，未经前期策划，就举行招标或方案征集，让参赛者感觉就像是赌博。不同的设计阶段需要解决不同的问题，需要不同的设计深度，这个问题在许多设计招标和方案征集中缺乏认知。建筑设计招标和方案征集也存在不公正或不合理的现象，或者是评委的组成不合理，或者由于地方保护主义对当地建筑师和设计单位的偏袒，或者由于评委的素质，也会使人们对评审的客观性和正确性产生疑问。获选的方案并不一定是最优秀的方案，而往往是设计表现方法吸引评委的方案，或者是优点和缺点都不突出的方案，甚至是平庸的方案。除极少数设计招标外，主办方基本上不进行技术审查，不进行功能、结构、设备、绿色环保、造价和市场需求方面的技术评估，为实施和运行带来许多问题。评审时也往往不考虑技术经济问题，节能和生态问题只是一种形式要求，建成后的建筑往往与初始方案有很大的差异。

现行招投标制度的公正性受到普遍的质疑，根据调查，只有17%的国内建筑师认为现行招投标制度基本公正，33%的人认为基本不公正，另有50%的人认为是否公正根据具体情况而有所变化[②]。是否公正实际上取决于不同的评审规则和程序，取决于评委的素质。应当完善招投标制度，选择并建造优秀的建筑，促进创新。确定方案时，应同时对功能、结构、

---

① 韩冬青. 我国职业建筑师的工作状态和社会生态调查报告//当代中国建筑设计现状与发展课题研究组. 当代中国建筑设计现状与发展. 南京：东南大学出版社，2014：150.

② 韩冬青. 我国职业建筑师的工作状态和社会生态调查报告//当代中国建筑设计现状与发展课题研究组. 当代中国建筑设计现状与发展. 南京：东南大学出版社，2014：146.

设备、绿色技术、造价和市场需求方面进行预审评估，摒弃以低价中标的做法。

现行的建筑设计招标体制有许多需要检讨之处，有些项目的评审时间相当短促，评审专家对设计方案和任务书没有足够的时间去理解。有些城市实行的临时随机抽选评审专家的方式，使评审委员会组成成员的素质产生问题。有些城市在评选建筑设计方案时采用评标的方式，表面上看似乎公正，避免弊端，实际上只是形式上的公正。许多城市的评标中内定设计单位，找其他设计单位陪标的情况也不少见。近年来，许多城市出现了方案招标和扩初、施工图招标分开进行的状况，也就是说即使某家设计院或事务所的方案中选，扩初和施工图阶段的设计单位另行招标，这就使设计意图无法贯彻，也无法保证设计和建筑的品质。应完善招投标制度，促进创新，完善建筑方案的决策程序，应在对功能、结构、设备、绿色技术、造价和市场需求等方面进行预审评价的基础上确定方案。提倡并推行建成环境使用后评估工作，以了解、总结既有规划与设计的成功经验与错误、不足之处，建立反馈机制，为建筑决策的科学化、合理化与人性化提供依据，并注意收集、听取使用者对规划设计的意见。

（三）高层建筑

21 世纪的世界又在进行兴建“最高”建筑的竞争，根据高层建筑和都市人居协会（CTBUH，以下简称高层建筑协会）2013 年的统计，近 10 年间，全球范围内建造了 1126 幢 200 米以上的高层建筑。2014 年全世界建造了 97 座高层建筑，总计高度为 23 333 米；2015 年全世界建造了 106 座高层建筑，总计高度为 25 926 米，是目前的历史最高纪录。这 106 座高层建筑中，中国有 62 座，占全球总数的 58%。中国连续八年位居全球超高层建筑建成数量的前列，目前中国仍有超过 300 座的超高层建筑正在施工。2015 年全世界最高的 20 座竣工建筑中，有 12 座在中国，分别位于上海、重庆、大连、广州、惠州、沈阳、南京、厦门、南宁、南昌、柳州。美国高层建筑与城市住宅委员会于 2015 年底盘点了将于 2016 年建成的全球十大摩天大楼，其中有 6 座属于中国。全球的高层建筑总数达 1040 座，300 米以上的超高层建筑的总数由2010年的50座增加到2015年的100座。据高层建筑协会2014年的统计，纽约有5794座高楼，其中有53座高度超过200米，芝加哥有27座超高层建筑，香港有63座超高层建筑。

我国《民用建筑设计通则》（GB 50352—2005）规定：建筑高度超过100米时，不论住宅及公共建筑均为超高层建筑，建筑高度超出250米的民用建筑采用的特别防火要求，这是沿用20世纪80年代的界定，有必要与国际上通行以200米为超高层建筑的统计相一致。

未来的高层建筑将是高度、功能、空间和技术的综合，高层建筑协会在评选最佳高层建筑时，考虑四项因素：①建筑形式、结构、房屋系统、可持续发展、安全；②注重环境保护，对人的关怀，与社区的关系，经济性；③高标准和施工的质量；④与城市环境的关系。

应当根据城市的实际条件，控制超高层建筑的建设。我国的许多城市正在展开超高层建筑的竞赛，盲目追求高度和高层建筑的数量，超越城市的实际需求，为潜在的城市经济问题留下隐患。就城市和高层建筑的发展而言，超高层建筑对应的经济基础是第三产业。中国超高层建筑的数量为美国的2倍多，但平均每座超高层建筑对应的第三产业产值仅为美国的30%～40%。截至2012年底，我国（不包括台湾地区数据）已经建成高度超过200米的建筑66栋，已设计并通过超限审查的还有279栋，合计345栋。

高层建筑协会预测中国在今后数年内平均每5天就有一座超高层建筑封顶，中国的人口占全球的19.5%，而2011年建造了212座200米以上的超高层建筑，占全球总数的33.4%。美国在2011年建造了162座200米以上的超高层建筑，在数量上位居第二，占全球总数的25.6%。今天，全世界排名前20位的超高层建筑中，有10座在中国，美国只剩位列第9的威利斯塔楼（442米）、位列第12的芝加哥特朗普大厦（423米）。预计到2020年，全世界最高的20座建筑中，有12座在中国[①]。

1980年的上海只有121幢建筑的高度超过24米，没有一幢建筑的高度超过100米。截至2014年末，上海已经有38 171幢高层建筑，1510幢建筑

① Wood A. The Tall Buildings：Reference Book. Pairs：Routledge Taylor & Francis Group，2013：4-5.

的高度超过 100 米[①]。整座城市已经变成了混凝土的森林。2015 年建成的上海中心大厦高 632 米，紧邻高 420.5 米的金茂大厦（1995～1998 年建造）和高 492 米的环球金融中心（1997～2009 年）。这三幢建筑在 1993 年的陆家嘴中央商务区城市设计中的高度均为 320 米左右，总建筑面积为 60 万米^2，而目前仅上海中心大厦一幢建筑的面积就超过 60 万米^2。

一些城市和企业建造超高层建筑并非纯粹是因为经济和商务活动的需要，建筑的形象也与超高层建筑的经济性和结构合理性相悖。一些超高层建筑在建筑上添加非建筑的“语言”，成为城市的“摆设”，一些超高层建筑甚至仿“欧陆式”。一些城市对于高层建筑的社会因素不加考虑，盲目追求高度。苏州正在建造 729 米高 137 层的超高层建筑，其造型从佛塔和泉水获得灵感，深圳一幢超高层建筑要求造型仿纽约的帝国大厦，长沙拟建高达 838 米的建筑。其中潜伏着社会经济和技术问题，如不遏制这一趋势将会为我国城市建设和经济的健康发展带来严重的影响。

四、历史文化保护

习近平总书记指出：“历史文化是城市的灵魂，要像爱惜自己的生命一样保护好城市历史文化遗产，要处理好城市改造开发和历史文化遗产保护利用的关系，切实做到在保护中发展，在发展中保护。”[②]随着急风暴雨式建设的基本平息，一些城市和地区已经认识到城市更新和历史文化遗产保护的重要性，保护意识近十年来在不断增强。目前已经保护修缮了一批历史建筑和历史文化风貌区，取得了令人瞩目的成绩。但是，一些历史建筑和城市地区的重建在相当多的情况下是出于商业需要，从保护城市历史文化的要求来看，真正从意识上重视保护仍然需要从制度和法规方面予以提升。

历史上，关于历史建筑的保护与修复存在四种流派：作为纪念物的历史文物、风格性修复、现代保护理论、传统的延续。1844 年，法国提出了“整体修复”（unite de style）的“风格性修复”理论，影响了整个欧洲几乎达一

---

① 上海市统计局，国家统计局上海调查总队. 上海统计年鉴 2015. 北京：中国统计出版社，2015.

② 习近平：像爱惜自己的生命一样保护好文化遗产. http：//www.xinhuanet.com//politics/2015-01/06/c_1113897353.htm.

个世纪之久。风格性修复的原则是："'修复'这一术语和这一事物本身都是现代的。修复一座建筑并非将其保存、对其修缮或重建，而是将一座建筑恢复到过去任何时候可能都不曾存在过的完整状态。"[①]按照风格性修复的理论，复原一座建筑既不是维护，也不是修缮，更不是重建，而是将建筑重新恢复成一种完成状态。在这种思想的指导下，很可能导致建筑师在修复中以自身的"创作"替代"修复"，给历史建筑保护带来有害的影响。目前，这种思潮也对我国历史建筑的保护和修复产生了深远的影响。

1964 年的《威尼斯宪章》对历史建筑的保护和修复具有重要的意义，其要点是：注重真实性和整体保护；注重文化、联想和场所意义；注重培训和教育；注重环境。关注历史的原真性和整体保护，将维护作为一种永久性的基础，并建议对历史建筑采取合适的、有利于社会目的的使用。此外，更关注保持传统遗产不受激烈变动，强调原址原地保护。

1979 年在澳大利亚巴拉召开的国际古迹遗址理事会大会签署了《巴拉宪章》，宪章将"保护"定义为"一种处理方法或组合在一起的几种不同处理方法的综合性概念，保护是一种基于经验和科学技术支撑的多学科合作行动"；将"修复"定义为"通过去除附属物或在不引入新材料的前提下重新装配现存的构件，从而将现存的场所肌体恢复到过去已知的状态"。

1994 年的《奈良真实性文件》关于真实性的概念是这么认为的：尊重原物是一项保护要求，需要：①最低限度地干预；②使用原有材料；③替代材料与原有材料相同；④新材料不至于造成破坏；⑤所有的干预活动都是可逆的，或可撤销的；⑥能用肉眼或其他方式区分复制品和原件；⑦所有的干预行动必须有文件记录。

中国在 20 世纪 30 年代开始研究并实践历史建筑的保护与修复，中国营造学社对历史建筑的保护与研究起了重要的作用。梁思成在 1934 年提出了"整旧如旧"的保护观念。1930 年国民政府颁布《古物保存法》，1931 年颁布《古物保存法施行细则》，1935 年颁布《暂定古物的范围及种类大纲》，其中"建筑物"属于一种类型，包括城郭、关寨、宫殿、衙署、书院、宅第、

---

① 查尔斯·詹克斯，卡尔·克罗普夫. 当代建筑的理论和宣言. 周玉鹏，雄一，张鹏，译. 北京：中国建筑工业出版社，2005：158.

园林、寺塔、祠庙、陵墓、桥梁、堤闸及其一切遗址。1940 年国民政府颁布《保存名胜古迹暂行条例》。

中华人民共和国成立后，1950 年政务院发布《中央人民政府关于保护古文物建筑的指示》，1953 年发布《关于在基本建设工程中保护历史及革命文物的指示》。1956 年，国务院发布《国务院关于在农业生产建设中保护文物的通知》。1960 年国务院颁布《文物保护管理暂行条例》。国务院自 1961 年至 2013 年共公布 7 批 4296 处全国重点文物保护单位。文化部在 1963 年颁布《文物保护单位保护管理暂行办法》和《革命纪念建筑、历史纪念建筑、古建筑、石窟寺修缮暂行管理办法》，国务院在 1964 年批准《古遗址、古墓葬调查、发掘暂行管理办法》，1974 年国务院发布《加强文物保护工作的通知》，并在 1976 年发布《国务院关于加强历史文物保护工作的通知》。1982 年《中华人民共和国文物保护法》颁布，标志着我国文物保护制度形成。国务院于 1997 年发布《国务院关于加强和改善文物工作的通知》，2002 年全国人大常委会通过了修订后的《中华人民共和国文物保护法》。2004 年建设部发布《关于加强对城市优秀近现代建筑规划保护工作的指导意见》。国务院于 2005 年发布《国务院关于加强文化遗产保护的通知》。

自 1982 年以来，国务院命名了 129 座历史文化名城，对历史城市和历史建筑的保护起了十分重大的作用，同时也颁布了《城市紫线管理办法》（2004 年）、《历史文化名城保护规划规范》（2004 年）、《历史文化名城名镇名村保护条例》（2008 年）等法规。在执行过程中，《中华人民共和国文物保护法》不能完全覆盖历史建筑的保护，不可移动的文物建筑与文物在保护方法和管理上，也有相当大的区别。应编制包括文物建筑、历史建筑在内的“中华人民共和国建筑遗产保护法”，明确利用和保护机制、管理机制、保护修缮、改造和复建等原则，以保护城市的历史文化和历史建筑。

当前，大部分城市意识到保护历史建筑的文化意义和重要性，也取得了一些成绩，但是一旦与土地开发有矛盾，就会牺牲历史建筑，甚至只保留列入文物建筑名单的建筑，拆除其他建筑，从而破坏了环境。目前一些历史文化名城名存实亡，应对历史文化资源进行抢救性保护。开展历史资源普查，严格立法，明确历史保护城市发展的红线，是政府在城市发展中的重要责任，应纳入政府考核。同时也应加强对乡村历史文化资源的保护，乡村遗产是传统文化和地域文化的根，要避免重蹈城市的覆辙。此外，历史建筑的复建方式和价值取向应当引起重视，例如，重建后的武汉黄鹤楼（1981～1985年）、南昌的滕王阁（1989年）、杭州的雷峰塔（1999～2002年）、南京的大报恩寺塔（2014年）等，都并非真正意义上的历史建筑重建，只是风格上和局部历史建筑细部的重现，往往出于商业利益，增大体量和高度，增添电梯和其他商业功能，与历史空间环境的关系也有许多可以商榷之处。这些历史建筑的重建在实质上只是重建历史的记忆。

此外，许多复古建筑和商业街的建造，如北京琉璃厂文化街（1985年）、天津古文化街（1986年）、南京夫子庙（1986年）等都曾经引起关于真假古董的讨论，这类重建的目的只是商业开发，在某种程度上只是重建历史记忆，但是也往往出现误导。

第三部分　相关建议

综上所述，本报告提出以下四点建议：①城镇化和城镇统计不能只关注行政建制的城市和镇，市与镇在行政建制上和政治上有明显的等级、治理范围和管辖权限的区别，但是在经济学和社会学的城市意义上并不存在严格的差别。新型城镇化应当充分考虑和兼顾行政概念、统计学概念与地理学、经济学意义上的城镇，完善城镇管理。②推广韧性城市建设。韧性城市是指城市系统能够适应未来挑战，提高城市应对灾害的能力，预防和修复灾害带来的损害，将灾害对城市的公共安全、健康和经济的影响降至最低限度的城市发展模式；韧性与适应性发展是可持续发展的两个必不可少并相互关联的特性，韧性是城市可持续发展的重要组成部分，应将韧性城市纳入城市规划。③为优化和完善建筑决策机制，避免单纯以行政决策取代科学决策，建议在城市规划委员会的建制下设立城市建筑委员会，审查并参与重大的城市建筑方案决策。在直辖市和省会城市设立总建筑师，参与城市规划编制和城市重要建筑的决策。④文物建筑和历史建筑有其特殊性，涵盖的面十分广泛，属于不可移动文物，涉及城郭、聚落、关寨、宫殿、衙署、书院、民居、宅第、园林、寺塔、祠庙、工厂等各类古代、近代和现代建筑，以及陵墓、桥梁、道路、堤闸及其一切遗址等，区别于传统意义上的可移动文物。历史建筑的修缮和复建应当有严格的审查和管理程序。目前的《中华人民共和国文物保护法》不能完全覆盖历史建筑的保护，应编制“中华人民共和国建筑遗产保护法”以保护文物建筑和历史建筑。

（本文选自 2017 年咨询报告）

咨询项目组主要成员名单

郑时龄	中国科学院院士	同济大学
齐　康	中国科学院院士	东南大学
彭一刚	中国科学院院士	天津大学
吴硕贤	中国科学院院士	华南理工大学
常　青	中国科学院院士	同济大学
程泰宁	中国工程院院士	东南大学
伍　江	法国建筑科学院院士	同济大学
李晓江	教授级高级工程师、规划设计大师	中国城市规划设计研究院
段　进	规划设计大师	东南大学
彭震伟	教　授	同济大学
王伟强	教　授	同济大学
张尚武	教　授	同济大学
陈　易	教　授	同济大学
沙永杰	教　授	同济大学
华霞虹	副教授	同济大学
刘　刊	助理教授	同济大学

抓住OLED发展的战略机遇，实现我国显示产业的跨越式发展

邱　勇　等

一、背景和意义

（一）显示产业在先进制造和新一代电子信息产业中具有重要战略地位

“显示无处不在”，显示产业规模超千亿美元，是信息时代的粮食产业。显示产品广泛应用于军事、工业、交通、通信、教育、航空航天、卫星遥感、娱乐、医疗等各个领域。信息时代的数字化和移动化使显示更是无处不在。显示产业是一个总值超越千亿美元规模的超大型产业，预期到2020年将超越1500亿美元。显示屏是与半导体芯片一样重要的基础电子器件，是电子信息产业的支柱之一，业界将其称为“信息时代的粮食产业”。

显示面板产业是“龙头”，经济效益明显。显示面板是贯穿信息产业“元件—组件—整机”链条的重要桥梁。显示面板上游包含装备、IC、基板玻璃、显示/发光材料，以及高精密掩膜板等治具和光刻胶、玻璃液等化学品。显示面板下游涉及消费电子、仪器仪表、医疗设备等领域。显示面板产业的发展将带动其上下游产业的发展，是全产业的龙头和加速器。根据已有的建线投资统计，显示面板的投资带动系数约为1∶4。由此看出，显示面板产业有很

强的产业拉动作用，对国民经济发展有明显的先导性。

显示产业的自主发展能力是信息产业安全和国家安全的保证。中国[①]一直是全球最大的电子产品制造基地，也是最大的消费市场，世界上超过70%的手机、电脑和电视等显示终端都在中国生产，我国电子产品整机制造业饱受“缺屏之痛”。以2015年为例，我国显示面板进口金额高达397亿美元。显示器件也是武器装备和军队信息化领域的关键部件。美国在平板显示产业上已远远落后于日本、韩国以及我国台湾地区，但也有一定数量的公司专门为军方研发和生产军用显示产品。有机发光二极管（organic light emitting diode，OLED）具有轻薄、功耗低、对比度高、有抗力学冲击、抗震、抗电磁干扰、耐高低温等特点，满足了我国新时期进行武器装备信息化的需求，是武器装备信息化的首选显示器件，OLED在航空、航天、舰载装备等领域也有广泛的应用。能否具有自主发展新型显示器件的能力关系到信息产业安全和国家的安全。

（二）OLED显示是继LCD显示之后的新一代显示技术，发展前景十分广阔

OLED是满足现代信息社会需求的显示技术。第一代显示技术为阴极射线管（cathode ray tube，CRT）技术，其代表应用包括电视和电脑显示器等，CRT显示占据整个显示市场长达半个世纪之久。然而，随着显示器向大尺寸的发展，CRT越来越庞大的体积和笨重的重量，成为其致命的缺陷。而液晶显示（liquid crystal display，LCD）技术，由于能够实现平板化，有效地减少体积和重量，LCD取代CRT而成为第二代显示产品的主流技术。LCD技术推动了便携式消费类产品的普及，比如笔记本电脑、手机等。今天的人们正在追求显示的极致体验，比如更逼真的色彩再现、更高的亮度对比度、动态图像无拖尾更加清晰、对人眼更加健康、柔性显示等。由于LCD是被动发光技术，且利用液晶分子的转动实现图像显示，所以LCD进一步发展的空间非常有限。因此，人们目光聚焦到了具有更优显示性能的下一代显示技术——OLED技术。

---

① 因为统计口径的关系，如无特殊说明，本文中所指的中国的相关情况均不包括台湾地区。

OLED 具有 LCD 无可比拟的先天优势。尽管 LCD 显示技术在持续改进，提升性能，如近两年大热的量子点（QD）用作 LCD 背光的技术，可有效提升色域，改善 LCD 的颜色表现能力。但由于 LCD 是被动发光技术，在器件结构、视角、响应时间和实现柔性等方面仍有自身的局限性。与 LCD 相比，OLED 具有主动发光、超薄、无视角限制、可实现柔性、高画质（高对比度、高亮度）、全固态、响应速度快和工作温度范围宽等一系列先天优势[①]。同时，OLED 结构简单，不需要背光源，具有低成本优势。单个像素在显示黑色时不需要工作，显示深色时功耗也很低，因此在功耗方面优势明显；单层玻璃结构使得它易于集成触摸层，实现超薄触摸屏应用。另外，OLED 由于具有超快的响应速度，并可以实现高分辨率，因此在显示三维（3D）画面和虚拟现实（Virtual Reality，VR）画面时可以解决眩晕症的问题，在 3D 电视和 VR 应用方面具有很大的优势。

OLED 柔性显示是最佳的柔性显示技术。信息技术的快速发展对显示器提出了轻薄、易携带、可卷曲/折叠的要求。随着柔性技术的发展，集成手机、平板电脑、笔记本电脑功能的折叠手机和形态各异的可穿戴产品将逐渐面市。OLED 是全固态器件，可以用塑料等作为基板，最终使 OLED 显示器的厚度仅为几十微米，并且可以实现柔性。OLED 柔性显示将来将广泛应用在消费电子产品、家居、穿戴式设备等各领域。

OLED 被公认为是最有发展前景的新型显示技术。正因为以上诸多原因，业界普遍认为 OLED 是最有发展前景的新型显示技术，具有良好的市场前景。21 世纪初，美国《工业周刊》（*Industry Week*）主编 Pat Panchak 指出："我们及大多数业内分析人士和专家都同意，未来十年 OLED 将是图像领域最热门的创新。它有潜力改写当前平面显示器的性能和价格记录。"2005 年，OLED 与因特网、手机、个人计算机一起被美国有线电视新闻网（CNN）列为最近 25 年对人类最具影响力的 25 大创新技术之一，排名第 17 位[②]。

韩国、日本和我国台湾地区着力发展 OLED 产业，以相关产业政策为抓手，带动 OLED 面板及上下游产业的发展。各大显示产业巨头加大了对

① Goushi K, Yoshida K, Sato K, et al. Nature Photonics, 2012, 6：253-258.

② http：//edition.cnn.com/2005/TECH/01/03/cnn25.top25.innovations/.

OLED 的投入。韩国三星公司早已将产业发展重心从 LCD 转移到 OLED。三星公司表示，OLED 技术是 2016 年内将实现增长的唯一业务，公司对其制订了远大计划。三星公司在已有的 4.5 代和 5.5 代线的基础上，2017 年开始再投资 36 亿美元建设 6 代柔性 OLED 量产线。自 2010 年起，LG 在 OLED 上的投入超过了 60 亿美元，2017 年将投入巨资建设 OLED 新工厂。

（三）OLED 显示产业进入快速发展阶段，中国有望抓住战略机遇实现产业升级

历史上，我国显示产业长期处于跟随状态，整体发展局面较为被动。20 世纪 60 年代和 70 年代是 CRT 技术从核心技术突破到产业化成熟的关键时期，然而我国当时受到政治和经济状况的影响，错失了显示产业的第一次战略发展机遇。在国家资本的支持和推动下，从 20 世纪 80 年代初到 90 年代末通过技术引进建立了较完整的本土 CRT 产业链，我国成为了“彩电大国”。20 世纪 90 年代，日本和韩国已开始在薄膜晶体管-液晶显示（TFT-LCD）产业上紧密布局。21 世纪初，LCD 开始蓬勃发展；2003 年，LCD 彩电在国内市场上初露端倪；2008 年，LCD 彩电在销售量上决定性地超过 CRT 彩电。我国在 CRT 时代的产业优势在几年间就被摧毁了，彩电厂商又开始从国外进口 LCD 显示器[①]。从 21 世纪初至今，在国家和地方政府的支持下，我国企业做出了艰苦地向 TFT-LCD 产业进军的努力。近几年，随着我国京东方、华星光电等 LCD 面板厂商的努力，以及韩国三星、LG 等国外厂商在我国投资建线，我国显示面板的进口量逐步下降。但由于产业化起步晚，2014 年我国的电视面板自给率勉强达到 40%[②]，中小尺寸高端面板还存在短缺，手机旗舰产品的显示屏供应商几乎都是日商和韩商。

OLED 显示是新一代显示技术，目前产业阶段与 TFT-LCD 产业 20 世纪 90 年代相当，市场即将迎来巨大增长，是显示产业的第三次战略发展机遇。如今，国际显示产业格局进一步变化，位居显示产业前列的韩国、日本和我

---

① 路风，蔡莹莹. 战略与能力——把握中国液晶面板工业的机会. 2010.

② 2014 年中国有望打破面板关键技术垄断. http：//epaper.cena.com.cn/content/2014-02/11/content_224254.

国台湾地区的企业已停止或减缓在 TFT-LCD 生产线方面的投入，主要的技术布局和产业布局向 OLED 产业转移。韩国、日本着力发展 OLED 产业，并在政府的引导下，通过面板厂商与上游厂商的合作，带动 OLED 面板及上下游产业的发展。从产业规模来看，LCD 产业 1990 年的全球销售额为 15 亿美元，2000 年迅猛增长至约 250 亿美元，2010 年已经超过 900 亿美元，OLED 产业目前的发展阶段相当于 TFT-LCD 产业 20 世纪 90 年代中期迅猛增长的起步阶段的状态，目前全球销售收入已到 100 亿美元，已开始进入高速增长期，IHS 预计 2020 年前后 OLED 市场将增长至 717 亿美元[①]。从市场应用来看，目前 OLED 显示产品已广泛应用在手机、仪器仪表、手表（Apple Watch、LG G Watch 等）等消费类电子产品及工业产品中。Displaybank 预测，2016 年有源矩阵有机发光二极管（AMOLED）将占全球智能型手机市场比重的 30%，AMOLED 成长空间巨大。面向大尺寸的 OLED 产业化刚刚起步，但势头非常强劲。随着 OLED 技术及产业化的快速发展，OLED 成为引领显示产业发展的重要驱动力。看到之前付出的巨大代价和未来的产业升级趋势，业内人士认为类似 20 世纪 90 年代发展 LCD 显示的机会窗口再次出现，并指出，行业要警惕重蹈覆辙，重视布局 OLED 产业，把握显示产业的第三次战略发展机遇。

近几年，国家已相继出台了相关产业政策和税收优惠政策鼓励 OLED 等新型显示产业的发展，全面加快我国新型显示产业布局。清华大学等相关单位自 20 世纪 90 年代开始研究 OLED 技术，维信诺、国显光电等公司持续创新，推动我国 OLED 技术的产业化。京东方、上海天马、华星光电等 LCD 厂商也已开始进行 OLED 技术研发及产业化工作。目前，我国被动矩阵有机电激发光二极管（PMOLED）的出货量居全球首位，AMOLED 与柔性 OLED 的技术水平、产业化进展与全球行业差距不大。能否抓住 OLED 的战略发展机遇，持续创新，进一步加快技术开发和产业化步伐，成为我国 OLED 产业能否取得行业主导权的关键。

① IHS Report，OLED-displays-market-tracker-Q4-2014.

二、现状和差距

（一）全球 OLED 产业发展现状

1. 全球 OLED 产业发展历程

有机发光显示技术从发明到现在已有 50 多年的历史。1963 年美国纽约大学 Pope 等①首次在两电极材料之间加入有机晶体蒽或在蒽中掺杂并四苯材料等方式发明了荧光电致发光技术。1987 年，柯达公司邓青云（C. W. Tang）等[7]②采用 8-羟基喹啉铝（Alq3）做发光层，采用芳香二胺做空穴传输层，利用蒸镀的方法制成有机电致发光器件，这是世界上第一个小分子 OLED 器件。1997 年，日本先锋（Pioneer）公司在全球率先实现 PMOLED 显示器量产，产品在车载音响获得了应用。

此后日本、韩国和我国台湾的多家企业开始介入 OLED 显示技术的开发和产业化。除日本先锋公司外，日本的 TDK，韩国的三星，德国的欧司朗，以及我国台湾的铼宝、悠景、东元、光磊和大陆地区的维信诺等公司建设了多条 PMOLED 中试线和生产线，进行 PMOLED 技术研发和量产工作，产品在手机副屏、MP3、仪器仪表等领域获得了应用。其中最为成功的是维信诺。维信诺利用自主开发的技术，建设了全球生产效率最高的 PMOLED 生产线，该生产线于 2008 年投产。自 2012 年至今，维信诺 PMOLED 出货量持续保持全球第一。在 PMOLED 技术研发和产业化的过程中，重点解决了有机材料性能改善、器件工艺及设备改进、器件寿命提升、生产效率提升、成本降低以及市场开发等方面的问题，为 AMOLED 的发展奠定了基础。

进入 21 世纪后，全球掀起了 AMOLED 技术开发的热潮。日本、韩国，以及我国台湾地区和欧美的许多大型企业均将 AMOLED 列为最具发展潜力的新型显示技术予以大力的研究和发展。

目前中小尺寸 AMOLED 技术已经比较成熟，三星的量产品成品率已达到 90%以上，产品性能尤其是分辨率逐年显著提高，但还需要进一步在降低

---

① Pope M, Kallmann H, Magnante P. Electrolum inescence in organic crystals. J. Chem. Phys., 1963, 38: 2042.

② Tang C W, VanSlyke S A. Organic electroluminescent diodes. Appl. Phys. Lett.，1987，51：913.

有机材料成本、改进有机材料成膜工艺技术、提升生产效率、提升成品率和扩大产业规模等方面努力。

在大尺寸 OLED 技术方面，韩国 LGD 和三星两家厂商在进行开发和产业化，2012 年三星、LGD 在 OLED 电视开发上取得了重大进展，推出了 55 英寸（1 英寸=2.54 厘米）OLED 电视产品，其中三星采用 LTPS TFT+RGB 方式，LGD 采用 Oxide TFT+CF（WRGB）方式。目前，LGD 的成品率不断提高，产品从 2013 年开始进入市场，2014 年进一步扩产后，逐步向市场推出了 55 英寸、65 英寸和 77 英寸 AMOLED 电视产品，并向中国、日本的电视机厂家出售 AMOLED 显示屏。

OLED 柔性显示是近几年来最为火热的显示技术之一。随着可穿戴智能终端及超薄智能手机等的发展，柔性 AMOLED 技术取得了重大进展，三星、LGD 都已建设了柔性 OLED 生产线，推出了多款柔性 AMOLED 产品，三星的 Galaxy Edge 和 LGD 的 G Flex 等产品均采用了自己生产的柔性 AMOLED 显示屏，苹果的 Apple Watch 采用了 LGD 的柔性 AMOLED 产品。

随着 OLED 技术的成功产业化，各大公司在进一步提高器件性能，以及低成本工艺等方面的工作也正在开展起来。为了提高生产节拍，尤其是解决蒸镀技术带来的生产节拍慢、材料利用率不高等问题，各大公司也在积极开展印刷显示技术的研究。

2. 相关国家和地区的 OLED 发展情况

OLED 技术起源于美国，在东亚进一步发展并实现了产业化。除我国大陆外，韩国、日本和我国的台湾地区的发展道路各有特色。

韩国引领全球 AMOLED 产业化发展。目前全球 AMOLED 显示市场由韩国企业垄断，三星公司中小尺寸 AMOLED 一家独大，以超过 90%的市场占有率雄踞全球榜首，LGD 公司开创了 OLED 电视产业化和批量进入市场的先河，这些事实说明韩国在 OLED 技术和产业上遥遥领先其他国家。究其原因，主要是由于政府的政策扶持和企业的巨额投入，当然还与韩国面板企业对 OLED 这种新型显示技术的超前认知、敢为人先、不懈努力不无关系。一方面，为了抢占未来的战略高地，韩国知识经济部在其推出的多个发展战略中均把 AMOLED 产业列为重要目标。另一方面，为了占据先机，三星和

LGD 不断投入巨资，大力推进 AMOLED 产业化进程。

三星一直将重点放在发展中小尺寸 AMOLED 产业上。三星从 2005 年开始建设 AMOLED 生产线，至今已建 AMOLED 生产线 8 条，包括 4.5 代线 3 条，5.5 代线 2 条（其中柔性线 1 条），全部为中小尺寸 LTPS AMOLED 生产线，占全球中小尺寸产能的 92.6%。三星从 2015 年开始启动建设 6 代柔性 AMOLED 生产线，计划在 3 年内投资 36 亿美元建设 2 条产线。2015 年 11 月，三星宣布，其中小尺寸面板集中在 OLED，液晶面板将只保留电视业务，不再为平板电脑和智能手机生产液晶屏幕，液晶产线设备将转让。

LGD 将发展重点放在了大尺寸 AMOLED 电视上，是目前全球唯一一家生产和销售 AMOLED 电视面板的厂家。LGD 已有 8.5 代 AMOLED 生产线，月产 OLED 面板可达 20 万片，LGD 还计划在 2015～2016 年再投资 2 条 8.5 代 AMOLED 生产线，产能达 5.2 万片基板/月。LGD 55 英寸 AMOLED 电视的价格逐渐下降，已接近大众消费水平。LGD 在大尺寸 AMOLED 上的成功，会成为三星及日本、中国大型面板企业跟进的“导火索”。一度由于技术原因暂停大尺寸 AMOLED 发展的三星最近宣布将再启动 AMOLED 电视的开发和产业化。柔性 AMOLED 生产线也是 LGD 今后投资的方向之一，LGD 原有一条 4.5 代柔性线，正在建设一条产能为 1.5 万片基板/月的 6 代柔性线。

日本在核心材料、关键设备等方面占据战略高地；各企业在政府的主导下，强强联合，加快 AMOLED 产业化进程。日本是最先实现 PMOLED 商业化的国家，但在 AMOLED 产业化发展方面落后于韩国。日本在 OLED 核心材料、关键设备上掌握着大量核心技术，占据了 OLED 产业发展的战略高地[①]。日本拥有尼康、佳能、爱发科、住友化学、出光兴产、DNS、JSW、TEL、日立造船、JSR 和岛津制作所等一批知名的 AMOLED 设备、仪器、材料和关键组件的制造企业。在 AMOLED 面板方面，日本拥有索尼、夏普、东芝、日立、松下、SEL 等一批掌握 AMOLED 核心技术的面板企业。近年来由于日本经济萧条的原因，日本 OLED 产业化进程落后于韩国，为了振兴日本的显示产业，日本政府希望通过强强联合缩小差距。2012 年 4 月，日本

① 国立大学法人九州大学. 延迟荧光材料及有机 EL 器件. 日本，特開 2012-193352，(2012).

产业革新机构（INCJ）联合索尼、东芝、日立等 3 家公司成立了日本显示（JDI）公司，INCJ 注资 26 亿美元，拥有 70%股份，其他 3 家各出 10%的股份①。在 3 家母公司的 OLED 技术基础之上，JDI 每年将投资 1.35 亿美元作为 OLED 研发费用，重点开发高精细化和低功耗的 AMOLED 显示面板。2015 年 1 月，INCJ 又联合索尼、松下、JDI 等公司成立一家专门从事 AMOLED 面板研发生产的新公司 JOLED，注册资金 81 亿日元，INCJ、JDI、索尼、松下分别占 75%、15%、5%、5%的股份，计划投资 200 亿日元兴建 OLED 面板的试作产线，2016 年实现出货，主要生产平板电脑用 10～12 英寸及笔记本电脑用 13.3 英寸等中尺寸 OLED 面板，月产能约 4000 片，之后计划于 2018 年正式进行量产，目标为供应给苹果及其他平板/笔记本电脑厂商使用[10]②。

我国台湾地区以台湾工业技术研究院为平台，加快推进 AMOLED 产业化进程；加强与日本合作，弥补关键设备和核心材料环节的缺失。台湾工业技术研究院是台湾地区 OLED 产业技术发展的主要推手，在 OLED 相关技术开发上取得了突出的成就。除传统的 AMOLED 面板外，台湾工业技术研究院还在稳步推进柔性 OLED 面板的开发，2010 年推出配备触摸面板功能的 6 英寸柔性 OLED 面板，在屏幕弯折时，图像可持续播放，反复弯曲次数可超过 15 000 次。台湾厂商在日本及欧美的技术支持下，从 2004 年开始对 OLED 面板展开投资。目前，友达光电的 AMOLED 面板已经可以量产出货。我国台湾地区通过与日本紧密合作，加强优势互补，吸收日本企业的先进技术，加速了高世代、低成本的 OLED 技术开发，努力缩小与韩国的差距。在合作过程中，台湾充分发挥硬件和系统组装基础雄厚、零部件生产企业多、面板生产经验丰富等优势，与日本 OLED 面板生产商开展代工合作，另一方面充分利用日本电子材料和高科技设备的技术实力，开展合作研发、专利授权和合资设厂等广泛合作，最终提高了台湾地区 OLED 技术研发和生产水平。

---

① 索尼东芝日立液晶显示器合资企业已开始运营. http：//www.cnbeta.com/articles/180719.htm.

② 索尼松下等日企成立新公司共谋 EL 面板. http：//tv.chinaiol.com/mb/p/0126/43149305.html.

3. OLED 技术、装备等关键要素发展状况

OLED 技术处于快速成长期。OLED 技术发展至今，中小尺寸 OLED 显示器已获得广泛应用。2015 年也成为 OLED 电视“元年”，面板制造厂商 LGD 的良率逐步提高，目前已可以向电视终端厂商提供面板。但从整体来看，OLED 技术仍处在快速成长期。一是与大尺寸 OLED 面板相关的技术和量产工艺有待进一步发展。从中小尺寸 OLED 发展到大尺寸 OLED，不仅仅是设备尺寸的放大，部分应用于中小尺寸 OLED 的技术和工艺都面临挑战。二是目前的 OLED 产品多为以玻璃为基板的“硬屏”，以塑料等作为基板的“软屏”还需要进一步开发，涉及基板选择、封装技术，以及整个屏体/模组的应力问题等。三是要发展新型、低成本技术与工艺，如新型的 OTFT 背板技术、印刷工艺等。

OLED 专利申请量持续位居高位。采用 SooPAT 专利检索系统，针对 OLED 显示行业全球专利进行了检索。截至 2015 年 3 月底，全球公开的 OLED 相关专利申请共 61 202 件，主要集中在 TFT 背板技术、OLED 材料及器件技术、驱动设计技术、柔性显示等领域。OLED 的相关专利申请始于 20 世纪 60 年代，大量申请主要集中在 2000 年后。2000～2006 年是技术高速发展期，专利申请量增长明显；2006 年至今一直维持高位。OLED 相关专利申请地区主要分布在美国、韩国、中国、日本，其 OLED 专利申请占全球申请总量的 87%。另外，在 OLED 相关专利申请中，《专利合作条约》（PCT）的申请量达到了 6057 件，占全球申请量近 10%。这表明 OLED 各大厂家并不局限于本国或者少数国家的市场，其全球战略定位意图明显。技术和市场的全球化，已经成为 OLED 领域的重要特征。

根据在中国国内申请的 OLED 专利量，专利申请量也是在 2000 年以后逐步发展的，并自 2005 年后一直维持在高位，与世界范围内的趋势基本一致。从申请人的角度来看，三星在我国国内申请的专利最多，其次是维信诺与清华大学。

OLED 设备门槛高。AMOLED 量产线中，设备种类较多，前段[低温多晶硅（LTPS）段]超过 50 类，中段（OLED 段）有 20 余类，配置复杂、尺寸较大、价格昂贵。在面板产线建设投资中，装备投入的费用占项目总投资

的 70%以上。产线设备串联使用，一台设备的故障会造成整个生产线的产能损失。也正是由于这种原因，面板厂选购设备时极其看重设备在量产线上的应用实绩，对导入新设备制造商的设备非常谨慎。这种现象抬高了 AMOLED 设备的市场进入门槛。另外，设备开发耗费较高、耗时较长，因而设备的供应商往往仅有少数几家，很多设备处于垄断状态。基于研发协调、上下游关联等原因，OLED 装备产业主要分布于东亚。其中，日本装备种类齐全，为主要的装备生产国和输出国；韩国作为后起之秀，很多重要设备（包括核心设备）的水平已经赶上甚至超过日本；我国台湾地区在 OLED 量产线的中、后段（模组段）设备方面有所发展，核心设备尚无进展。我国（不包括台湾地区）在后段有一些装备能力，中段也有参与，但都以低端规格为主；前段设备主要是原半导体、太阳能方面的装备厂商尝试介入新市场，处于起步阶段，尚无导入量产实例。除东亚之外，也有少数优秀的设备提供商，如美国 AKT［生产等离子体增强化学气相沉积（PECVD）］和以色列 Orbotech（生产测试设备）等。

韩国政府及其两大面板企业深知设备对本国产业发展的重要性。为此，韩国由政府牵头组织面板企业与设备制造企业共同开发 OLED 关键设备，政府给设备企业提供研发经费，面板企业参股设备企业并提供技术支持，这种发展模式取得了极大的成功。目前在韩国，PVD、ELA、刻蚀、蒸镀、张网、封装等多种关键设备都实现了国产化配套，并实现了外销。设备国产化配套建设不仅打破了过去主要依赖日本的被动局面，而且为韩国 AMOLED 技术和产业发展并称霸全球奠定了雄厚的基础。韩国三星公司与 LGD 投资 OLED 设备企业的情况参见表 1。

表 1　韩国三星公司与 LGD 投资 OLED 设备企业的情况

面板企业	设备企业	主要设备	投资时间	具体情况
三星公司	SFA	有机物蒸镀、封装	2010 年 5 月	383 亿韩元获得 10%股份
	SNU Precision	有机物蒸镀、封装	2010 年 12 月	295 亿韩元获得 10%股份
	AP Systems	激光热转印、封装、激光剥离	2011 年 2 月	275 亿韩元获得 11%股份
LGD 公司	Avaco	封装	2008 年 6 月	62 亿韩元获得 20%股份
	LIGADP	蚀刻设备	2009 年 2 月	63 亿韩元获得 12.9%股份
	YAS	有机物蒸镀	2010 年 12 月	100 亿韩元获得 20%股份

OLED 材料技术发展迅速。根据功能不同，OLED 材料可以分为载流子传输材料、主体材料、客体材料（也称作染料）。染料根据发光机理不同，又分为荧光染料和磷光染料。常用的荧光染料理论上只有 25%的内量子效率。磷光染料理论上可以实现 100%的内量子效率。目前，红色磷光和绿色磷光的效率和寿命都达到了实用要求，而用于显示的深蓝色磷光材料还未见报道，所以在 OLED 中蓝光依然是通过荧光实现的。

目前 OLED 中常用的载流子传输材料、主体材料等功能层材料是有机共轭分子，具有较好的修饰能力，可以方便地调节材料的能级和载流子传输性。在 OLED 器件功能层材料方面，专利仍然以日本、韩国等国外厂商为主，我国拥有自主知识产权且在量产中实际应用的材料有维信诺和清华大学联合报道的电子传输材料，与经典的 Alq3 对比，电压降低了 2 伏，效率提高了 25%。

有机材料的主要厂商包括：第一毛织（三星旗下）、LG 化学（给三星和 LG 都有供货生产）。其他还包括陶氏化学、出光兴产和斗山电子、德山金属、默克等。我国的鼎材科技、吉林奥来德、阿格蕾雅等公司也陆续向国内 OLED 企业供货。

在整个产业链中，有机半导体材料和发光材料是 AMOLED 的核心材料。但 OLED 有机材料具有多品类、多路线的特点，因此不管哪一家厂商都不能做到“通吃”，每一家都是其中几条技术路线的其中几款材料做得比较好，整体而言是个百家争鸣的格局，随时都有可能有新的产品和技术生产出来。因此，从材料厂商的角度来看，要有较为持续的研发能力，掌握自主知识产权，才能在 OLED 材料领域走得更远。

（二）我国 OLED 产业发展历史及现状

自 20 世纪 90 年代开始，我国的科研院所就开始进行 OLED 相关技术开发。中国科学院、上海大学、清华大学、华南理工大学、北京交通大学等在 OLED 发光机理、器件结构以及 OLED 材料等方面做了大量的工作。

维信诺是在清华大学 OLED 项目组基础上成立的进行 OLED 研发和产业化的公司，已先后建成 PMOLED 中试线、PMOLED 量产线和 AMOLED

中试线和 AMOLED 量产线，上海天马、京东方、上海和辉光电、信利等公司也在进行 AMOLED 技术开发和量产线建设。TCL 和创维集团也开始投资进行 AMOLED 技术研发和中试工作。彩虹集团、长虹集团曾经也进行过 PMOLED 和 AMOLED 的研发工作。

清华大学和维信诺依靠自主创新建立了完整的 OLED 技术和产业化体系。清华大学 1996 年成立了 OLED 项目组进行 OLED 技术的基础研究。2001 年在项目组的基础上成立了北京维信诺，进行 OLED 技术的中试转化，2002 年建成我国（不包括台湾地区）第一条 OLED 中试线。2006 年成立昆山维信诺进行 OLED 大规模量产，2008 年建成我国（不包括台湾地区）第一条 OLED 大规模生产线，自 2012 年开始该生产线的出货量一直位居全球首位，这是我国显示行业第一次摆脱了依靠技术引进的发展模式。维信诺在 OLED 柔性显示、透明显示、大尺寸显示等方面开展了系统研究工作。2010 年建成我国第一条 AMOLED 中试线，制备了 12 英寸 AMOLED 电视样品，完成了 AMOLED 量产工艺集成。2014 年底建成我国（不包括台湾地区）第一条专业 5.5 代的 AMOLED 量产线，并且第一次投片就一次性地实现了工程样品无缺陷点亮。2015 年 7 月，维信诺成功实现可全屏卷曲柔性 AMOLED 显示屏点亮，率先在 3 毫米弯曲半径下实现全屏卷曲。截至目前，维信诺和清华大学共同申请国内外专利 1700 余项，涵盖材料、器件、工艺、电路、设备工装和产品设计等完整的技术体系，部分核心技术已达到国际领先水平。清华大学和维信诺是 OLED 国际标准的重要参与者和 OLED 国家标准的主导者。

京东方在鄂尔多斯建设 1 条 LTPS 生产线，投资 220 亿元，用于 LTPS LCD 和 AMOLED 产品的生产，其中 AMOLED 产能 4k/月。

2010 年，上海天马公司以已有的 4.5 代 LCD 生产用 TFT 段设备为基础进行改造，购买了 LTPS 设备和 OLED 屏体段设备，建设了一条 AMOLED 中试线。2014 年在厦门建成 1 条月产 30k 的 5.5 代 LTPS 生产线，生产 LTPS LCD/部分 AMOLED TFT 背板。2015 年在上海建成 1 条 OLED 生产线，LTPS 基板由厦门提供，一期产能 8k/月，二期产能 32k/月。

上海和辉光电于 2014 年初在上海建成 1 条 4.5 代 AMOLED 生产线，产能 24k/月。

信利正在惠州建设 1 条 4.5 代 AMOLED 生产线，投资 63.1 亿元。计划二期建设 1 条 5.5 代 AMOLED 生产线，投资 110 亿元。

2011 年 1 月，创维集团与华南理工大学共同成立广州新视界光电科技有限公司，打造广东省 OLED 显示屏产学研合作平台。主要以金属氧化物半导体 TFT 技术的突破为研发对象，突破用于 AMOLED 的 TFT 基板的产业化技术。

华星光电自 2012 年开始建设 4.5 代试验线，主要用于超高分辨率 TFT-LCD 显示技术和产品、LTPS 器件及其 TFT 背板技术、AMOLED 技术开发。TCL 牵头成立了聚华公司，进行印刷显示技术的开发，目前平台在建设中。

彩虹集团和长虹集团也曾经投资进行 PMOLED 和 AMOLED 研发和量产，最终由于多方面原因，这方面的工作均已停滞。

2016 年，维信诺、京东方、上海天马、上海和辉光电等公司都开始启动新的 AMOLED 量产线建设。

综上所述，中国 PMOLED 出货量居全球首位；AMOLED 产业发展主要集中在中小尺寸 LTPS AMOLED，已具备一定产能，但能否真正批量出货，还取决于各企业的技术积累。中国期盼能在较短的时间内建成世界第二大中小尺寸 AMOLED 的生产强国，满足市场（特别是国内手机、智能穿戴、平板电脑等市场）对 AMOLED 不断增长的强烈需求；同时，应积极开发柔性显示、大尺寸 OLED 电视、透明显示等技术，为其实现产业化打下基础。

在产业链配套方面，在维信诺的带动下，驱动 IC、有机材料、封装片等部分实现了国产化，在基板玻璃、高精密 MASK 等方面有了很大进展，目前在进行产品导入。但在装备、部分关键原材料方面还不能自足。

（三）我国 OLED 产业发展面临的机遇与挑战

1. 我国 OLED 产业发展面临的机遇

我国 OLED 显示市场巨大。每一次显示技术的跨越式发展都会拓展出广阔的应用空间。从 CRT 到 LCD 的跨越，催生了以笔记本电脑为主的新市场，显示产业的产值从几百亿美元跨越到千亿美元。随着 OLED 的发展，加之现代信息社会对显示需求的剧增，以及 OLED 柔性显示技术催生的新市场，整体显示产业的产值又将实现跨越式发展。聚焦到我国显示市场，中国拥有世界上最大的显示下游市场。中国是全球最大的显示下游产品的制造基地，彩电、手机、计算机、显示器的产量位居全球第一。世界上超过 70%的手机、电脑和电视等显示终端都在中国生产。2014 年，我国自产智能手机的出货量达到 3.9 亿只，占全球 13 亿只的 30%，2018 年将达到 6.2 亿只；2014 年我国自产彩电 1.4 亿台，占全球 2.47 亿台的 56.7%。

我国 OLED 产业发展基本与国际同步。历史上，我国显示产业曾长期处于跟随状态，整体发展局面较为被动。OLED 作为新型显示技术，被看作未来显示产业发展的主流方向，给中国显示产业提供了一个在产业发展初期就进入全球第一梯队的难得机遇。过去数年间，国家相继出台了相关产业政策和税收优惠政策，鼓励 OLED 等新型显示产业的发展，全面加快我国新型显示产业布局。我国 OLED 技术开发起步较早，产业化跟进较快，走过了一条由自主研发到实现产业化的创新之路。目前，我国 PMOLED 的出货量居全球首位，AMOLED 与柔性 OLED 的技术水平、产业化进展与全球行业差距不大。中国已经完全能够依靠自己的技术完成 PMOLED/AMOLED 量产线的建设，量产技术处于世界先进水平，初步实现了由中国制造向中国创造转变的历史性跨越，奠定了中国成为 OLED 显示产业强国的基础。

2. 我国 OLED 产业面临的挑战

在认识方面存在的挑战主要有以下三方面。

一是对 OLED 技术认识不足。OLED 技术是一种有机材料在电场作用下发光的技术。针对 AMOLED 技术，主要包含 TFT 背板技术和 OLED 器件技术。AMOLED 是电流驱动器件，需要精准控制电流的大小来实现图像高保真还原。而 LCD 是电压驱动器件，只需要提供一个用于打开或关闭的电压，只要电压值高于或低于要求电压，就可实现电路的开与关。因此，用于 AMOLED 的 TFT 技术比用于 LCD 的 TFT 技术的工艺窗口窄，电路设计复杂，TFT 的电子迁移率要高 1～2 个数量级。OLED 器件部分，更是与 LCD 完全不同的新技术。OLED 是包含材料、器件结构、驱动技术等多项技术的融合，是一个系统工程，没有多年的专注研发，是不可能掌握的。2015 年 9

月，LGD OLED 事业部部长吕相德曾指出，生产 OLED 产品比液晶产品难 10 倍。

二是对 OLED 所处的发展趋势认识不足。一部分人认为目前 OLED 相比 LCD 并没有有很大优势，OLED 并不一定是将来的主流显示技术。或者认可 OLED 是未来显示技术的主流，但认为真正大批量实用化，还有很长时间。但实际上，目前中小尺寸的以玻璃为基板的 PMOLED/AMOLED 硬屏已广泛应用于特殊的仪器仪表、高端的手机和手表等消费类电子领域。AMOLED 电视的价格也已经与高端的 LCD 电视的价格相当了，已经到了需求暴涨的临界点。随着 OLED 技术的进一步发展，将会在多方面带来革命性的变化，如能通过磁铁吸附的 OLED 壁纸电视、带有 OLED 卷曲显示屏的笔形手机、与手臂浑然一体的手表、应用了透明 OLED 技术的窗显示等。“OLED 之父”邓青云教授指出，“LCD 能做的，OLED 也能做；可穿戴产品是 LCD 不能做，这方面 OLED 完胜”，“OLED 与电视是绝配，因为手机主要是通话，而电视是用于享受的，对画质有高要求”①。

三是对发展 OLED 的模式认识不一致，对创新重视不够。针对 OLED 的发展模式有一部分人这样想“有了资金就可以从国外买来技术，买来团队，没有必要进行自主开发”。事实上，OLED 代表显示技术的未来，与其他的高端技术一样，不可能引进。我国发展 OLED，只能依靠自主创新。“OLED 技术还存在技术路线不确定、良率低、成本高等问题，等到 OLED 技术成熟之后再投入”，这也是一部分人的想法。“如果中国工业不主动参与技术变化过程，就只能一次又一次地遭遇毁灭”，来自《中国液晶面板工业报告》中的这句话给出了答案。“拿来主义”只能使我国循环往复地承接相对落后的显示技术。

在 OLED 产业方面存在的挑战主要有以下两方面。

一是 OLED 产业链不完善。OLED 上游装备和原材料产业链配套还比较薄弱，关键设备、核心材料等还主要依靠进口。OLED 的原材料主要包括基板（玻璃/塑料）、靶材、有机材料、IC、特气、化学品（清洗液、光刻胶），以及掩膜板治具等几大类。目前，部分有机材料、靶材、IC 和化学品等已经

① 参见：http：//www.yicai.com/news/2015/09/4687273.html.

实现了国产化或本土化。针对尚未国产化的原材料，国内也有了一定基础，多数已在开发、试用阶段。在面板厂商和原材料提供商的共同努力下，原材料的国产化率会逐年提升。目前，存在问题最大的是OLED生产设备的国产化。关键设备以及整套设备的系统化技术基本掌握在日本、韩国和欧美企业手中，我国OLED设备基本依赖进口，设备成为我国OLED产业发展的关键制约因素之一。目前，国内仅有部分清洗设备和模组设备生产能力，大多是低端产品。对于关键设备，如蒸镀设备、封装设备、光刻设备、激光晶化设备、PVD、CVD、离子注入设备、干蚀刻设备等还不能自给，这种局面严重影响了我国OLED产业化的发展。

二是对OLED投入的资源不集中、人才缺乏。从产线分布来看，我国在建或已建成的5条线分布在4个省市的5家企业，其形成的产能还不如三星的一条5.5代线的产能大。由此看出，我国的OLED产线布局分散，产业规模特别是单个企业的产业规模小，导致协同效益差、市场占有率及成本竞争力薄弱。从实验环境来看，我国有5条4.5代以下的AMOLED中试线，各条线实现的实验环境相似，所开发的技术也相近，每条中试线每年的运行费用在几千万元到上亿元，这造成了低水平重复投入。在人才方面，供给与需求的缺口大，不能满足产业快速发展的需要。

三、建议与措施

一是成立国家OLED产业推进领导小组。经过多年发展，我国OLED产业逐步进入快速产业化阶段。这个阶段的特点是：技术决定成败，资本决定速度，速度决定地位。因此从国家层面做好战略布局、整合资源、快速推动OLED 技术和产业及其产业链的发展极其重要。建议在国家层面成立国家OLED产业推进领导小组，统筹协调全国OLED产业发展战略与布局工作，推动关键装备研制、核心原材料研究开发、生产线整体布局、新产业推动政策等重大事项，协调国家和地方各部门的政策、资金等资源，全力支持OLED技术和产业发展。

二是加大支持力度，推动OLED技术的持续创新。创新驱动引领产业发展，这在新型显示领域表现得尤为明显。建议国家在科技和产业化项目中加大对 OLED 产业的支持力度，重点支持专注 OLED 领域、具有良好的技术创新基础且在关键领域拥有自主创新能力和竞争优势的企业，集中优势资源解决 OLED 显示领域的关键瓶颈，积极发展柔性显示和印刷技术等前瞻性技术和工艺，做好相关新技术储备，向“生产一代、储备一代、研制一代”的目标努力。

三是采取有力措施，带动 OLED 关键设备、原材料发展。设立专项资金，支持面板企业与装备企业进行联合研发，推动核心设备国产化，包括蒸镀、封装、蚀刻、激光退火等关键设备。推动有机发光材料、玻璃基板、驱动芯片的研制、开发，支持国内企业与国外上游关键装备与材料企业合资合作建厂。

四是设立产业投资基金，加大财政金融扶持力度。新型显示和集成电路都是电子信息领域的核心基础产业，都具有投入大、周期长的特点，产业发展离不开政府资金的支持。建议比照国家集成电路产业投资基金，设立国家新型显示产业投资基金，支持地方政府跟进，引导社会资金以多种方式投资新型显示产业；加强国家科技重大专项、战略性新兴产业专项、工业转型升级资金等专项资金的衔接；引导金融机构加大对新型显示企业的支持力度。支持符合条件的新型显示企业在境内外上市融资，发行各类债务融资工具。

五是适当采取税收政策措施对 OLED 产业实施保护。OLED 显示产业在发展初期需要国家的强力扶持，建议根据我国 OLED 产业的发展状况，发挥关税杠杆调节作用，适时调整进出口关税税率，及时修订 OLED 显示器件生产企业进口物资及重大装备税收优惠政策目录，促进我国 OLED 显示产业快速、健康、有序发展。

OLED 显示产业是电子信息领域重要的战略性和基础性产业。希望以上措施和建议能够得到认可和落实，从而推进我国 OLED 产业快速发展，实现我国显示产业的跨越式发展。

（本文选自 2017 年咨询报告）

咨询项目组专家组成员名单

邱　勇	中国科学院院士	清华大学
顾秉林	中国科学院院士	清华大学
干　勇	中国工程院院士	中国工程院
欧阳钟灿	中国科学院院士	中国科学院理论物理研究所
曹　镛	中国科学院院士	华南理工大学
李述汤	中国科学院院士	苏州大学
范守善	中国科学院院士	清华大学
沈保根	中国科学院院士	中国科学院物理研究所
徐　红	高级工程师	中国国际工程咨询有限公司
万博泉	高级工程师	清华大学
张百哲	高级工程师	清华大学
耿　怡	高级工程师	中国电子信息产业发展研究院
张永伟	研究员	国务院发展研究中心
王　青	研究员	国务院发展研究中心
张琬琳	副研究员	国务院发展研究中心
黄秀颀	高级工程师	昆山维信诺科技有限公司

渤海海峡隧道工程建设必要性分析与建议

陆大道　等

近十多年来，关于要求建设渤海海峡隧道工程的舆论和宣传不断，在有关部门及学术团体提交的研究报告中，十分强调渤海海峡隧道工程对“提升综合国力，加快东部沿海地区经济社会发展”“推动环渤海地区经济一体化”“振兴东北老工业基地”等“非常必要”，且具有“紧迫性”，建议尽快立项、动工。但值得特别关注的是，迄今的研究主要集中在工程技术方面，对工程的必要性与社会经济意义方面论证明显不足。

渤海海峡隧道是迄今国内外工程规模最大、耗资最多的海底隧道工程。我们认为，启动建设巨大的工程，应该具有重大的战略意义方可。为此，我们针对有关部门及学术界关于建设渤海海峡隧道工程必要性和紧迫性的主要依据及不足，特别是对该工程的必要性和风险，进行了综合研究、预测与评估，得出如下基本结论：关内外（即东北与华北、华东等广大区域，包括辽东半岛、山东半岛之间的渤海海峡）已经建成和正在建设的运输通道可以满足东北与华北、华东等地区间现阶段至21世纪30年代客货运输的需要；渤海海峡隧道工程现阶段没有必要建设；对工程的社会经济意义、工程技术与重大安全问题等还需要进行长时期的综合性深入研究。主要理由从以下九个方面做具体分析。

一、进出关客货运输的能力与运量：供需的现状与未来

（一）20世纪80年代中后期以来，中央政府大力加强了进出关运输能力建设，规模极大

30多年前，我国进出关运输的路线很少，主要通道只有京沈铁路（复线电气化）。京沈铁路承担过量的能源运输，导致进出关铁路货运紧张，而铁路承担太多的货物运输，就大量占用了铁路客运运力，引起进出关铁路运输全面紧张。这对全国特别是对东北地区的经济社会发展带来巨大的压力。针对进出关运输的严峻局面，20世纪80年代中后期以来，中央政府在加强关内外运输方面采取了一系列重要措施：

（1）建设大秦（一期、二期）煤炭运输专线（年运量1亿吨）。在秦皇岛港口四期工程完成及营口、大连等煤炭接卸港建成后，晋煤出关大部分改由水路进入东北地区。由此腾出了很大部分铁路运力作为客运。

（2）扩建和新建京津冀地区至东北地区的运输通道。除对原有铁路、国道进行改造、扩建外，新建的主要有京秦铁路、京通铁路、秦沈客运专线、京秦高铁、京沈高铁（未全线通车）、京津高铁、京广高铁、京沪高铁、盘营高铁、锦承铁路、沙蔚铁路等。

（3）新建几十条高速公路和国道：京哈（京沈）、长深、大广、京津塘等，并有大量联络线与快速路。

（4）大规模改建扩建北京和天津两大综合运输枢纽，使枢纽功能得到了极大提高，在很大程度上增加了进出关客货运输的能力。

（5）建设旅顺—烟台之间的火车轮渡和滚装船舶、码头泊位等基础设施。2006年9月烟大火车轮渡及滚装船等投入运营。

（6）大规模开发内蒙古东中部大型露天矿，大幅度减少了“晋煤出关”。2014年内蒙古东部总计产煤近3亿吨，供应东北三省（电力和煤炭）。由此大幅度减轻了关内外客货运输的压力。

由于采取了上述一系列重大措施，近20年来关内外运输状况发生了重大变化：现在进出关的综合运输能力（航空运输不计在内）相当于20世纪70年代后期80年代初期的8倍左右。如果考虑到目前和即将建成的高速铁

路（京沈客专）、高速公路工程以及既有铁路线的扩能、复线或电气化改造，到“十四”“十五”时期，进出关的运输能力还有大幅度提高。

（二）近20年来进出关运量变化态势

1. 进出关铁路货运量长期稳定

表1是1985～2014年30年间的进出关的铁路货运量的变化。1985年为9519万吨，后增长至超过1.2亿吨。但2005年之后开始不断下降，2014年仍然不足1亿吨，少于1985年的运输量。从关内至东北地区的铁路煤炭输出量持续降低，目前仅为1848万吨，低于20世纪90年代初期的运输规模（2217万吨）。（这里要说明的是：2006年关内发往东三省的运量较1995年增加了4000万吨，是由于这10年中内蒙古东部煤田大规模开发导致大量向东三省运输煤炭的原因。）

表1　1985～2014年东北地区与关内地区铁路货物运量变化

年份	货物总运输量/万吨			煤炭运输量/万吨		
	关内至东北地区	东北至关内地区	总量	关内至东北地区	东北至关内地区	总量
1985	4 478	5 041	9 519			
1990	5 433	5 608	11 041	2 217	181	2 398
1995	5 581	6 999	12 580	1 930	136	2 066
2000	4 857	6 481	11 338	1 363	67	1 430
2005	5 099	6 948	12 047	1 763	112	1 875
2010	5 047	6 859	11 906	1 894	295	2 189
2014	4 173	5 048	9 221	1 848	306	2 154

2. 近十多年来进出关铁路客流量呈下降趋势

2005年京哈铁路的旅客发送量为8465万人，2013年下降到7260万人（表2），客流量呈现较大幅度的减少。虽然京哈线旅客发送量并不等于进出关的旅客发送量，但已在相当准确程度上反映了进出关客运量的基本趋势。

表2　京哈线旅客发送量及周转量（2005～2013年）

年份	2013年	2010年	2008年	2005年
旅客发送量/万人	7260	7657	6366	8465
旅客周转量/亿人千米	449.23	486.35	429.59	369.26

资料来源：历年《中国交通年鉴》。

3. 近 10 年来旅顺与烟台之间的火车轮渡及滚装船的运输量并没有很快增长

由于旅顺与烟台之间的火车轮渡的投入运行，旅顺与烟台之间及两个半岛诸多港口之间的客货运输能力已大幅度提高，缓解了两个半岛之间的运输紧张局面。如表 3 所示，2005～2014 年 10 年间，烟大滚装航线的车辆滚装量仅从 69.7 万辆增长到 85.3 万辆，年均增长不足 3%，而旅客数量仅从 418 万人增长到了 463.2 万人，年均增长不足 1.5%。这与许多学者在轮渡投入运行之前做出的“供不应求”的判断相差甚远。目前的状况是由于运量不足，轮渡运输能力没有得到充分发挥。

表 3　2005～2014 年烟大滚装航线车辆滚装量及客滚旅客量

年份	车辆滚装量/万辆	旅客数量/万人次
2005	69.7	418
2006	70.3	439.5
2007	72.5	459
2008	71.6	448.7
2009	78.2	501
2010	84.4	541.8
2011	89.6	562
2012	88.8	543.7
2013	86.4	498.8
2014	85.3	463.2

资料来源：中铁渤海铁路轮渡有限责任公司

（三）小结

由于国家进行了大规模的铁路、高速公路、海运、民航等综合运输系统建设，我国进出关运输通道的规模和能力已与 20 世纪 70 年代至 80 年代初不可同日而语。多年来进出关客货运量总体上是稳定的，铁路运量呈减少趋势。从运输角度，现阶段没有必要建设渤海海峡隧道工程。这一点在迄今各种要求尽快建设海峡隧道的建议中都没有加以具体的科学论证。

二、从东北地区与关内广大区域之间的运输大格局看渤海海峡隧道工程

东北与关内的运输联系主要的客货运输不是近距离的地市级之间甚至省级之间的关系，而是大区域间的经济联系，涉及全国运输网的大格局。我国东北地区与关内之间的运输以长距离的运输占主导地位。无论从经济因素、自然条件因素、城市及人口空间分布格局还是历史等因素来分析，除航空运输外，通过渤海西岸的陆上通道是很自然的、完全合理的。除山东半岛一小部分地区外的整个关内地区，选择进出关的方向必然途经渤海西岸。自山海关往河北坝上地区及内蒙古，连接华北与东北地区已有多个方向、多种线路和运输方式，即形成了辽西走廊、北京—承德—赤峰—通辽、北京—承德—朝阳—沈阳、呼和浩特—通辽等四条综合性运输通道，未来还将形成二连浩特—锡林浩特—乌兰浩特—齐齐哈尔综合性通道。这些运输通道连接了全国干线，如京沪、京广、京九、京包等，将华东、华中、华南、西北及西南连接起来。

有一种观点认为，环渤海沿海地带的运输现在是 C 字形轨迹，是完全不合理的运输；建成渤海海峡隧道工程后，环渤海的运输就不再是 C 字形轨迹，而是 D 字形轨迹了，可大大缩短运输距离。

实际情况不是这样的：东北地区（东北三省及内蒙古东部三市一盟）与关内地区之间客货流最主要的产生地与到达地是哈尔滨经长春、沈阳、鞍山、本溪、辽阳至大连间宽 50～80 千米的人口、城市和经济集聚带，加上黑龙江省东、西两个工业区，总共 22 个市。在这个范围内，2014 年经济总量和人口总量分别占东北地区的 83.3%和 68.4%。从东北地区出发经辽西走廊到关内的客货流，到达地包括华北、华东、华中、华南以及西北、西南的广大范围。从关内到东北的客货流也来自关内广大的地域范围。在这里，根本不存在 C 字形运输线路。

将大格局想象为两个点，认为东北与华北、华东等关内广大范围之间的客货运输仅仅是从大连绕道渤海北岸、西岸、南岸而到烟台之间的所谓 C 字形轨迹；认为建设渤海海峡隧道就可将不存在的 C 字形运输（路线）变成 D

字形（两端之间的连接直线）。这只是几何上的幻觉效果，而不是实际的空间经济联系。

如果建设渤海海峡隧道，将目前进出关的大量客货流改道引入山东半岛，但客货流进入半岛后还是要绕道转入京沪、京广、京包、陇海等方向的铁路、公路直下华东、华中、华南与西南、西北等运往全国各地，其结果将形成真正的不合理运输。

东北地区与关内广大区域之间的运输涉及全国运输网的大格局。有关单位提出的“将有缺口的C字形交通变为四通八达的D字形交通，能有效地解决环渤海地区交通瓶颈问题，促进环渤海区域乃至全国经济的全面协调一体化发展”论断，完全不符合实际。环渤海周围根本不存在C字形的不合理运输，“通过建设海峡隧道将C字形改变为D字形的一直线，从而大大缩短关内外运输距离”，也就不能成为工程必要性的重大理由。

三、渤海海峡隧道与环渤海地区经济一体化

在当今全球化、信息化及我国在实施“一带一路”倡议的背景下，我国宏观区域经济正在形成以沿海大城市群为平台、以广阔的内陆为腹地的“沿海-腹地”型的大经济合作区。这是我国经济发展的区域大格局。这种大经济合作区的合作对象主要是当今世界上的近200个国家和地区，这样的大格局将使我国及其主要区域更大程度地融入国际经济体系，促进我国综合国力持续增长。

在环渤海地区，正在形成三个经济合作区。其中，最主要的是以京津冀为枢纽区域的华北经济合作区（广义也可将影响范围扩大至山西、内蒙古的大部分，而称之为华北地区），以辽宁省中部城市群为枢纽区域的东北经济合作区和山东省省域合作区。

东北经济合作区具有相当强大的制造业等经济实力和广阔的腹地（内蒙古东部，未来还很可能与蒙古国及俄罗斯的部分西伯利亚地区建立经济合作关系），也正在形成重要的经济合作区域。从其在全国的地位和发展前景来看，可以属于第二级（相较于华北经济合作区次一级）的经济合作区。

山东省省域经济合作区处在以京津冀为枢纽区域的华北经济合作区与

以长三角为枢纽区域的长江流域经济合作区之间。青岛是沿海重要的对外运输、进出口贸易中心，吸引范围除了山东省以外，还包括河南、山西、陕西三省部分地区。这三省部分地区同时也是天津（港）的腹地，是谓“重复腹地”。

上述如此大经济合作区的格局对国内区域经济组织将产生下列影响。

（1）我国（“沿海-腹地”型）经济合作区之间的经济联系并不紧密。即华北经济合作区、长江流域经济合作区、华南经济合作区、东北经济合作区以及山东省、福建省两个省域经济合作区，它们的主导经济合作方向都是国际市场。它们彼此之间并没有紧密的经济合作，三大城市群（京津冀、长三角、珠三角）及其带起的大经济合作区之间的联系较少。未来，实力强大的经济合作区，使传统意义上的经济区已经没有必要，也不可能建立起来。对这种区域经济大格局的形成与运作，渤海海峡隧道工程没有特殊意义。

（2）建设渤海海峡隧道，并不能促进环渤海经济圈（经济区）的形成，更不可能加强环渤海地区的经济一体化，不可能“最终形成一个真正的、完整意义的环渤海经济圈，构成中国经济增长的第三极”等。现在有些文章和报告中所称的环渤海经济圈（经济区）实际上是不存在的，也看不出未来可以形成一个经济区的前景。环渤海三个经济区域，虽然彼此之间有货物和人员交流，但各自拥有自己的大区域金融商贸中心、大区域性电网、对大区域经济起统领作用的核心城市或大城市群。它们彼此间没有共同的大区域性门户城市，也基本上没有诸如大型的产业链联系等。因此，建设渤海海峡隧道，对这种大格局不会有任何改变，也没有必要去改变。

我国经济的国际化程度已经并将继续向前发展。关于加强国内地区间合作、建立传统意义的经济区观念已经过时，环渤海范围内有三个相对独立的经济区域，它们以往未曾有过经济一体化，未来更加不可能实行经济一体化。

四、建设沿海（海岸线）大高铁的实际经济意义不突出

关于“渤海跨海隧道建设将使中国海岸线的沿海大铁路得以全线贯通”的问题，我们认为，基本平行海岸线的沿海铁路（不指高铁），只是在某些区段，即主要是部分省份内部（南北），具有较重要意义，如从黑龙江经丹

东至大连，山东半岛沿海岸线（德州至龙口、胶州至日照）、苏北铁路、福州至厦门等。建设沿海大铁路（高铁）并将全国海岸带贯通起来，从整体看，并无多大实际经济意义。因为，我国的社会经济要素主流量的流向是东西向的。人类社会经济活动受海洋的吸引是长期趋势，以港口为起点向内陆腹地横向延伸建设铁路，始终是我国经济发展的主导需求。我国沿海各相邻省份的沿海城市之间的客货流量并不大，而且各城市之间的经济结构雷同的现象比较普遍，特别是东北地区、华北地区与山东省三个地域单元产业结构与资源结构很相似，彼此间合作关系不密切。

从发展综合运输特别是充分发挥我国海运能力大、运输成本低的优势来看，沿海地带的南北向长距离货物运输（环渤海地区各港口腹地区域的散装货物及集装箱发往上海及上海以南沿海区域），大部分应该由海运完成。2014年，全国港口总吞吐量66.5亿吨。其中，环渤海地区沿海一市三省总共30.05亿吨，占45.2%。根据2010年当时的在建规模，2020年全国的港口吞吐能力将达到90亿吨。辽宁省将达到13.5亿吨的吞吐能力，山东省未来吞吐能力更大。从货物运输的角度，将从根本上否定建设渤海海峡隧道的必要性。我国南北方的沿海已经建成了大规模港口群，且具有与其腹地之间的现代化集疏运系统，沿海（岸）运输修建和利用高速铁路必要性也不大。长距离沿海岸带的高铁运输与海运相比，将完全不具有优越性。

由此可见，以沿海几个大城市群为枢纽区域，发展与其内陆腹地的经济合作区是大趋势，但经济合作区之间的经济联系并不密切。因此，贯通全国沿海（岸）的大高铁，没有很大的经济意义。沿海南北间的运输应该发挥海运的优势。以贯通全国沿海大高铁而认为需要建设渤海海峡隧道工程，不能成为主要理由。

五、渤海海峡隧道工程只对两个半岛的部分区域具有运输经济意义

世界上其他海峡处的跨海隧道（铁路或公路、铁路合建），往往是两岸之间联系的唯一路径。例如，日本津轻海峡青函铁路隧道和欧洲英吉利海峡隧道等就属于这种类型。也就是说，日本本州与北海道之间的火车运输只能

选择通过津轻海峡。英国与法国、德国之间的铁路运输，只能在多佛尔海峡处建设海底隧道。但我国的关内外铁路、公路等运输联系，无论从经济因素、自然条件因素、城市及人口空间分布格局以及历史等因素分析，只有山东半岛一小部分地区外的整个关内中国（地区），选择进出关的方向必须途经渤海西岸。

我们对东北地区和山东省经济发展与经济联系的基本特点及对客货运量增长的影响进行了初步分析，可以得出以下几点结论。

（一）渤海海峡隧道仅仅可以缩短两个半岛部分地域间的运输距离，不具有大区域间的运输意义

认为建设这条跨海通道可以大大缩短关内外的运输距离，这一点只对两个半岛一部分范围讲是成立的，即辽东半岛鞍山—本溪一线的东南部分，山东半岛淄博—日照以东部分。这两部分之间的客货运输经海峡通道比经过渤海西岸陆上通道要近 600～800 千米。需要注意的是，具有这样较长距离的两地路径长度只涉及（两个半岛的各一部分）很小的面积（其中，涉及山东半岛部分地区的人口规模只占关内地区人口总量的 4.0%左右）。客货运输量相对于我国的全部进出关运量来说，只占很小的比重。

我们对 1995 年与 2006 年的关内外铁路货运量及其关内的发送地和到达地做一分析，具体证明了东北地区与山东省之间的运输经济联系仅仅是东北地区与全国运输经济联系大格局中的很小一部分。1995 年，东三省发往全国关内的铁路货运量：全年 7003 万吨，其中发往山东省 735 万吨，占发往关内总量的 10.5%。2006 年，东三省发往全国关内的铁路货运量，全年 7089 万吨，其中山东省 816 万吨，占发往关内总量的 11.5%。也就是说，东北地区与山东省之间的铁路运输经济联系只占关内外总运量的 5%～11%的比重。而且，从运输经济来看，这个比重中可能只有不到一半应该经由跨海峡通道运输，一大半仍然需经渤海西岸到达山东省的中西部地区。

所以，如果建成渤海海峡铁路隧道，对沈阳以北的东北地区和胶济铁路以南的广大华东地区乃至华中、华南、西北和西南等地区之间的运输，没有明显的运输经济意义。

（二）东北地区与山东人均旅次的基本特点

人均旅次（出行频率）与人均 GDP 密切相关，这是一个普遍规律。我们对改革开放 30 多年以来全国各省（自治区、直辖市）代表年份的人均旅次做了分析。东北地区和山东的人均旅次的特点，不同于一般规律。以 2013 年为例，辽宁人均 GDP 明显高于全国水平，人均旅次（20.9 次）高出全国平均水平（15.6 次）的 34%。吉林和黑龙江人均 GDP 分别高于和低于全国平均水平，但人均旅次都不到全国平均水平的 80%。就东北三省总体而言，其属于人均 GDP 较高而人均旅次较低的地区类型。山东也属于这种类型，2013 年，山东人均旅次只有 7.7 次，不到全国平均值的一半（只及全国的 49%），但其人均 GDP 却是全国平均值的 134%。这种情况代表了 1973 年以来的基本趋势，如 1995 年，东北三省人均 GDP 均超过全国平均水平，但人均旅次大约为 8.7 次，只及全国平均值的 90.0%。山东的人均 GDP 超过全国平均水平，但人均旅次只有 4.98，相当于全国平均水平的 38.4%。

东北地区和山东的人均 GDP 高而人均旅次低的特点，使我们在预测未来关内外之间客运量增长时需要采取较为谨慎的态度。

六、关于未来 20 年左右时间内东北与关内地区间运量增长与供需平衡的态势预测

对东北地区与关内交通运输量和交通运输的供需平衡状况的预测，我们着重考虑：以往多年来运量增长的实际趋势，东北地区资源、产业结构和整个经济发展、城镇化的基本特点，并考虑到铁路、海运、公路相结合的综合运输观点，应用实证分析与模型相结合的方法，得出未来大约 20 年间的运输量增长态势及可能的供需态势。

（一）未来 20 年左右的时间内，辽西及内蒙古部分的进出关客货运量将长时期保持稳定或缓慢增长趋势

我们判断，关于货运量增长，将基本稳定在当前的水平；进出关的能源运输，随着东北地区大耗能工业的调整、西伯利亚天然气进入东北等措施，东北不会大幅度增加对关内能源的调入，还很可能会减少运入量。目前关内

（华北、华东、华中以及全国其他的地区）运入东北的轻工产品、家电、农畜产品、蔬菜、钢材、交通运输工具、建筑材料、机械设备、工程设备等及东北地区入关的玉米、大豆、饲料、钢材、工业设备、汽车、金属制品等将长时期保持较为稳定的状态。即使增长，也将呈缓慢增长趋势。

关于客运量增长，通过分析历史时期特别是近年来进出关旅客流量的变化，我们认为会改变近十多年来运量基本不增长的态势，而进入长时期的低增长态势，年增长速率可设定为2%～4%。

上述较为缓慢的客货运量增长，将可通过现有运输线路运输效率的提高和总体运输能力（包括新增铁路、公路、航空等设施）的进一步加强而得到解决。从东北—华北地区部分规划新建和在建路线看，进出关的运输能力仍具有相当大的增长空间（表4）。

表4　东北—华北地区部分规划新建及在建路线

类型	线路名	起止点
铁路	京沈客运专线	北京—沈阳
	集通复线	集宁—通辽
	锡张快速铁路	锡林浩特—张家口—崇礼
	锡林浩特—曹妃甸铁路、张蓝铁路	正蓝旗—张家口
高速公路	赤峰—锡林浩特—二连浩特	
	张家口—锡林浩特—西乌珠穆沁旗	

（二）渤海海峡南北间的运量及其增长趋势

目前，经营渤海海峡通道的主要有中铁渤海铁路轮渡有限责任公司及烟台港务局、大连港务局及其他有关的海运部门。近年来，随着经济发展进入新常态，环渤海烟大航线客、货、车运量，增长率总体趋势相应减缓，有的经营单位甚至连续出现负增长。表3表明，2005～2014年烟大滚装航线的客运总量缓慢上升，2014年旅客总运量为463.2万人次。但现在烟台、大连二市已有1200万人次/年的总客运能力，即2014年只大约利用了30%。

对于今后20年左右时间内，我们按照不考虑建设渤海海峡铁路隧道和建设渤海海峡铁路隧道两种情况进行分析。

其一，在不建设渤海海峡铁路隧道的情况下，在实证分析中，我们将年客运量增长率设定在 3%～5%，比近年来有较大幅度的增长。至 2030 年、2040 年，分别增加到：860 万人和 1280 万人（平均按 4%增长率计）。近年来，渤海海峡通道的年货运量也仅占实际运输能力的 50%左右。其中，中铁渤海铁路轮渡有限责任公司铁路轮渡铁路货车运量占实际运输能力的 65%左右。

由此可见，无论是客运还是货运，渤海海峡的现有设施还有很大的运输能力没有得到利用。即使用比这个增长率更快一些的数据计算，也可以通过对现有运输设施的改扩建（增加船舶及扩大船型等）得到解决。

其二，我们运用现有的统计数据与有关的模型，对渤海海峡铁路隧道未来几十年做了运量预测，得出：在建设渤海海峡铁路隧道情况下，至 2030 年、2040 年的铁路客运量分别为 3650 万人与 7680 万人。需要说明的是，由于考虑到较多的运量增长变量，这个预测只是潜在的理论值，代表未来两个特征年份的最大可能的运量。但是近年来（2012 年、2014 年）有关主张立即着手建设渤海海峡隧道工程的人士和报告中强调：渤海海峡铁路隧道建成客运量很快即可达到 2 亿～3 亿人。我们认为渤海海峡的客货运量被严重高估了。

七、在改善地缘政治与实施“一带一路”倡议及“东北振兴”方针中的作用

（一）关于海峡通道工程在”一带一路”倡议中是否具有重要意义问题，需要做实事求是的分析

“一带一路”倡议是习近平总书记提出的当代中国的全球观念和全球倡议。我国经济发展面临极其广泛深刻的转型，需要实现可持续发展的重大任务。在这种大背景下，各地区都有“走出去”的客观需要和强烈愿望。在国内通过各种类型对外投资和贸易的平台与机构的建设，促进和引领全国各地区更好地进入“一带一路”相关的国家和地区。对于环渤海而言，将形成三个大的经济合作区域，它们分别以京津冀大城市群、辽中南城市群及青岛—济南城市集聚带为枢纽（门户）实现大规模“走出去”，实现大区域经济的

可持续发展。但是，根据以上关于“经济区”及“区域经济一体化”的分析，目前我们尚未看出渤海海峡隧道工程对”一带一路”倡议实施具有巨大意义，还需要做实事求是的分析。

（二）东北地区现阶段经济转型任务非常艰巨

尽管20世纪90年代开始，特别是2002年国家实行了“东北老工业基地振兴”的战略，但经济结构的转型不是短时期内就可彻底改观的。近年来，东北三省经济均不景气，人口和劳动力外流，经济增长率下降，一些行业还将进一步下降，如钢铁、铝合金及部分化工原料等的生产。我们认为，渤海海峡隧道工程不会解决东北地区发展中的结构性问题。如果建设资金由辽宁、山东分别负担一部分，可能对经济恢复增长非但不能起促进作用，反而可能带来负面影响。

八、渤海海峡工程具有巨大的安全风险，对于这类不可行性至今没有得到应有的重视和深入研究

国际经验表明，长距离隧道往往都有突出的安全保障问题。对于渤海海峡这样超长距离的隧道工程，未来可能带来诸多的、难以解决的巨大隐患，亟须给予比任何国际上类似工程更多的重视。

（1）渤海海峡建设隧道工程必须考虑附近区域的地质背景、构造活动和安全条件。首先需要考虑的是郯庐断裂带。据统计，自1400年以来，以郯庐断裂为中心200千米范围内共发生M（震级）8.5级地震1次，M7.0～7.9级地震5次，M6.0～6.9级地震11次。其中中段——沈阳—苏北宿迁段（跨越渤海）就发生M8.5级地震1次，M7.0～7.9级地震7次，4.7级以上地震60余次。引人注目的是，这几次大地震几乎都发生在渤海及其周围，它们的震中位置几乎无一例外地都落在郯庐断裂带上或其附近。因此，渤海海峡是历史上地震特别是强震高发地区。在这样的区域建设如此大型海底工程，考虑到未来100年乃至数百年运行中遭受强震冲击下的安全问题，可能成为否定这一巨型工程可行性的关键因素。

（2）消防安全是超长距离隧道的极大难题。国际上部分长距离过山与跨

海隧道曾发生过损失巨大的火灾事故。2008 年英吉利海峡隧道就发生火灾而停运两天，由于隧道本身的局限性及救援的困难，造成巨大的生命财产损失。渤海海峡隧道的长度比现有世界上所有隧道都长得多，加上目前对海底地质、水文等状况还没有具体勘探的情况下，消防安全如何保障等问题还无法做出科学判断。

（3）长距离隧道的通风问题、毒气与停电应急处理等若干问题，仍需要进一步地考量。尤其是渤海海峡隧道建设施工与列车运行所带来的生态环境风险仍是未知的，而我国某些超大型工程建设所带来的生态环境与地质风险已经成为所在流域与地区的重大问题。

（4）相关军事意义也需要重新评估。有研究认为建设隧道工程“具有战略军事意义，沿线可以快速集结调动部队，快速移动军事设施，可以成为保护北京和天津的大门”，但研究对为什么具有这样重大的意义并没有说明。我们认为，在战争一旦发生情况下，隧道工程更容易遭受攻击。另外，在一般情况下，海底隧道也可能容易成为恐怖活动的袭击目标。

九、工程浩大、耗资极高

渤海海峡从山东蓬莱经长岛到辽宁旅顺，海峡长 105.56 千米，平均水深 25 米，老铁山一个海沟最大水深 86 米。如果按照有关部门提出采用“全隧道”的建设方案，隧道长度达 125 千米左右。以上下行铁路隧道修建，以及需要的逃生、安全等设施，我们估算整个造价要超过 4000 亿元。如果渤海海峡通道按照如此大运量铁路隧道的要求建成，为发挥其经济效益，将需要对东北地区和关内华北、华东地区的部分铁路系统和高速公路系统进行加强和改造。这也是一笔巨大的投资。我们综合估计，整个投资可能需要 5000 亿元左右，是世界上超大型的建设工程。在海底隧道建成投入运行后，运营阶段的维护和维修费用也非常高昂。

如此巨大的投资，能否产生相对应的社会经济效益回报？目前还没有科学的回答。但可以肯定的是，渤海海峡隧道在今后一个相当长时期内能够发挥明显作用的地区主要限于两个半岛部分地区，对沈阳以北的东北地区和胶济铁路以南的广大华东地区乃至华中、华南、西北和西南地区，没有明显的运输经济意义，将会带来大规模亏损。此外，两个半岛之间已有花费巨资建设的海峡火车轮渡和滚装船运输，其能力并没有得到充分的发挥。

十、总结与建议

（一）对工程必要性与不可行性的主要看法

现阶段，我国社会经济发展处在一个转型的关键时期。经济增速趋缓，调整产业结构、改善民生与治理环境等压力巨大，国家正在实施“三去一降一补”重点任务，需要大量的投入。所以，渤海海峡铁路隧道建设这样巨大规模的投资，在必要性方面无疑要首先仔细掂量，反复论证。而这一点，恰恰被许多主张尽快建设渤海海峡隧道工程的单位和学者所“忽视”了。另外，我们不应该无视以往的经验教训，任何涉及国民经济建设的重大工程都需要开展深入充分的前期论证和效益与风险评估。

（1）渤海海峡隧道工程是举世罕见的宏大工程。在世界近现代史上，就其工程建设规模，堪比苏伊士运河、巴拿马运河。这样的工程，应当具有巨大的战略意义和社会经济意义，而渤海海峡隧道工程并不具有重大的经济与社会意义。对于这一点的判断，是整个工程决策的首要关注点和核心，应该给予极其高度的重视，以防止出现误判。

（2）认为工程建设对我国沿海地区、环渤海地区经济发展及东北老工业基地振兴具有一系列“重大意义”的观点，多数不切实际。这个工程只是对两个半岛不大范围有意义，而不具有战略全局意义。强调促进全国区域经济发展及环渤海经济一体化，不符合实际。

（3）东北与关内地区间现有与正在建设的运输设施（包括改扩建）的运输能力完全可以适应未来至21世纪30年代中期以前的需求。已有的报告都高估了未来的运量。

（4）渤海海峡隧道工程的地质、消防、通风、战时可能受到打击等种种巨大的安全风险应当引起高度重视。

有鉴如此，我们再次郑重强调：现阶段没有必要建设渤海海峡隧道工程。

（二）关于工程前期研究的建议

（1）关于建设渤海海峡隧道工程，讨论会、呼吁、报告、政府文件批示等，已经不少了。但几年前还一直停留在少数学者的“民间研究”层面上，近年来的研究工作只是侧重在建造渤海海峡隧道工程技术性的可行性方面，而忽视了前期研究的主要方面，即工程的必要性、重大意义及安全风险等方面问题的充分论证与评估。应该说，对这样超大型工程研究来说存在严重不足。日本津轻海峡青函铁路隧道（长约 54 千米）、英法英吉利海峡隧道（长约 51 千米，水面下为 37 千米）等重大工程，比渤海海峡隧道工程要小得多，但社会经济意义很大。他们的理论准备、实际研究与勘测以及最终决策，曾经历了几十年的时间。前期工作量之大及论证之细致，很值得我们参考。

（2）如此超大型的基础设施建设工程，需要从自然条件、社会经济意义、工程与技术可行性、安全保障、危机处理、生态环境风险、国防军事等多方面开展深入细致的专题研究和综合研究，并反复进行论证。对各种可能的负面效应及对国民经济、国家安全等可能带来的重大影响等，做出科学判断。

（3）在综合多学科研究与决策过程中，需要防止被部门、团体利益所左右，并为充分享有有关资料信息、发表各种意见创造良好的氛围，以使这一宏大的世纪工程真正实现民主决策与科学决策。

（本文选自 2017 年咨询报告）

咨询项目组主要成员名单

组长：

陆大道　中国科学院院士　中国科学院地理科学与资源研究所

成员：

何祚庥　中国科学院院士　中国科学院理论物理研究所
周孝信　中国科学院院士　中国电力科学研究院
叶大年　中国科学院院士　中国科学院地质与地球物理研究所

简水生	中国科学院院士	北京交通大学
刘嘉麒	中国科学院院士	中国科学院地质与地球物理研究所
郭华东	中国科学院院士	中国科学院遥感与数字地球研究所
周成虎	中国科学院院士	中国科学院地理科学与资源研究所
夏　军	中国科学院院士	武汉大学
孙九林	中国工程院院士	中国科学院地理科学与资源研究所
成胜魁	研究员	中国科学院地理科学与资源研究所
樊　杰	研究员	中国科学院地理科学与资源研究所
刘卫东	研究员	中国科学院地理科学与资源研究所
孙峰华	教　授	鲁东大学
张文忠	研究员	中国科学院地理科学与资源研究所
王成金	研究员	中国科学院地理科学与资源研究所
陈明星	副研究员	中国科学院地理科学与资源研究所
孙东琪	助理研究员	中国科学院地理科学与资源研究所

关于重视核电站水库安全防控和预警工作的建议

陈祖煜　等

一、引言

核电站是高耗水企业，为满足其日常生产、备用和应急抢险的需要，必须保证稳定和足够的水源。水库是核电站主要供水设施之一，与核电站的安全息息相关。随着核电站建设向内陆的延伸，水库和堤防的安全将面临更严峻的问题。

日本福岛核电站因地震海啸导致海堤溃决是一次典型的核电站水灾害事故。高达 14 米的海啸浪潮首先摧毁了所有的交流电、直流电电源，反应堆控制系统随之失灵。堆芯在余热作用下迅速升温，引发了一系列爆炸。鉴于这一教训，美国近期启动了对核电站供水水库安全的咨询工作，研究制定相应标准和安全保障措施。

中国科学院学部自 2015 年 1 月启动“关于加强核电站供水水库安全和预警保证工作的咨询建议”相关研究工作以来，项目组成员两次赴大亚湾、岭澳、台山、昌江等核电站现场考察，并与相关技术人员座谈，在国家能源局核电司和国家核安全局的指导以及中国广核集团有限公司（简称中广核）、中国核工业集团有限公司（简称中核集团公司）协助下，完成本报告。

二、核电站水库现状和发展趋势

（一）基本情况

我国已建和在建使用水库作为淡水水源的汇总情况如表1所示。与核电站相关的水库主要有以下三大类。

表1　我国在建和筹建核电站供水水库列表（不完全统计）

核电工程名称	水库名称	水库工程等级	总库容/万米^3	距核电站距离/千米	水库管理隶属
福清核电站	北林水库	小（1）型	103.84	12	核电站
漳州核电站	峰头水库	大（2）型	17 700	32.5	地方水利部门
昌江核电站	石碌水库	大（2）型	12 100	30	地方水利部门
三门核电站	罗岙水库	小（1）型	829	11	地方水利部门
大亚湾核电站	大坑水库	小（1）型	190	1	核电站
岭澳核电站	岭澳水库	小（1）型	500	3	核电站
阳江核电站	平堤水库	中型	2 574.4	5	核电站
台山核电站	新松水库	中型	1 710	8	核电站
防城港核电站	官山辽水库	小（1）型	590	9	地方水利部门
陆丰核电站	龙潭水库	大（2）型	13 400	40	地方水利部门

1. 地方淡水水源水库

核电站使用地方水利部门已有水库供水，这是一种常见的模式。昌江、防城港等核电站即属此类。鉴于这些水库修建早于核电站，其等级一般较低，而且也并未因成为核电站供水水源而提高相应的级别。

2. 自建淡水水源水库

一部分核电站通过自己修建水库并实施管理解决淡水水源。此类核电站有大亚湾、台山等。小部分核电站原先使用地方水库，后经资产转移，将其归为自主拥有的淡水水源。

3. 邻近水库

邻近水库系指核电站周围未用作本电站淡水水源的水库。我国各地中、小型水库密布，其防洪标准低于核电站，管理能力也有限，因此在选址时，应尽可能不让核电站和重要水库处于同一个小流域，以保证水库失事导致的溃坝洪水不致直接冲击核电站。即便这些水库在正常情况下行洪不会影响核电站的安全，由于溃坝洪水巨大，仍需复核其风险。本咨询项目重点调研了昌江核电站，该工程周边存在四座小型水库，调研发现这些水库与核电站均未处于同一流域。本咨询项目从定性分析的角度对四座水库进行了溃坝洪水分析，初步分析这四座水库溃坝不会对电站产生影响，但仍需进一步定量分析水库溃坝洪水对核电站的影响。受能力所限，未能对所调研的所有核电站邻近水库进行全面调研。

（二）发展趋势

我国《核电中长期发展规划（2005—2020 年）》的发布标志着中国核电发展进入了新阶段，为“十三五”及以后的核电项目建设做好储备。核电站将从近海向内陆发展。我国内地江河密布，水库、湖泊众多，在场址选择、防洪标准等方面将面临新的、更加复杂的课题，急需提前开展深入的研究，完善和制定相应的标准和规范。

三、核电站水库安全防控现状和问题

（一）规划设计

我国核电行业已有十分翔实的规划设计的规范，并颁布了《核安全导则》，但是未专门为核电站相关的水库和大坝制定相关的规范和安全控制导则。现有的水利水电行业的相关文件可以为这些水工建筑物的设计和安全控制提供参考依据，但是针对核电站这样极端重要的工程的特点，相关主管部门尚需提出专门的控制性条文规定。

1. 溃坝事故的危险性

核电厂反应堆的特点是在停堆后仍需要对堆芯进行冷却，因为核燃料有自衰变余热，虽然比人控裂变产生的热量小得多，但如果长时间得不到冷却，也会使堆芯达到上千摄氏度的温度，进而导致核燃料棒的融化，然后烧穿外层保护的钢壳、混凝土结构等，造成核泄漏。因此在停堆期间必须保证冷却系统的安全运行。

日本福岛核事故是由海啸导致核电厂外部水淹的典型事件，海啸造成的水淹导致电厂丧失电力供应，进而冷却系统失灵，反应堆内温度不断上升，进而导致严重的核安全事故。

溃坝影响也是核电厂外部水淹防护的重要考虑因素，属于对核电厂安全有重要影响的外部事件之一，如发生溃坝导致核电厂外部水淹事件，将可能导致严重的后果。

根据《核安全导则》“核电厂厂址选择安全规定（HAF101）”的要求，对于溃坝这种低概率严重事件，必须在厂址选择及核电厂的设计中予以充分考虑，以保证核电厂在整个寿期内安全。如果该核电厂不能安全地经受上游挡水构筑物巨大破坏带来的全部影响，就必须改变核电厂的有关设计基准，以使核电厂能够安全地应对这些影响。

2. 水库工程等级

我国《核安全导则》和其他相关规程、规范尚未对核电站相关联的水库等级做出明确的规定，从安全防控角度分析，本报告建议将与核电站相关联的水库风险程度分为高、中、低三类。

风险程度高的水库系指水库溃决后将直接影响核电站安全的工程。例如，大坑水库距位于本流域出海口的大亚湾核电站约 1 千米，当属此类工程。在规划新的核电站的选址时，应尽可能避免与此类水库距离较近。如确实存在此类水库，其相应工程等级宜直接定为 1 等。

风险程度中等的水库系指为核电站供水但其本身的等级较低，与核电用水保证率不相匹配的工程。此类工程如不能正常供水，会给核电站的生产带来重大损失。本次调研中发现，相当多的核电站使用地方已建水库作为淡水水源。这些工程在核电建设以前已经存在，通常难以再提高其相应的工程等级标准，对于这类水库，如原有等级低于大（2）型，可按高于本工程 1 或 2 个等级的标准落实相关的除险加固和安全监控措施。国家水利部门可以在安排水库加固计划中给予优先考虑。

风险程度低的水库系指已经基本排除其失事对核电站的影响，但因距离核电站较近，仍需予以关注的工程。此类工程已经基本排除其失事对核电站的影响，但因距离核电站较近，仍需予以关注。例如，昌江塘兴水库，库容 60 万米^3，位于昌江核电站厂区内，建设期间对塘兴水库溢洪道进行改造、重新设计排水渠，同时对厂区北侧天然排洪通道进行疏浚，对塘兴水库进行溃坝洪水计算，经分析，当水库遭遇可能最大洪水（PMF）时，厂区不会受到影响，且溢洪道出流顺畅。此类水库的原有等级可保持不变。

3. 洪水标准

洪水标准是核电站相关的水库的一个重要设计指标。《核安全导则》曾列有“设计基准洪水（HAD 101/08）”一章，其中第 4.1 节指出：“对具有严重放射后果的事件（系列）概率的接受限制一般是 10^{-7}/堆年。对于设计计算洪水更严重的事件发生概率是高一个数量级。”

这一规定并未给出具体的、可操作的设计洪水的重现期。本咨询报告认为，上述概率与水利工程相应 1 等建筑物的要求相当，因此，相应的洪水设计标准应是“千年一遇”设计、“万年一遇”校核。大亚湾核电站大坑水库采用的标准是百年一遇设计，千年一遇校核，低于此标准。由此可见，如果不明确地在相应的条文中给出设计洪水重现期的具体规定，有可能在实际运作中达不到类似“10^{-7}/堆年”这样的风险控制标准。

4. 溃坝洪水分析

对与核电站相关联的水库的风险评估是建立在溃坝洪水分析的基础上的。前面提到，绝大多数核电站场址和重要水库不处于同一个小流域，但尚有一部分水库的相关河流在汇入出海口时地势平坦，是否与电站相通，尚需做定量的溃坝洪水风险分析才能最终认定。现有涉及核电工程安全的规范尚未提供具体的条文，明确相应的分析方法。实际选址工作报告对此问题通常以定性分析评价为主。建立在溃坝洪水计算基础上的定量风险分析书面报告比较少见。

近年，有关溃坝洪水分析的理论、方法的研究和相应的程序开发工作均有较大的进展。用已有的溃坝洪水分析程序（如 Breach、DB-IWHR、MIKE）进行定量的风险分析已现实可行。可以考虑在相关的规范中做出比较明确的规定，在大坝安全检查中将水库溃坝风险分析作为指定性的检查项目。

5. 水工建筑物设计

我国水利水电工程设计规范面对等级跨越 1～5 等、数量巨大的水库大坝，相应的条文规定比较宽泛。对与核电站相关联的水库，考虑到其重要性，尚需对诸如大坝和泄洪、输水设施这样的重要水工建筑物的设计标准做出更为严格的规定。例如，大亚湾核电站的大坑水库当属风险程度高的工程，但其输水廊道埋于坝下。我国水利行业规范对土石坝在软弱地基坝下埋管列有严格的控制性条文，但并没有绝对予以排除。考虑到可能酿成的巨大风险，对直接影响核电站安全的水库，宜明确规定不采用此类布置方案。

（二）大坝安全

本次调研中尚未发现具有重大病险问题的与核电站相关联的水库大坝。无论地方水库还是自建水库，均按相关的规定开展大坝安全定检工作，对发现的问题，及时进行加固处理。

阳江平堤水库于 2007 年 3 月下闸蓄水，至 2011 年 8 月初坝后坡脚长约 198 米范围内沿干砌块石缝隙间普遍出现渗水，并有翻水现象，渗流量达 547 升/秒，其间最大达 710.66 升/秒，渗漏严重。阳江平堤水库大坝防渗灌浆工程于 2013 年开工，经过为期两年的紧张施工成功将渗漏量由开工初期的 552.04 升/秒降至 5.2 升/秒，坝后渗漏量大幅降低，渗漏点得到了有效封堵。岭澳水库 2014 年安全鉴定发现其年平均渗漏量 110 万米^3/秒，认为暂不影响大坝安全，工程的渗流安全级别定为 B 级。

大亚湾核电站大坑水库距厂区 1 千米。本咨询报告认为，此水库虽然已安全运行近 30 年，但仍存在以下安全隐患。

（1）该工程采用的洪水标准是“百年一遇”设计，“千年一遇”校核。前面已经论述，这一标准低于《核安全导则》“设计基准洪水（HAD 101/08）”一章中提出的 10^{-7}/堆年的要求。

（2）该工程采用坝下埋设的廊道输水。在土石坝设计中，众所周知，这种布置方式应尽可能避免。由此而造成的管涌溃坝失事事故屡见不鲜。该廊道 1985 年 7 月 25 日蓄至正常水位运行以后，因伸缩缝环向橡胶止水接头脱落而漏水，遂对伸缩缝进行了处理，即先将缝内木板去除，再用桐油竹丝填塞，将其夯实，外涂环氧树脂用以保护。经处理后，各缝渗水量趋于减少和稳定。

（3）在规划设计阶段，曾专门开展过溃坝洪水分析，并根据研究成果修建了高 13 米的防洪堤，将厂区进行围封保护。对这一防御工程的有效性，尚需做进一步的论证。

该工程安全鉴定报告将水库防洪安全性评定为 B 级，和这个核电站安全的极端重要性相比，显得偏低。

（三）管理体制

核电站供水水库存在地方水利和电站自建两种管理模式。以地方既有水库作为核电站淡水水源的相应工程其等级一般远低于核电站标准，其技术力量和经济能力也比较薄弱，给核电站的安全供水带来一定的隐患。部分地方等级较低的水库需经多次加固，尚达不到核电站供水保证率的要求。以为昌江核电站供水的海南省石碌水库为例，该水库多年平均径流量为 3.21 亿米^3，总库容 12 100 万米^3，属大（2）型水库。该水库曾多次加固，但仍存在工程老化、经费不足等问题。根据《海南省昌江县石碌水库大坝安全评价》中对石碌水库大坝运行管理的综合评价，在大坝安全监测方面，石碌水库测压管部分失效，位移和沉降观测点有个别被破坏，并缺少水平位移的观测。在本次调研中，发现坝顶有一直径约 30 厘米的孔洞，但是管理局尚未将此问题作为消除隐患的事件列入议程。

四、结论和建议

（一）主要结论

（1）我国核电站自建水库目前均处于正常、安全运行状态，并设有健全的管理机构。部分水库（如岭澳、阳江）渗漏量偏大，已采取措施处理或加强监测。使用地方水利部门提供淡水水源的水库其工程等级均远低于核电站的要求，其基础设施和技术力量较为薄弱，给核电站的安全运行带来了一定的隐患。

（2）我国绝大多数核电站场址和重要水库不处于同一个小流域，因而水库失事导致的溃坝洪水不致直接冲击核电站。但是，尚有一部分核电站的相关河流在汇入出海口时地势平坦，是否与核电站相通，情况不明。此次调研过程中，尚未见到相关的书面论证报告。尚需通过严格的技术认证，彻底排除相关的风险。大坑水库是本次调研中发现的直接位于大亚湾核电站上游 1 千米处的风险较高的工程，应高度重视其安全防控问题。

（3）我国核电行业已有十分翔实的规划设计的规范，并颁布了《核安全导则》。但是未专门为核电站相关的水库和大坝制定相关的规范和安全控制导则。相关的防洪标准尚待进一步细化。

（4）在管理体制方面，需要研究我国水利和防洪决策部门对为数并不多的作为核电站淡水水源的水库给予特殊的关注，适当提高其工程等级和防洪标准，及时处理已查明的险情。

（二）相关建议

针对核电站供水水库安全在工程建设和管理中存在的问题，本咨询报告特提出以下建议。

（1）考虑到核电站安全的极端重要性，建议完善和补充《核安全导则》有关水库安全影响的定量指标和分析方法，或专门编制核电站相关水库安全防控技术导则，对有关工程等级、风险标准、溃坝洪水分析方法和安全防控等专门问题做出具体规定。我国核电站将从近海向内陆发展，面临的风险因素更为复杂，因此，宜尽早考虑。建议启动“核电站防洪设计规范”编制工作。

（2）我国水利行政主管部门对于由地方管理的涉核电站水库，优先安排水库加固项目，协调相关的安全监控和预警工作。

（3）大坑水库直接位于大亚湾核电站上游 1 千米处。目前，处于正常运用状态。但是该水库在工程等级、洪水标准方面尚需做进一步的论证工作，对坝下供水管道的可靠性、溃坝洪水风险和相应防洪措施等问题宜开展专项研究，并加强预警工作。考虑到该电站安全的极端重要性，特呼吁相关部门重视这一风险。

（本文选自 2017 年咨询报告）

咨询项目组专家组成员名单

陈祖煜	中国科学院院士	中国水利水电科学研究院
张楚汉	中国科学院院士	清华大学
陆佑楣	中国工程院院士	中国长江三峡集团公司
王光谦	中国科学院院士	青海大学
倪晋仁	中国科学院院士	北京大学
马成辉	处　长	环境保护部华南核与辐射安全监督站
张爱玲	副主任	环境保护部核与辐射安全中心环评部
吕晓明	经济师	国家能源局核电司
王　轶	项目官员	国家能源局核电司
池建军	教授级高级工程师	国家能源局大坝安全监察中心
杜德进	教授级高级工程师	国家能源局大坝安全监察中心
周翠英	教　授	中山大学
凌道盛	教　授	浙江大学
刘林军	教授级高级工程师	广东省水利电力勘测设计研究院
徐建强	教授级高级工程师	中电建集团华东勘测设计研究院有限公司
杨光华	教授级高级工程师	广东省水利水电科学研究院
倪培桐	高级工程师	广东省水利水电科学研究院
李毅男	教授级高级工程师	国核电力规划设计研究院有限公司
谷洪钦	高级工程师	国核电力规划设计研究院有限公司
侯树强	高级工程师	中国核电工程有限公司
史力生	正研级高级工程师	中广核工程有限公司施工管理中心
龚玉锋	高级工程师	中广核工程有限公司施工管理中心
尚存良	教授级高级工程师	中国长江三峡集团公司

关于开展我国自主高精度全球测图的建议

龚健雅　等

地理空间信息是社会经济发展和国防建设的重要战略资源，它以不同尺度、不同主题、不同形式表达地球形态，反映区域乃至全球自然资源和社会经济资源的布局和发展变化状态，是人们认识地球、研究全球社会经济发展和拓展全球战略空间的重要基础数据。随着我国经济全球化进程的加快和“一带一路”倡议的实施，我国的社会安全、经济安全、人员安全和国防安全已经远远超越了现有的领土和领海，国家对全球地理空间、环境和人文等信息的需求比历史上任何时候都更加迫切。实施全球测图工程、掌控高精度全球地理空间信息直接关系到我国未来的国家安全、经济建设和社会民生。

在高分辨率对地观测系统国家重大科技专项的推动下，我国已相继发射和准备发射上百颗军、民用高分辨率遥感卫星，可基本保障全球热点国家和地区的数据覆盖。但与世界发达国家相比，我国全球测图、全球地理空间信息系统建设缺少顶层设计，还没有开展全球测图的工程立项，没有将无规则的卫星影像生成统一的、系列比例尺和标准的高精度全球地理空间信息产品。利用国产遥感卫星开展自主高精度全球测图，掌控全球地理空间信息资源，不仅有利于我国对全球自然资源和社会经济资源的布局情况有所掌握，进而拓展经济发展空间，而且有利于提升国防能力。因此，开展我国自主高精度全球测图具有十分重大的战略意义。

一、国外高精度全球测图的现状分析

随着全球信息化、数字化的快速发展，以全球为对象的测图与地理信息服务已成为世界发达国家发展全球战略的重要组成部分，建立全球统一的高精度地理空间信息数据库是实现这一战略的基础。当前，世界发达国家都相继发射了高分辨率遥感卫星，并将这些卫星数据处理成地理信息产品。这些地理信息能够清晰地反映地形起伏、地表覆盖以及地物结构信息，为研究全球尺度的社会经济发展提供全面的数据支持，在国民经济、国防安全乃至全社会可持续发展等方面占据了信息优势。

（一）高分辨率卫星遥感技术日新月异

当前，美国、法国、加拿大、德国、意大利、以色列、日本、韩国等国相继发射了多颗高分辨率遥感卫星，而且卫星影像的地面分辨率亦在逐年提高。法国 Pleiades-1A/1B 卫星影像的地面分辨率达到了 0.5 米，韩国 KOMPSAT-3A 卫星影像的地面分辨率达到了 0.55 米，美国 WorldView-3/4 卫星影像的地面分辨率已高达 0.31 米，这大大提高了人们从太空认知地球的能力，为高精度全球地理空间信息服务提供了重要的高分辨率卫星数据源。

（二）全球地理空间信息产品不断丰富和完善

国际上一些发达国家已经开展了高精度全球地理空间数据生产与信息系统建设。美国通过实施“航天飞机雷达地形测绘使命”（SRTM）获取和生产了全球 90 米、美国本土 30 米分辨率的数字高程模型（DEM），依靠商业遥感卫星获取和生产了全球主要城市和重要地区 0.45 米以上分辨率的数字正射影像（DOM）产品，美国军方依靠军用卫星获取和生产了全球敏感地区 0.1 米分辨率以上的地理空间信息产品和情报产品；日本与美国合作使用 ASTER 卫星获取和生产了全球 30 米分辨率的 DEM；德国利用 TerraSAR-X 遥感卫星获取和生产了全球 15 米分辨率的 DEM。然而，我国在境外的地理空间信息产品几乎为零，这与我国的大国地位极不相符，也影响了我国“走出去”的战略步伐。

（三）地理空间信息网络服务技术日益全球化、多样化

Google 公司的 Google Earth/Map 是世界上最成功、访问量最大的地理空间信息服务平台。Google Map 可提供三种视图：一是矢量地图（传统地图），可提供政区、交通以及商业信息；二是不同分辨率的卫星影像（俯视图）；三是地形视图，可用于显示地形和等高线。Google Earth 则可以在计算机、手机、平板电脑等多种终端上使用，可用于查看卫星影像、三维建筑、树木、地形、街景视图等地理空间信息。与 Google Earth/Map 相比，Microsoft 公司的 Bing Map 采取了差异化的思路，在美国和其他国家的许多城市和地区，可提供高清晰的航空影像，使用鸟瞰模式最大可查看到 20 米距离的图片，这和从楼房的五六层窗外看到的景色相近。我国的百度、腾讯等公司也提供地理空间信息服务，但在境外的地理空间数据几乎是空白，这严重限制了我国人民在境外使用国产地理空间信息服务的能力。

（四）众源数据为全球测图提供了很好的信息补充

高精度全球测图除了需要高分辨率卫星影像以外，地面控制信息和辅助数据对卫星影像的高精度定位和解译亦具有重要的作用。在众源数据出现之前，境外控制信息和辅助数据的获取是一大难题。随着卫星遥感和卫星导航技术的发展，人们利用众源信息（如 OpenStreetMap）构建了全球框架性数据资源，如道路网、地名、景点，这些信息可为全球测图提供很好的信息补充。

二、我国开展自主高精度全球测图的战略需求

开展自主高精度全球测图，可有效解决我国全球地理空间信息产品缺乏的问题，从而为国家全球战略实施、国防安全、灾害救援、生态建设等提供地理空间信息支撑。

（一）开展我国自主高精度全球测图，是我国实施“走出去”战略的必然要求

随着我国改革开放的逐渐深入，特别是“一带一路”倡议的实施，我国

企业越来越多地参与境外工程的设计与建设，对高精度全球地理空间信息的需求已越来越迫切。然而，目前我国还不具备生产全球大多数国家和地区的高精度地理空间信息产品的能力，尤其是时空基准一致的地理空间信息产品。建立面向全球的高精度地理空间信息数据库，可为我国“走出去”战略的实施提供丰富、及时的地理空间信息保障，提高我国企业的国际竞争力和我国政府处理国际事务的能力，进而提高我国的国际地位和话语权。

（二）开展我国自主高精度全球测图，是保障国家安全、助推国家经济发展、维护国家利益的必然要求

作为一个政治大国、经济大国、军事大国和海洋大国，我国正走向全球化发展道路，开展高精度全球测图可为国防建设提供战略性地理空间信息资源，有助于我国掌握全球资源的布局、评估突发事件的发展态势，满足保障国家安全目标对高精度全球地理空间信息的需求。

（三）开展我国自主高精度全球测图，是我国提升全球地理空间信息服务能力、彰显大国风范的有效途径

如何实现全球社会与经济的可持续发展，是我国乃至全世界面临的重大挑战。开展高精度全球测图，可为全球可持续发展所面临的气候变化、公共安全、灾害监测与救援、工农业规划、交通运输、生态环境评价、产业发展等人类社会经济活动提供地理空间信息保障，进而提升我国的国际形象。

三、我国开展自主高精度全球测图的可行性

（一）高分辨率卫星测绘技术实现重大突破

我国已成功发射了“天绘一号”01/02/03 和“资源三号”01/02 三线阵立体测图卫星，测图精度优于国外同类卫星，结束了我国遥感卫星不能精确测图的历史，这为我国自主完成高精度全球测图带来了前所未有的机遇。目前，“天绘一号”卫星已实现全球陆地 77%的有效覆盖，“资源三号”卫星也已获取全球部分陆地的遥感数据。此外，我国还有“高分”系列卫星、“尖兵”系列卫星、“吉林一号”卫星和“北京二号”卫星等可用于全球测图。在境外测

图精度方面，我国已解决长期困扰境外测图的高精度定位问题，将国产遥感卫星在境外的无控制测图精度从200～300米提高到5～10米，这为我国开展自主高精度全球测图提供了重要的技术保障。

（二）地理空间信息网络服务初现规模

近年来，我国在地理空间信息网络服务方面，取得重要进展，通过自主研发，推出了国家地理空间信息公共服务平台“天地图”。“天地图”是“数字中国”的重要组成部分，可为公众、企业、政府提供权威、可信、统一的地理信息服务。“天地图”的低分辨率地理信息能够覆盖全球，其中中国的数据尤为详尽，是目前中国区域内数据资源最全的地理信息服务网站，覆盖范围从全球到全国，再到具体县市乃至乡镇、村庄，包含全国400多个城市的0.5米分辨率遥感影像、2000多万条地名地址等地理信息数据，数据内容包括不同详细程度的交通、水系、境界、政区、居民地、地名、不同分辨率的地表影像以及三维地形等。如果我国实施了全球测图工程，“天地图”可成为全球地理信息服务基础平台。

（三）全球测图技术与能力逐渐形成

高精度全球测图首先需要解决全球数据获取问题、影像定位问题和高效数据处理问题。只有解决这些问题，才能形成全球无缝的、高精度的、时空基准统一的地理空间数据。随着“资源三号”“天绘一号”等系列卫星的发射和大规模数据处理能力的提高，全球测图涉及的关键技术已基本解决，数据处理能力亦逐步形成。

（1）几何定标成效显著。我国在河南嵩山、安阳等地建立了高分辨率遥感卫星几何定标场，并自主研制了高分辨率遥感卫星几何定标系统，全面攻克了我国卫星在轨几何定标的技术难题，建立了遥感卫星定标技术体系，实现了我国高分辨率卫星在轨几何定标技术的重大突破。

（2）高精度数据处理技术逐渐成熟。我国已对卫星影像空三平差的理论与方法进行了深入研究，并利用国产卫星影像进行了大规模区域网平差，解决了大规模数据的连接点提取、控制点匹配、大规模平差方程组解算等技术难题，使我国卫星遥感影像无控制测图的精度得到大幅提高。

（3）大规模立体测图卫星影像匹配技术实现突破：我国自主研发的多传感器影像匹配技术突破了传感器的限制，解决了大规模立体影像自动匹配问题，可以直接用于高精度全球测图中多种卫星传感器影像的密集匹配，生产大规模的数字表面模型（DSM）。

（4）CPU-GPU（中央处理器-图像处理单元）并行计算技术为大规模数据处理提供了基础：我国自主研发的卫星影像测图系统充分利用 CPU-GPU 的并行计算能力，解决了 I/O 密集型和计算密集型的负载均衡问题，实现了大规模卫星影像的高效处理。

（5）三维矢量数据采集技术已基本成熟：我国自主研发的立体测图系统将数字摄影测量技术与地理信息系统技术有机结合，彻底改变了“联机测图”的传统模式，在单屏立体环境下实现地物采集、图形编辑和三维质检的一体化作业，极大地提高了三维矢量数据采集的操作性和灵活性。

四、我国开展自主高精度全球测图存在的问题

开展高精度全球测图只能依靠高分辨率卫星遥感数据，是一项浩大的工程，目前仍需解决以下三个主要问题。

（一）增加多源互补的高精度全球测图的数据源

开展高精度全球测图需要有高质量、高精度的立体测图卫星。立体测图卫星通常有两种类型：一种是光学测图卫星，一般为两线阵或三线阵立体测图卫星；另一种是 InSAR 测图卫星。“天绘一号”“资源三号”等光学卫星可获取全球范围内大部分陆地遥感数据，但我国还没有 InSAR 测图卫星，以至于难以解决多云雾、多雨地区的高精度测图问题。此外，军民卫星的统一布局、互为补充、数据共享、协调生产还存在问题，影响了卫星影像的使用效率。

（二）建立高精度全球测图的卫星数据地面接收站和定标场

开展高精度全球测图工程需要获取全球范围的卫星数据，目前我国有密云站、喀什站、三亚站、昆明站和北极站五个卫星数据地面接收站。我国的

卫星在境外采集数据时，需回传至境内地面接收站接收数据，导致数据采集效率过低。美国、法国和欧洲空间局在全球范围内建设了二十几个卫星数据地面接收站。同样，在定标场方面，美国、法国等亦在全球范围内建设了二十几个地面定标场，而我国仅在嵩山、安阳、敦煌、青海湖、东北、伊犁、内蒙古等地建设了几个境内地面定标场，致使我国高分辨率卫星载荷难以在全球范围内发挥最佳的应用性能。

开展高精度全球测图工程需要高质量的、全球无缝覆盖的卫星数据，而受国内卫星数据接收政策、地理空间信息保密等因素的制约，我国尚未在全球范围内建设卫星数据地面接收站和定标场。现有的地面接收站将难以快速、高效地实现全球地表卫星数据的无缝覆盖，现有的定标场亦难以保障全球地理空间信息产品的最优精度。

（三）制定全球地理空间信息产品标准和生产技术体系

虽然我国已制定了一套 1∶50 000 和 1∶10 000 地理空间信息产品标准和生产技术体系，但这些标准是针对我国境内数据生产和应用制定的。如果按现有标准生产全球地理空间信息产品，将会遇到一些难以逾越的障碍。例如高程基准问题，我们无法派测量人员到境外进行水准测量，而只能通过卫星重力反演似大地水准面或采用国际公布的大地水准面模型反演正常高；地物要素和地名注记的详细程度也难以满足现有 1∶50 000 和 1∶10 000 测图的国家标准，这就需要制定适合高精度全球测图的产品标准和生产技术规程。

另外，高精度全球测图工程将获得全球 1∶50 000（部分地区 1∶10 000）的地理空间信息产品（包括 DSM、DEM、DOM 和地理框架矢量数据）。上述高精度全球地理空间信息产品，哪些可在全球范围内共享开放，向哪些用户开放以及开放到什么级别仍需要国家政策的明确规定。

五、我国开展自主高精度全球测图的对策建议

为了满足我国“走出去”战略对全球地理空间信息的迫切需求，进一步提高我国的国防能力和国际地位，更好地服务于我国国防和社会经济建设，须尽快开展我国自主高精度全球测图工作。具体建议如下。

（一）尽快立项开展军民融合的高精度全球测图工程

高精度全球地理信息资源既是我国国防建设的迫切需要，也是我国经济全球化特别是“一带一路”倡议实施的基础性信息资源。为此，我们建议将高精度全球测图工程作为我国战略任务，尽快立项，建立一个权威的高精度全球测图项目主管机构，协调军民优势部门合作开展高精度全球测图工程。加大全球测图卫星的研发力度，特别是尽快发射 InSAR 测图卫星，保障我国全球测图工程的数据源。保障高精度全球测图项目经费，争取两至三年完成“一带一路”相关地区与其他重点关注地区 1∶50 000（部分地区 1∶10 000）的 DSM、DEM、DOM 和地理框架矢量数据产品生产；然后，再用五至七年完成全球 1∶50 000（部分地区 1∶10 000）的 DSM、DEM、DOM 和地理框架矢量数据产品生产，为我国全球战略实施提供高精度地理空间信息保障。

（二）建立完善的军民融合的卫星数据处理与应用机制

针对高精度全球测图的卫星数据源需求，建立完善的军民用卫星数据融合机制，从国家层面协调解决军民用测图卫星部门之间的数据共享问题。通过国家指令，要求所有军民用卫星数据免费服务于全球测图工程，以整合我国“天绘一号”“资源三号”等军民测图卫星资源进行联合数据处理，在提高地理空间信息产品精度的同时，尽快完成我国自主的高精度全球地理空间信息产品。

（三）建立完善的全球地理空间信息产品标准和生产服务技术体系

加大科技投入，提升我国全球地理空间信息产品生产与服务的能力，建立完善的全球地理空间信息产品生产技术体系和标准体系，包括建立全球海陆统一的平面和高程基准、高精度全球测图快速生产系统和全球测图系列产品标准与技术规程。同时，在国家有关部门的监督与协调下，对全球不同用户提供不同级别和等级的地理空间信息产品，实现全球范围的地理空间信息共享服务，提升我国的国际影响力。

（四）开展广泛国际合作，在境外建设或租用卫星数据地面接收站和定标场，部分地理要素可依托国际同行进行采集和更新

为加快实施我国高精度全球测图工程，国家应采取有力措施，建立广泛

的国际联盟，吸纳有兴趣的国家参与我国主导的全球测图项目。依托我国高分卫星数据资源和全球测图技术系统自动生产数字正射影像和数字表面模型产品，在国家政策允许的前提下，将数字正射影像和数字表面模型免费提供给国际同行，由他们进行质量检测，加工成数字高程模型，并在数字正射影像上提取矢量地理要素和地表覆盖产品，构建完善的全球地理信息资源产品体系。

从国家政策上放宽在境外接收卫星数据的限制，采用境外打包接收、境内解密的工作模式，实现卫星数据的安全传输。通过广泛国际合作，在境外与多国联合建设卫星数据地面接收站，或者通过双方商业合作的方式在境外租用地面接收站，逐步在全球范围内构成我国卫星数据地面接收站网，2020年前基本实现全球卫星数据 4 小时国内落地、2025 年前基本实现全球卫星数据 1 小时国内落地的目标。同时，从国家政策上支持在境外建设卫星载荷定标场，以充分发挥我国遥感卫星载荷的性能，提高境外地理空间信息产品的精度。

（本文选自 2017 年咨询报告）

咨询项目组主要成员名单

工作组

组长：

龚健雅　中国科学院院士　武汉大学

成员：

李德仁　中国科学院院士、
中国工程院院士　武汉大学

杨元喜　中国科学院院士　西安测绘研究所

郭华东　中国科学院院士　中国科学院遥感与数字地球研究所

胡　莘　研究员　西安测绘研究所

张永生　教　授　中国人民解放军信息工程大学

王　密	教　授	武汉大学
江万寿	教　授	武汉大学
许妙忠	教　授	武汉大学
廖明生	教　授	武汉大学
范业稳	副教授	武汉大学
曹金山	副研究员	地球空间信息技术协同创新中心

顾问组

陈俊勇	中国科学院院士	国家测绘地理信息局
许厚泽	中国科学院院士	中国科学院测量与地球物理研究所
童庆禧	中国科学院院士	中国科学院遥感与数字地球研究所
潘德炉	中国工程院院士	国家海洋局第二海洋研究所
王玉林	主　任	中央军委
李朋德	副局长	国家测绘地理信息局
王春峰	副局长	国家测绘地理信息局
燕　琴	副司长	国家测绘地理信息局科技与国际合作司
高　平	副司长	国土资源部科技与国际合作司
何　炜	副司长	外交部边界与海洋事务司
傅峰山	处　长	外交部边界与海洋事务司
李浩川	研究员	国家发展和改革委员会宏观经济研究院
顾行发	研究员	中国科学院遥感与数字地球研究所
韩春明	研究员	中国科学院遥感与数字地球研究所
冯先光	主　任	国家基础地理信息中心
陈　军	教　授	国家基础地理信息中心
蒋　捷	副主任	国家基础地理信息中心
黄　蔚	处　长	国家基础地理信息中心
张继贤	研究员	国家测绘产品质量检验测试中心
唐新明	副主任	国家测绘地理信息局
徐　文	主　任	中国资源卫星应用中心

陈楚江	总工程师	交通部第二公路勘察设计院
袁向春	总工程师	中国石化石油勘探开发研究院
王长进	总工程师	铁道第三勘察设计院集团有限公司
阎广建	教　授	北京师范大学
李平湘	教　授	武汉大学

高附加值稀土功能材料发展对策

张洪杰　等

稀土并非一种金属元素，而是15个镧系元素（镧、铈、镨、钕、钷、钐、铕、钆、铽、镝、钬、铒、铥、镱、镥）和钇、钪的统称。稀土元素是国家重要的战略资源，因其具有优异的光、电、磁、催化等性能，被誉为高新技术材料的宝库。美国、日本和法国等发达国家拥有世界一流的稀土应用技术，把稀土作为发展现代工业和国防尖端技术不可替代的战略元素。我国稀土资源在世界上占有得天独厚的地位，生产量、出口量和消费量均为世界第一。但长期以来稀土资源掠夺性和破坏性的开采导致稀土资源流失和浪费严重，威胁着我国经济与军事安全，我国稀土基础研究整体实力薄弱，具有自主知识产权的高附加值稀土功能材料不多，稀土应用的核心技术主要被发达国家所掌握，与我国稀土生产大国不匹配。因此，以终端应用拉动高附加值的稀土功能材料的研究与开发，从中长期发展的角度分别规划稀土功能材料的研究与应用，是当务之急。

一、世界稀土资源概况分析

稀土元素在地壳中的丰度是非常高的，但是其空间分布极不均匀。其中，我国的稀土资源储量一直居于世界前列，巴西、澳大利亚、印度、美国的资源储量也相对较为丰富，共同构成了世界稀土资源的主体。我国前瞻产业研究院发布的报告显示：2011 年，在全球已探明的 1 亿吨稀土储量中，中国稀土储量为 3600 万吨，占全球储量的 36%。但随着连年的大量开采，我国稀土的保有储量大幅下降，根据工业和信息化部公布的数据，我国稀土储量的世界占比从 36%下降到 23%。而其他稀土储量丰富的国家，或采取只探不采，或严格限制开采；稀土资源贫乏的国家，如日本、韩国，则通过进口积极储备稀土资源；中国稀土的过度消耗与他国的储备战略形成鲜明的对比。与此同时，我国稀土的开发和生产伴随着普遍的浪费。我国南方离子型稀土开采回收率平均不足 50%，北方轻稀土开采回收率约为 60%，采富弃贫、采易弃难、丢矿压矿等现象并不少见。我国并非世界上唯一拥有稀土的国家，却承担了世界稀土供应的 90%。

二、国外稀土政策分析

为确保本国高新科技的持续发展以及国防安全，各国相应地制定了相关的稀土战略，尤其随着国际上最大稀土供应国中国的稀土政策的变化，各主要稀土消费大国/地区，如美国、日本、欧盟、韩国等纷纷做出相应的政策调整，主要表现为：①有稀土资源的国家限制国内稀土资源开发，控制国外稀土资源；②无稀土资源的国家加大稀土资源战略储备，控制稀土资源市场；③研发稀土矿产勘探开发技术，探寻稀土资源新储备；④加强稀土废旧产品回收力度，减少资源浪费。

三、我国稀土龙头企业现状分析

上游：我国六大稀土集团战略组建，为稀土发展带来千载难逢的机遇。根据工业和信息化部的稀土大集团计划，以六大稀土集团为主导的行业格局基本形成。六大稀土集团重新组建意义重大，能够彻底扭转稀土行业长期“多小散”的局面，最终形成南北“5+1”的寡头格局。这使得企业产品结构、产业布局进一步优化，同时还能淘汰和化解过剩产能，对稀土原料进行更深化加工，提升我国稀土产品在国际市场的核心竞争力。

下游：企业知识产权保护能力差，品牌创新能力薄弱。中国顶着世界最大稀土供应国和消费国的大帽子，却始终行走在稀土产业链的中上游微利领域，在高端技术领域的成果乏善可陈，专利技术往往受制于人。稀土应用技术方面与发达国家相比差距甚远，特别是稀土功能性材料深加工环节缺乏核心技术。我国拥有自主知识产权的新技术、新成果不仅少，而且产业化严重滞后，而发达国家则通过技术贸易壁垒、知识产权等手段遏制我国稀土应用产业的发展，国际跨国公司加快我国稀土下游产品投资开发的步伐。我国稀土产品呈现低端产品泛滥、高端产品稀缺的特点，稀土初级产品附加值低，所获利润有限，而在高附加值的稀土应用产品生产领域的开发速度又较为缓慢，并且近几年稀土替代品的威胁逐渐扩大。

四、基于SCI论文的稀土研究态势分析

通过科学引文索引（SCI）网络数据库检索2011～2016年发表的与稀土相关研究论文约4.8万篇并进行统计与分析，得出以下主要结论：①功能化稀土材料构筑及其性能研究依然是目前国际研究热点之一。②从国家和地区分布来看，稀土相关工作的研究呈现一个扩大发展的态势。中国无论是文章数量还是文章质量都较上一个五年有显著提高，在个别稀土相关领域达到国际先进水平。但目前稀土研究前沿领域仍然被美国、德国、英国及法国等国家所占据。③从科研机构层面来看，中国科学院的论文数量、总被引用次数、*H*指数等占据世界第一的位置，但平均被引用次数较佛罗里达大学、哈佛大学、伦敦大学等世界知名研究机构有较大差距。④从2011～2016年高被引论文来看，稀土领域的研究热点包括稀土上转换材料、稀土磁性材料以及稀土催化剂等。

五、稀土相关专利分析调研

基于美国汤森路透数据检索与分析平台德温特专利索引（Derwent Innovations Index，DII）数据库，对2010～2015年稀土领域的研发与国际专利申请情况进行了分析，共检索到相关专利80 114项，呈现如下特点：①2010～2013年，稀土技术专利数量呈现整体稳步上升趋势，较上一年度

的增加量均在 1000 余件（由于从专利提交申请到公开有 18 个月的时间延迟，因此 2014 年与 2015 年的数据仅供参考）；②近 6 年来，在稀土专利技术申请方面，中国依然占据着主导地位，专利布局呈突飞猛进的发展趋势，优先权专利申请数量占据全球约 50%的份额；③从产业领域来看，排名前 10 位的专利权人几乎全部为国外大型石油、钢铁、电器、电子或汽车企业集团；④从国别来看，前 10 位的专利权人来自中国、日本和韩国，其中以日本企业居多（6 家），这表明日本的大型公司在稀土技术的研发上仍占据着领导地位；⑤发达国家稀土领域的专利申请主要集中于半导体、催化、合金、磁体、电能、材料等方面的应用，我国在稀土核心技术领域的专利布局也有较大提升，但低端产品居多，如耐火材料、陶瓷、水泥、原材料及催化剂等。

六、稀土技术的主要应用

1. 稀土在新能源领域的应用

（1）风力发电。稀土永磁风力发电机采取永磁励磁、无励磁绕组，转子上也没有集电环和电刷，结构简单，运行可靠，发电效率平均提高 5%～10%，维护成本可降低 20%，而且永磁直驱风机具备较强电容补偿、低电压穿越能力，对电网冲击小，因而成为发展的主流。

（2）稀土化学电源。稀土在化学电池领域有着广泛的应用，其中最重要和最主要的应用是作为镍氢电池负极活性物质的稀土储氢材料。此外，还有稀土（氢/氧）燃料电池、稀土太阳能电池、稀土掺杂锂离子电池等。

（3）新能源汽车。从综合性能来看，稀土永磁同步电机最具优势，永磁电机是新能源汽车的主流趋势，稀土永磁同步电机代表汽车驱动电机发展方向。除主电机外，目前在新能源汽车中还大量使用由钕铁硼材料为磁体的微特电机。

2. 稀土在节能领域的应用

（1）工业电机。电机节能的途径是实现电机的高效化，而稀土永磁电机是电机高效化的主要技术手段之一，是目前节能效果最为明显的电机产品。稀土在电机节能上具有很大的应用空间。

（2）绿色照明。蓬勃发展的绿色照明离不开稀土元素，稀土半导体照明灯具有无汞化、小型化、高光效、高显色、高稳定性、长寿命等优点，是理想的节能环保灯具。

3. 稀土在其他关键领域的应用

（1）微特电机。使用高性能稀土永磁材料的微特永磁电机，具有小型、轻量、大转矩、精度高、可控性好等优点，能够满足新型信息设备的高精密化、小型化需要，广泛应用于信息化设备的驱动器中。

（2）显示与指示技术。稀土发光材料已被广泛用作平板显示材料；稀土闪烁晶体是医学检测（CT、DR、PET）等大型医疗设备的关键成像材料；具有能量存储特性的稀土长余辉材料广泛应用于坑道、地铁和军事设施等弱光照明与逃生指示系统。

（3）光纤通信。稀土光纤激光材料在现代通信的发展中起着重要的作用，现代信息高速公路的建设与发展对传输容量、光信号质量和传输速度有着更高的要求，稀土在光信号的产生、调制、传输、放大、存储和显示方面都显示出优越的性能。

（4）稀土催化材料。稀土材料可用于石油催化裂解催化剂，可以大幅度提高原油裂化转化率，增加汽油和柴油的产率。稀土材料也广泛用于汽车尾气催化，有效消除尾气中的CO、HC和NO_x等有害气体。

（5）稀土合金。稀土加入有色金属及其合金中，可细化合金的晶粒，防止合金偏析，起到对合金除气、除杂、净化及改善金相组织的作用，从而达到改善合金机械性能、物理性能和加工性能等综合目的。

4. 稀土在军事领域的应用

（1）稀土在导航和控制中的应用。在无人机及导弹制导系统中，稀土钐钴磁体和钕铁硼磁体用于电子束致聚焦。稀土永磁体还用于飞行器驱动电动机，转动无人机或制导导弹的方向舵，控制飞行器的飞行姿态和方向。

（2）稀土在电子学领域的应用。在夜视仪中，稀土荧光粉利用光子与电子的转化形成观察目标的影像；稀土发光材料也应用于各种通信设备的显示器和航空电子指示系统；稀土长余辉材料则可用于战时灯火管制下的机场跑道引导系统和战机操作控制面板的指示。

（3）稀土在通信领域的应用。被誉为新一代磁王的稀土永磁材料，是目前已知的综合性能最高的一种永磁材料。它已成为现代电子技术通信中的重要材料，用在人造地球卫星、雷达等方面的行波管、环行器中；同时，稀土永磁材料也广泛应用于通信设备的驱动电机和声学系统的信号放大器中。

（4）稀土在激光中的应用。到目前为止，大约90%的激光材料都涉及稀土，钇铝石榴石晶体是当今普及的一种在室温下可获得连续高功率输出的激光器。稀土固体激光器在现代军事上的应用包括激光武器、激光测距、激光制导和激光通信。

（5）稀土在高精武器的应用。新型稀土镁合金、铝合金、钛合金、高温合金在歼击机、强击机、直升机、无人驾驶机，以及导弹卫星等现代军事技术上获得了广泛的应用。

（6）稀土在隐形中的应用。稀土掺杂的铁氧体材料具有优异的吸波特性，它是第四代隐身战机使用的隐形涂料的主要成分之一。

（7）稀土在测热、热障涂层中的应用。使用稀土温敏发光材料的磷光热图技术可以精准获取飞行器表面的温度分布信息；稀土热障材料具有优良的耐高温、抗腐蚀和低导热特性，可提高基底的工作温度，增强其抗高温腐蚀性能。

七、稀土行业存在的问题

改革开放以来，我国经济发展取得了举世瞩目的辉煌成就，稀土产业发展的速度尤其惊人，但是在许多方面依然存在不少问题。

1. 环保现状

稀土矿开采、分离、选冶的环境代价巨大。我国稀土资源总量的98%分布在内蒙古、江西、广东、四川、山东、福建等地区，这些地区难免成为稀土开采、冶炼所产生环境危害的集中受害区。稀土开采、分离、选冶采用的落后生产工艺和技术，严重破坏地表植被，造成水土流失和土壤污染、酸化，使得农作物减产甚至绝收。此外，轻稀土矿伴生的放射性元素对环境影响大。

2. 产业定位模糊

我国稀土产业整体处于世界稀土产业链的中低端，高端材料和器件与先进国家仍存在较大差距，缺乏自主知识产权技术，产业发展整体主要由低成本资源和要素投入驱动。稀土行业发展的安全环保压力和成本约束日益突出，供给侧结构性改革、提质增效、绿色可持续发展等任务艰巨。结构性矛盾依然突出，上游冶炼分离产能过剩，下游高端应用产品相对不足，稀土元素应用不平衡。

3. 产能过剩

稀土是战略性新兴产业高度关联的特色产业，也是产能严重过剩的产业。近年来，稀土产业的产能扩大的速度远远高于需求增长速度。我国主要稀土产品产能甚至大大超过了国内外总需求量，造成了稀土资源的极大浪费，降低了稀土资源的配置效率，严重影响了结构调整和产业升级，造成稀土产能过剩的主要原因在于体制和机制方面存在的弊端。

4. 知识产权保护

近年来，我国稀土行业的专利技术发展迅速，已拥有一定数量的自主知识产权，但总体水平还不高，与发达国家和地区相比，在核心专利技术方面差距还很明显。知识产权领域的缺失已经成为我国从稀土大国向稀土强国转型的最大障碍。稀土产业高端应用开发滞后，自主创新不足，高科技材料受西方专利技术制约严重，形成了技术壁垒。

5. 科研成果转化与应用

由于缺少稀土资源的战略规划和系统设计，稀土加工技术一直没有重大突破和创新，产品创新能力差，科研成果转化率低，稀土产业优势迟迟没有建立。目前，科研院所及一些稀土企业的研发部门在稀土新材料领域拥有很多国内、国际领先的科研成果，但由于缺少资金与平台等支持，很多成果没能迅速转化为产品。

八、建议与措施

1. 加强战略研究

稀土是国家特殊管控的战略性资源，要加强战略研究、合理部署，以实现稀土资源的合理和高附加值利用。进一步开发稀土材料的新技术和新应用，加强稀土资源的平衡利用。快速跟进、引进和开发高端技术，加强稀土基础研究和应用研究，培养专业人才，力争在高端稀土功能材料和结构材料方面有所创新，研发具有自主知识产权的高端稀土材料，实现稀土资源的高附加值利用，将资源优势转化为经济优势和国防实力。

2. 加强产业结构调整

以需求带动发展，推动供给侧结构性改革，扩大与国际制造企业的全方位合作，向下游延伸产业链，推动稀土深加工及应用产业一体化发展，形成与终端应用需求相适应的原料供给体系，实现产业链上下游协同发展，推动稀土新材料快速融入全球高端制造供应链。积极引导稀土企业发展中下游高端技术，主动参与清洁能源技术、新能源汽车、稀土照明、稀土催化剂等领域的新产品、新技术研发。整个稀土产业结构要向集中、环保、优化、合理、高端的趋势发展，解决大而不强，多而不优的问题。

3. 加强人才队伍建设，着力提升创新能力

依托重点企业、联盟、科研院所、大学、国家（重点）实验室和公共服务平台等，在稀土资源地和研发场所建立人才培养基地，重视稀土基础与应用研究，特别加大应用型人才的培养力度。鼓励企业与科研机构合作，培养急需的科研人员、技术技能人才与复合型人才。加强稀土行业人才发展统筹规划，加大引智力度，建立高层次人才柔性引进机制，引进领军人才和紧缺人才，实施创新人才发展战略。

4. 加强科研成果转化与知识产权保护

加强稀土专利分析与战略研究、知识产权保护机制研究，构建产业化导向的稀土技术核心专利和专利包。支持具有自主知识产权的项目开发，鼓励企业申请国外专利，打破海外知识产权壁垒。从战略高度重视和研究新材料产业的知识产权体系，加强知识产权保护，鼓励新材料研发中的原始创新与集成创新，逐步形成具有自主知识产权的材料牌号与体系，将研究优势转化为产业优势。

5. 加强稀土新材料产业化平台与基地建设

积极发挥资源优势，推进稀土新材料产业发展，协调有关部门，引导行业重点企业布局相关产业，积极支持稀土新材料和高端装备制造项目，努力打造稀土新材料产业化平台和加强具有国际竞争力的稀土新材料产业基地建设。完善和提升现有已建成稀土新材料技术成果转化平台的装备、技术和管理水平。

6. 加强财政、金融和税收政策的支持

充分利用现有渠道，进一步加强稀土行业政策与科技、财税、国土资源、金融等政策的配合与衔接。加强政府、企业、科研院所、大学和金融机构合作，逐步形成“政产学研融”紧密结合的支撑推动体系。国家出台相应的财政、金融和税收等支持政策，促进稀土资源优势转化为产业优势、经济优势和战略优势，形成产业链与金融链相互支持、良性互动的格局。

（本文选自 2017 年咨询报告）

咨询项目组主要成员名单

组长：

张洪杰　中国科学院院士　中国科学院长春应用化学研究所

成员：

高　松　中国科学院院士　北京大学
严纯华　中国科学院院士　北京大学、南开大学
黄春辉　中国科学院院士　北京大学
苏　锵　中国科学院院士　中山大学
倪嘉缵　中国科学院院士　深圳大学、中国科学院长春应用化学研究所
洪茂椿　中国科学院院士　中国科学院福建物质结构研究所
冯守华　中国科学院院士　吉林大学
陈小明　中国科学院院士　中山大学
李亚栋　中国科学院院士　清华大学

中国近海生态环境评价与保护管理的科学问题及政策建议

苏纪兰　等

一、引言

生态系统具有多种不同的功能，为人类社会经济的发展提供了多方面的服务，是人类赖以生存和发展的重要基础。改革开放以来，中国经济发展迅速，我国近海生态系统全面支撑了中国海洋经济的崛起，并为此付出了高昂的代价。习近平总书记指出“保护生态环境就是保护生产力，改善生态环境就是发展生产力”[①]。为了实现可持续发展，我们应兼顾海洋的开发利用和生态文明建设，加强对海洋生态环境的保护和修复，以维护海洋生态系统的健康。

近 30 年来，我国海洋开发在深度和广度上不断拓展，海洋已成为经济繁荣和社会发展的重要载体，海洋环保体系建设也取得一定成绩。但是，我国近岸局部海域水污染依然严重，2015 年劣于第四类海水水质标准的海域面积最高达 67 180 千米^2，河流排海污染物总量居高不下，陆源入海排污口达标率仅为 49%；实施监测的河口、海湾、滩涂湿地、珊瑚礁、红树林和海草床等海洋生态系统中，处于亚健康和不健康状态的海洋生态系统分别占

① 《总体国家安全观干部读本》编委会. 总体国家安全观干部读本. 北京：人民出版社，2016：158.

76%和 10%；2008 年以来我国近海各类有害藻华发生比例呈上升趋势，而2012 年以来渤海赤潮、褐潮累计面积跃居各海区之首；2015 年黄海沿岸海域浒苔绿潮分布面积为近 5 年来最大，覆盖达 52 700 千米^2，较近 5 年平均值增加了 48%；自 20 世纪末起，东海、黄海和渤海大规模水母爆发频繁出现；继长江口、珠江口海域夏季贫氧区继续扩大后，渤海夏季低氧区也不断扩大、含氧量不断降低。种种迹象表明，我国海洋生态环境已面临污染加重、生境退化、资源衰退、灾害频发等严峻局面，近海生态系统的服务功能显著降低，蓝色经济的持续发展受到威胁。为此，党的十八大报告和《关于加快推进生态文明建设的意见》等一系列纲领性文件中都提出“保护海洋生态环境”“加强海洋资源科学开发和生态环境保护”等重要任务，对海洋生态文明建设提出了更高要求。

为保护我国海洋生态环境、促进海洋生态文明建设，项目组对我国海洋生态环境保护政策、海洋生态管理及相关科学问题、海洋生态监测与评价体系等三个方面的现状和存在问题进行了系统研究，对比分析了国内外现有海洋管理体制机制和方法。项目组建议：强化生态系统在海洋功能区划中的核心地位，提高海洋功能区划的科学性和海洋生态保护管理的效率；突出生态保护目标，优化海洋生态监测评价体系；通过强化科学内涵，夯实海洋生态管理的基础。

二、我国海洋生态监测评价与保护管理现状

2001 年颁布的《中华人民共和国海域使用管理法》是我国依法用海、依法管海的法律依据，我国实行海洋功能区划制度，海域使用必须符合《全国海洋功能区划（2011—2020 年）》（以下简称《区划》）；近期，我国又实施生态红线制度来管控重要海洋生态功能区、生态敏感区和生态脆弱区。国际上为保障海洋可持续发展而倡导的用海管理办法为“海洋空间规划”（marine spatial planning，MSP），其提出来自“基于生态系统的海洋管理”（marine ecosystem-based management，MEBM）的理念。我国《区划》也是“海洋空间规划”的一种形式，虽然其理论的提出与实践都早于国际，但是《区划》提出时国内尚无“基于海洋生态系统管理”的概念。因此，《区划》对“基于

海洋生态系统管理”的理念体现不足，影响了《区划》本身的合理性和前瞻性；《区划》在遏制海域使用无序、无度、无偿的混乱状况方面的确曾取得了明显成效，但由于缺乏科学支撑、生态评价体系不完善、管理责权分割等因素，《区划》的实施效果并不尽如人意。因此，现有海洋管理机制尚难以满足海洋生态文明建设的需求。

应该看到，我国海洋环保体系经过多年的发展，在政策、管理和监测评价等方面都取得了一些成绩，主要体现在以下四个方面。

1. 环保政策体系日臻成熟，有力支撑海洋规划与管理

改革开放以来，我国环境保护法律体系日臻成熟。已形成了以《中华人民共和国宪法》为根本依据，《中华人民共和国环境保护法》为基础，《中华人民共和国海洋环境保护法》《中华人民共和国渔业法》《中华人民共和国海域使用管理法》《中华人民共和国海岛保护法》等专门法作为主体的海洋生态环境保护法律保障体系，基本实现了海洋生态保护“有法可依”，为海洋开发及海洋生态保护提供了政策和管理的支撑框架；使海洋环境与资源保护基本上实现了“有法可依”，为协调环境保护与经济社会发展、促进海洋生态文明建设发挥了不可替代的作用。

2. 生态系统管理已成共识，海岸带综合管理初见成效

通过吸收借鉴国际海岸带综合管理（integrated coastal management，ICM）的理念，并结合我国实践经验，我国海洋与海岸带管理模式不断创新，基于陆海统筹的海岸带管理已见雏形。在国家和地方层面实施了多个各具特色的海岸带综合管理和流域-海洋综合管理项目，“基于生态系统的海洋管理”已成共识，并出现了有名的“厦门模式”；以追求区域经济发展、海洋环境与生态系统保护和社会公平为目标的海域综合整治项目成为我国海洋生态系统管理的创新性举措。同时，海洋生态保护补偿、海洋生态破坏赔偿等政策的实施，开启了通过经济刺激手段实施海洋生态系统管理的实践。但由于对沿海海洋生态系统的服务功能普遍认识不足，综合管理的实施效果有待提高。

3. 海洋环境监测得到加强，监测内容与方法不断拓展

自 1978 年我国开展海洋污染监测以来，海洋环境监测评价工作快速发

展。现已形成国家和地方不同层次相结合的海洋环境监测业务体系，初步建立了空海一体的立体监测网。监测内容由单一的污染监测向生态监测拓展，目前已包括海水和沉积物质量监测、生物多样性及典型海洋生态系统健康状况监测，并强化了服务环境监督管理、民生需求、海洋灾害和突发海洋环境事故、应对气候变化等环境监测内容。多年来，我国已积累了大量海洋环境监测数据资料，编制了系列信息产品和研究分析报告，为支撑国家海洋环境管理和生态保护、服务沿海经济社会发展等发挥了基础性支撑作用。但由于我国对沿海海洋生态系统缺乏认知，生态监测的目的性明显不足。

4. 海洋生态评价逐步完善，综合性指标体系得到发展

我国海洋生态环境状况评价指标体系已逐步由单一的污染指标体系向涵盖污染指标和生物生态指标的综合指标体系发展。基于海洋环境持续监测评价，给出了我国近海环境质量的现状和变化趋势；通过生态评价指标体系的研究和应用实施，初步阐释了我国近海生态系统的基本状况及变化趋势。海洋综合性生态评价指标体系已经成为指导和监管我国海洋开发建设和海域资源利用、防范海洋风险、开展海洋生态环境保护和海域整治活动、建设海洋生态文明的重要技术支撑。同样，由于我国对沿海海洋生态系统认知不足，影响了评价指标体系的针对性和合理性。

三、国际海洋生态管理经验

为保障海洋可持续发展，目前国际上倡导的用海管理办法为“海洋空间规划”，其基础是“基于生态系统的海洋管理”理念。我国海域使用及其管理的核心机制为《区划》。虽然《区划》也是海洋空间规划的一种形式，但其提出早于“海洋空间规划”，因此并未充分体现“基于生态系统的海洋管理”的理念。

全球海洋所面临的近岸富营养化、生态灾害频发、生物栖息地减少、渔业资源衰退等问题，对沿海地区的可持续发展构成严峻挑战。国际上对海洋生态系统保护的重视始于20世纪80年代初期。从生态系统角度保护海洋环境和生物资源以达到海洋可持续开发利用，离不开对海洋生态系统的深入认

识。世纪之交，联合国教科文组织政府间海洋学委员会（IOC）、世界自然保护联盟（IUCN）及美国国家海洋和大气管理局（NOAA）倡导和组织了全球各大海洋生态系统的研究；2006 年 IOC 首次召开了海洋空间规划国际研讨会，之后欧美发达国家开展了“海洋空间规划”工作，强调了“基于生态系统的海洋管理”的理念和做法，一些发展中国家也开展了类似的工作；联合国环境规划署、世界自然保护联盟等国际组织也积极倡导“基于生态系统的海洋管理”，并在相关项目中进行先导性的示范和推广。2008 年的《欧盟海洋战略框架指令》和 2014 年的《欧盟海洋安全战略》都体现了欧盟对海洋生态系统管理、海洋生物资源持续利用的持续高度重视。国际海洋管理的实践经验表明，从 20 世纪 70 年代的海岸带管理，到海岸带综合管理，再到近十年来“基于生态系统的海洋管理”，随着海洋开发利用的强度不断增加，人类对海洋的认识和理解也不断深入，海洋管理体制和实践已经历了深刻而重要的变革。

“基于生态系统的海洋管理”要求体现生态系统的整体性、动态性和适应性。国际经验表明，认识海洋生态系统的结构和功能特性、稳定性及自我修复能力，用以测度生态系统的健康状况，是进行海洋生态管理的基础。为此，需要了解人类与生态系统的关系，采集生态系统核心层次的生态学数据，并监测系统的变化过程。随着基于生态系统管理的理念被普遍接受，过去 20 年间，欧美一些发达国家的监测体系也发生了显著的变化，越来越注重生态系统健康的监测与评估。在海洋生态指标的构建上，国际上强调：①确定维护生态系统完整性和提供生态系统服务的关键物种，作为重点评价指标；②设立生态系统关键种和重要功能种的弹性和抗性指标；③建立早期生态环境压力预警指标；④用“参照站位”的方法来评估海洋生态系统状态和健康。

此外，国际上广泛采用的政府、企业、公众三方联动的监测网络，生态和生物多样性保护奖励制度，环境数据信息公开，公众全程参与的环境监督机制，都是行之有效的生态保护管理手段，已逐步运用于我国海洋生态保护的实践中。

四、我国近海生态环境评价与保护管理中的问题

海洋生态保护的最终目的是为了人类生存和可持续发展。中国近海生态环境问题日益突出，应对这一挑战是管理方面不可推卸的责任；对近海海洋生态系统的科学认知缺乏、跨部门多领域的管理体制协调不足等问题，是制约生态系统管理的主要瓶颈。我国海洋政策法规、管理体制、生态监测和评价方法等均未能充分体现“基于生态系统的海洋管理”的理念。同时，由于过分强调短期经济利益，海洋生态保护服从于经济发展和产业开发、生态环境的长远利益屈从于短期政绩，这些阻碍可持续发展的因素仍然影响着中国目前的海洋管理，其问题主要体现在以下四个方面。

1. 海洋功能区划尚未充分满足海洋生态保护管理需要

《区划》是开发利用海洋资源、保护海洋生态环境的法定依据，是国土空间规划的重要组成部分。《区划》和红线制度的实施，为提高资源合理利用和环境保护水平，遏制海域“无序、无度”利用的局面，推进海洋经济健康发展做出了重要贡献。但《区划》提出时未能体现“基于生态系统的海洋管理”的理念，影响了《区划》本身的合理性和前瞻性；从海洋可持续发展的角度看，《区划》还存在明显的局限性。目前，《区划》更侧重于化解不同用海方式之间的冲突，在处理海洋开发利用与生态保护矛盾时往往对开发利用给予的关注更多；《区划》在较小海洋空间范围内划分了渔业、港口、保护区等多类毗邻功能区，割裂了海域生态系统的完整性（“碎片化”）；《区划》未能实现对海洋渔业资源“产卵场、育幼场、索饵场、越冬场”的保护，尤其是对鱼类生活史中关键生境育幼场的保护普遍不足，有关保护珊瑚礁、红树林、其他滨海湿地和河口等区域的关键生境指标也不够明确，难以达到海洋生态保护的目的。

2. 科学支撑不足，海洋生态管理效率和效果有待提高

我国实施“基于生态系统的海洋管理”的科技支撑显著不足，主要体现在对以下问题认识不足：海洋生物关键生境的分布、变化及其机制；海洋生态系统结构、过程和功能；海洋与流域之间和海岸带的海与陆之间各类海洋生物栖息地的关联性；海洋生态系统健康与服务功能之间的非线性关系等。

这导致对社会经济发展与海洋/海岸带生态系统健康之间的密切关联了解不够，现有生态补偿标准、生态整治与修复的科学依据不充分。这些问题导致海洋生态系统的经济价值被严重低估或未能纳入许多海洋/海岸带综合管理决策之中，严重影响了我国海洋生态环境管理的实施效果。此外，一些流域综合管理项目和海岸带综合管理项目没有很好地整合，导致许多重大的海洋生态整治项目未能发挥应有的作用。

3. 海洋生态环境监测的科技水平和时效性急需加强

海洋环境监测是海洋环境保护的基础性工作，也是政府监督管理海洋环境的基本手段，在认知海洋和管理海洋方面具有特殊的重要性。但是与发达国家相比，不仅我国海洋生态环境监测系统的完整性、监测能力和技术水平尚待提高，而且对反映特定生态系统特征的关键性海洋生态指标鉴识也不足。首先，环境理化指标作为参考数据，只能间接反映生物的生存状况，不能全面测定或者预测生态系统的变化，而且我国海洋生态监测技术的发展滞后于理化要素监测技术，尚处于起步阶段。其次，高新技术手段应用滞后，监测时效性不高，海洋生态环境在线、视频、遥感监测等立体动态高新技术的应用滞后，难以取得高时效、高覆盖的海洋环境监测数据，无法满足日益提高的海洋防灾减灾和海洋生态环境保护需求。

4. 生态评价偏重理化要素，生态系统健康指标有待完善

我国现有海洋生态环境评价体系中缺乏反映海洋生物、生态系统结构和功能的关键指标和评价标准，且现有生态指标侧重浮游生物，而微生物和顶级海洋生物指标不足，对生态系统结构和功能的代表性不强。同时，我国全海域的生态评价都采用同一套指标体系，未能体现不同生态系统之间的差异，无法反映生态系统演化趋势，更难以定量监测和评价生态系统健康。此外，首先，目前的海洋生态监测与评价体系急需更新，如富营养化、生物多样性等评价指标和评价方法已陈旧落后，一些评价指标的背景值也需要重新确定。生态系统健康指标不完善，对生物和生态系统的长远影响难以判定，导致海洋工程环境影响评价不够全面、项目审批通过率明显偏高，造成海洋生态环境被严重破坏，且难以及时发现、警示和预测海洋生态问题。

五、对策建议

目前，世界许多沿海国家都在倡导“蓝色经济”，它兼顾经济发展、社会公平和生态和谐三方面。我国在建设蓝色经济过程中要深刻领会习近平总书记所指出的“保护生态环境就是保护生产力，改善生态环境就是发展生产力”①的理念，也应平衡这三方面的需求，充分认识生态和谐的目的是保障可持续发展，而生态和谐的根本是在生态保护的前提下求发展；需要建立一种海洋经济发展与生态保护相互依托、相互促进的机制。中国现有的海洋生态保护法规和管理体制是我们过去一段时期的工作积累，具有时代的局限性，需要在此基础上不断进行总结和完善。为此，我们特提出如下建议。

1. 提高海洋功能区划科学性，强化海洋生态系统的核心地位

（1）强化“基于生态系统的海洋管理”理念，提高海洋功能区划的科学性。应对《区划》进行一次全面的审订，将“基于生态系统的海洋管理”理念贯穿于《区划》的定位、目标、原则和区划体系中。《区划》应打破传统的由行政边界分割形成的管理范围，根据生态系统的空间分布划定管理范围，保证每一个管理单元所包含的都是相对完整的生态系统；对于多种服务功能在空间上相互重叠的区域，应优先考虑生态保护方面的功能；细化《区划》设定的目标和管理要求，明确对重要、敏感和脆弱海洋生态系统的保护措施，严格执行海洋生态红线制度。

（2）加强陆海统筹，优化海岸带空间布局。流域及沿岸陆域功能区划与近海海域功能区划的衔接是海洋生态系统健康的重要保证。从近岸海域与流域协调、海岸带陆域与海洋统筹的角度，优化空间开发布局规划，将海岸带陆域与海域作为一个完整的系统进行综合考虑，打破目前近岸海域空间规划中陆海分割的管理模式，统筹陆域、沿岸和近海的空间及其资源的开发，实现国土空间规划的有机整合，克服目前海洋功能区划仅能从海域自身角度考虑的缺陷，以最大限度地保护海洋生态系统的健康，促进海洋经济的可持续发展。

---

① 新华社. 习近平：保护生态环境就是保护生产力. www. gov.cn/xinwen/2021-04/22/conten:5601500. htm.

2. 推动跨部门和跨区域合作，提高海洋生态保护效率效果

（1）推动跨部门和跨区域合作。推动流域/沿岸陆域管理部门与近海管理部门合作，协调和扩展现有海洋管理项目，实施跨区域、基于生态系统的流域-海洋综合管理，提高海洋生态保护管理的效率和效果。

（2）针对我国海洋功能分区的碎片化、生态环境保护效果欠佳等问题，建议从生态系统保护的角度综合考虑保护成本和海洋生物多样性保护相关的要素，在区域尺度而非行政区尺度建立海洋保护区网络，以最小的成本达到区域生物多样性保护的目标，实现保护效率效果的最大化。

（3）加强近海/海岸带生态系统整治和修复，完善海洋生态补偿和赔偿的法规。针对我国海洋和海岸带生态环境现状，制定全国沿海生态整治修复规划，加强对整治修复理论和技术方法研究。我国海洋生态损害补偿还没有上位法的支撑，而对海洋生态损害严重的更多的是经过批准的、合法的人类活动。建议把实施或者承诺实施修复受损海洋生态系统作为批准海洋工程或者海域使用论证的前置条件。

3. 突出生态保护目的，优化海洋生态监测与评价体系

（1）优化海洋生态环境监测评价方法，完善监测评价指标体系。要强化海洋生态监测与评价的针对性、连续性和科学性，在海区和地方层面明确设定生态监测目标，以对应不同时空下海洋环境保护管理的不同要求；建设高水平的长时间序列海洋生态监测站，加强实时、长时间序列的海洋生态环境监测；以海洋生态系统结构和功能为核心，划分海洋生态区域并鉴识生态系统关键物种，建立生态系统健康指标，优化生态监测与评价指标体系。

（2）提升海洋生态环境监测评价的技术能力。为了实现海洋生态环境的大范围连续性监测，应加强高新技术在海洋生态环境监测体系中的推广应用；推进我国海洋监测从单点向多平台、三位一体和自适应监测网络方向发展。改变以行政区域作为生态评价单元的做法，建立以海洋生态区划为基础的管理技术体系，构建基于生态系统结构和功能的监测评价单元。

4. 加强近海科学研究，夯实海洋生态系统管理的基础

（1）针对基于海洋生态系统管理的需求，开展基础海洋生态学研究和数

据共享。在全国各海区及海洋开发活动强度较高的典型海域，深入研究海洋和滨海湿地生态系统的结构和功能、人类活动影响机理机制，以及生态恢复技术，为实施新一轮海洋功能区划及改进海洋管理提供科学依据。国内外实践表明，长期监测数据的共享是促进科学进步、制定规划和实施管理的必要条件，应制定相应的数据共享法规和措施。

（2）加强前瞻性科学研究，全面提升海洋生态系统管理。开展海洋生态环境监测设计基础理论和关键技术研究，重点开展海洋生态系统健康评价基础研究，为科学客观评估海洋生态系统提供依据。全面开展海岸带陆海统筹联动保护和基于生态系统的海洋功能区划技术研究，探索建设海洋自然保护区及保护体系的数字化网络。

（3）充分认识海洋生态过程的复杂性，推动相关学科交叉研究。加强对海洋生态系统演变关键过程与机理的系统认知，加强气候变化及其生态效应研究，深入调查研究和监测海洋生物多样性和关键生境，系统开展海洋生态系统动力学及海洋生产力的变化与可持续机制研究。

（4）掌握我国海洋生态系统状况，启动海洋生态基线调查。全面了解我国海洋生态环境基线状况是做好我国海洋环境保护各项工作的基本依据之一。环境基线值可以反映较大范围和较长时期内区域环境中目标指标的动态平衡情况，是环境质量研究的基本资料。要适时开展新一轮海洋生态基线调查和第三次海洋污染基线调查，特别把关键微生物和顶级捕食者纳入基线调查，为海洋生态环境保护工作的优化和完善提供基础数据和技术依据。

（本文选自2017年咨询报告）

咨询项目组主要成员名单

组长：

苏纪兰　中国科学院院士　国家海洋局第二海洋研究所

成员：

王　颖　中国科学院院士　南京大学

张　经	中国科学院院士	华东师范大学
焦念志	中国科学院院士	厦门大学
李永祺	教　授	中国海洋大学
杨作升	教　授	中国海洋大学
Rudolf Wu	教　授	香港大学
阿　东	书　记	海洋出版社
洪华生	教　授	厦门大学
彭本荣	教　授	厦门大学
许学工	教　授	北京大学
丁平兴	教　授	华东师范大学
周　朦	教　授	上海交通大学
关道明	研究员	国家海洋环境监测中心
王菊英	研究员	国家海洋环境监测中心
刘　慧	研究员	中国水产科学研究院黄海水产研究所
黄小平	研究员	中国科学院南海海洋研究所
徐兆礼	研究员	中国水产科学院东海水产研究所
栾维新	教　授	大连海事大学
张振克	教　授	南京大学
Jill Chiu	副教授	香港浸会大学
王蔚副	教　授	中国海洋大学
杨　辉	教授级高级工程师	国家海洋局第二海洋研究所
施　平	研究员	中国科学院南海海洋研究所
张珞平	教　授	厦门大学
于良巨	助理研究员	中国科学院烟台海岸带研究所

关于推进“资源节约型、环境友好型”绿色种业建设的建议

武维华　等

国以农为本，农以种为先。科技兴农，良种先行。我国是农业用种大国，农作物种业是国家战略性、基础性核心产业，是促进农业长期稳定发展、保障国家粮食安全的根本。中华人民共和国成立以来特别是改革开放以来，我国主要农作物种业取得了较快发展，但几十年来，我国以产量增长为主要（甚至唯一）目标的农作物育种模式面临着水肥资源利用效率低下、病虫危害加重和受气候变化影响较大等严峻挑战。加上化肥和农药等化学品的大量使用，农产品的质量和安全问题凸显，农业生态环境恶化，严重制约了我国农业的可持续发展。此外，我国自从 2000 年颁布《中华人民共和国种子法》和 2001 年加入世界贸易组织后，种业市场对外开放步伐加快，国外公司凭借其先进科技、雄厚资金及丰富的市场运作经验大举进军我国种子市场，使我国种业面临日益加剧的国际竞争压力。这些问题亟须引起我们的重视，应及时采取有力措施以保障我国种业健康、快速地发展，保证我国农作物生产实现可持续发展并满足人民群众对高品质农产品的需求。

一、我国种业发展现状

（一）我国种业发展成效

自中华人民共和国成立以来特别是改革开放以来，我国民族种业取得了

显著成就，培育出一批具有自主知识产权的优良品种，从源头上基本保障了国家粮食安全。

（1）新品种研发能力增强，育种水平有所提升。建成了相对完整的种质资源保护体系，长期保存种质资源 41 万份，每年分发 1.5 万份以上；克隆了一批高产、优质、营养高效和抗逆基因，为育种储备了丰富的材料和基因资源。目前，我国每年推广使用的主要农作物品种约 5000 个，自育品种占主导地位，其中水稻、小麦、大豆、油菜等基本为我国自主选育品种；85%以上的玉米和蔬菜是自主选育品种。自主选育和推广了“郑单 958”“登海 605”“隆平 206”“Y 两优 1 号”“新两优 6 号”“济麦 22”“百农 AK58”等一大批综合性状好的优良品种，实现了新一轮的品种更新换代，良种在农业科技贡献率中的比重已达 43%。

（2）良种供应能力明显提高，生产用种有效保障。通过加大良种繁育基地建设，在粮食主产区和西北、西南等制种优势区建设良种繁育基地 700 多个，商品种子供应率已达 70.67%。目前，全国主要农作物年供种量 1000 多万吨，种子合格率达 97%以上，良种覆盖率达 96%以上，为粮食生产持续增长做出了重要贡献。

（3）种子企业集中度逐步提高，实力有所增强。我国的种子企业正朝着做大做强的方向迈进，并购重组持续活跃，数量由 2012 年的 8700 多家减少至目前的 4660 家，其中“育繁推一体化”企业 80 家；企业育种投入加大，技术创新主体地位逐步强化，前 10 强种子企业年研发投入达 7.3 亿元，占其销售收入的 6.5%。2015 年，企业通过国审的 5 种作物（玉米、水稻、棉花、大豆、马铃薯）品种数为 75 个，通过省审的 7 种主要农作物品种数为 818 个，分别占总通过品种数的 52.8%和 55.4%，企业的新品种保护年度申请量已超过科研教学单位。

（4）法律法规体系更加完善，种子市场监管逐步强化。国务院 2014 年修订的《中华人民共和国植物新品种保护条例》，加大对侵犯新品种权的处罚力度；农业部 2016 年修订《农作物种子生产经营许可管理办法》，提高了市场准入和品种审定门槛，为“育繁推一体化”企业开辟了品种审定绿色通道，促进了企业创新能力提升；种子管理部门严厉打击套牌侵权和制售假劣种子行为，市场秩序明显好转。2016 年 1 月 1 日起实施的新《中华人民共和国种子法》进一步鼓励创新发展、推进简政放权和强化育种企业和单位主体责任。

（二）我国种业发展存在的主要问题

尽管我国种业在过去几十年间取得了上述成就，但与发达国家相比总体上还处于初级阶段，特别是种子企业的发展存在诸多问题。

（1）新品种水肥资源利用效率低，抗风险能力减弱。长期以来，在粮食安全供给的压力下，粮食生产一味追求高产，忽视水肥资源利用效率和生态环境安全，导致农作物育种与新品种鉴定以产量为主要（甚至唯一）指标。目前，我国主要农作物生产模式仍以“高投入、高产出”为特征，水、肥、药等投入巨大，但其利用效率很低。化肥利用率平均仅为 30%～35%，是发达国家的一半左右；农业耗水占总用水量的比例长期高达 70%～80%，虽然近几年农业耗水降低到总用水量的 60%左右（每年约 3600 亿米^3），但农田灌溉水有效利用系数仅为 0.5 左右，远低于发达国家的 0.7～0.8（以色列农业灌溉水有效利用系数达 0.9）。我国农作物生产每年因气候灾害和病虫害造成的损失超过 35%。如何通过挖掘农作物品种的遗传潜力以提高农作物水肥资源利用效率和增强农作物抗逆、抗病虫能力，已成为农作物新品种培育必须解决的重大问题。

（2）种质创新和改良工作滞后，育种理论与方法研究创新能力不足。尽管我国农作物种质资源丰富，但种质创新和改良等基础研究滞后，运用现代生物技术开展种质鉴定、基因发掘、新材料创制等进展缓慢，种质资源开发利用不足。同时，品种培育的研发力量大多集中在品种选育等应用研究领域，对现代育种理论与技术方法等基础性、公益性的研究和投入远远不足，缺少围绕农作物绿色性状的重大基础研究项目。对成果的评价过于强调急功近利式的应用，造成原始创新成果严重缺乏，难以形成具有自主知识产权的基因资源和专利技术，成为制约中国现代种业发展的技术瓶颈。

（3）科企合作道路不畅，育种模式效率低。育种人才、种质资源和育种技术是种业发展的基本要素。我国种业科技资源和人才主要集中在科研院所和高等院校，育种研发普遍采用课题组制，选育规模小、低水平重复、育种效率低。与国际跨国种业公司相比，我国种子企业原始积累和科技研发投入严重不足。没有研发能力而以“倒买倒卖”种子为主的小企业多如牛毛，迄今仍未出现或培育出有国际竞争力的自主种业公司，这与我们农业大国的地位极不相称。尽管近些年来国家出台了一系列鼓励政策，但育种资源、技术、人才等创新要素向企业转移还存在诸多困难。由于长期稳固的合作关系难以形成，知识产权归属确认较难，科研单位育种人员对进入企业仍有顾虑，研发人员不稳定，影响科企合作，导致中小企业难寻合作对象，甚至出现科技人才从企业向科研单位倒流的现象。此外，公共科技资源开放度不高、共享率低；在制种环节，种子生产、质量控制等关键技术研发不够，也在很大程度上阻碍了种子企业的可持续发展。

（4）多元化品种评价体系有待建立，植物新品种保护力度亟待加强。多年来，我国以产量为新品种评价的主要指标，许多通过申报的新品种高产不优质、高产不高效或高产不抗逆。2015 年印发的《农业部办公厅关于进一步改进完善品种试验审定工作的通知》也要求建立以种性安全为重点的多元化品种评价体系，满足生产多元化的要求，在稳定产量的前提下，突出品种种性安全。品种创新是种业发展的核心，保护品种权人权益是推动品种创新的根本保障。由于市场监管不力，违法成本较低，对侵权问题惩治效果不佳，近年来农作物品种的套牌侵权、私繁乱制行为仍时有发生，严重扰乱了种子市场秩序，挫伤了品种权人创新的积极性。

（5）良种在粮食单产增长中的贡献率呈下降趋势。过去，我国粮食总产在播种面积稳定的情况下能够保持增长，粮食单产的提高起到了重要作用，2013 年我国粮食单产为 1978 年的 2.1 倍。但是，近几年来，粮食单产增速减缓，粮食总产的“十二连增”主要得益于粮食种植面积的大幅增加。2003～2007 年，水稻、小麦、玉米和大豆的年均单产增幅分别为 2.3%、1.5%、4.0%和 1.8%，而 2008～2012 年，年均增速分别降为 1.7%、0.8%、1.2%和 1.4%，其中特别是玉米单产年均增幅下降尤为明显。目前，我国玉米、小麦等主要作物平均单产仅相当于世界同类作物最高单产国家的 40%～60%。一些农作物新品种产量潜力虽不断提高，在小面积实验中的高产纪录不断被刷新，但全国主要农作物的平均单产却长期呈徘徊局面，品种的产量潜力在大面积生产中并未实现。究其原因，主要是我国的品种评价和区域试验都是在优越的田间条件下进行的，土地肥力、施肥、灌溉、病虫害防治及管理都有充分保障，其环境条件与大面积生产有较大差异，育出品种的产量潜力在大面积生产中无法实现，对大面积增产作用不大。

（6）新品种不能满足当前和未来一段时期农作物种植结构调整的需求。新一轮农作物种植结构调整的一个重要方面是提高农作物产品的品质以满足市场需求。我国多年来对新品种的评价审定主要以产量为主要指标，轻视品种的营养、加工、口感等品质性状，加上大肥大水，导致农作物产品产量高但品质劣，产品质量不能适应市场需求，库存积压严重。大量谷物加工及饲料企业青睐进口谷物，一方面是价格原因，另一方面我国自产谷物品质较低也是重要原因。随着人民生活水平的不断提高，普通消费者对日常消费的口粮品质也提出了新的更高要求，高品质口粮奇缺已成为普遍现象。例如，缺少高筋小麦导致面粉加工企业必须调运或进口优质小麦，高品质粳稻缺乏导致市场上出现每斤[①]100～200 元的“贵族米”，自产低品质玉米不能满足饲料加工企业需求等。因此，尽快加强具有高品质性状的新品种培育已成为当务之急。

二、发展“绿色种业”是保障我国粮食安全和实现农业可持续发展的重要举措

“绿色种业”是指未来的优良作物品种应在保持产量增长的同时，更加聚焦于综合绿色性状的提升，具有抵御非生物逆境（干旱、盐碱、重金属污染、异常气候等）、生物侵害（病虫害等）、水分养分高效利用和品质优良等性状，从而大幅度节约水肥资源，减少化肥、农药的使用，实现“资源节约型、环境友好型”农业的可持续发展。简言之，就是要将“藏粮于技”的战略思想落实在“藏粮于种”的具体措施上。

（1）发展“绿色种业”是突破我国耕地资源匮乏制约、保障粮食安全的

① 1 斤=500 克。

重要措施。我国未来进一步扩大农作物播种面积的空间极为有限，保证我国粮食安全仍主要依赖于提高单产。与发达国家相比，我国粮食单产提高的空间很大，而通过种业科技发展提高作物单产是主要的可行途径。此外，我国耕地中有 78.5%属中低产田，另外还有各类盐碱地总计约 14.9 亿亩，通过培育耐贫瘠、耐盐碱型作物新品种，也是突破土地资源限制、提高粮食总产的可能途径之一。

（2）发展“绿色种业”是提高资源利用率，实现农业可持续发展的重要手段。如前所述，我国农作物生产的水肥资源利用效率极低。过量使用化肥还导致土壤酸化、养分不平衡和农产品品质下降，也造成农产品、土壤、地下水和江河湖泊被严重污染。从水资源来看，干旱一直是限制我国北方粮食产区的主要因素，干旱、半干旱耕地面积占全国耕地面积的一半以上。利用现代育种技术，定向改造农作物品种的水分、养分利用效率，培育水分、养分高效型新品种，将有可能大幅度节约水资源、减少化学肥料的使用，不仅可降低生产成本，还能减少对农田和自然环境的污染，有利于改善农业生态环境，从而实现我国农业可持续发展。

（3）发展“绿色种业”是解决病虫危害、缓解生态环境压力的有效途径。我国农作物生产中病虫害频发不仅造成产量损失，还增加了农药使用量。目前，我国农药的有效利用率仅为 36%，远低于欧美发达国家的 50%～60%。农药滥用既污染环境，又难以保证农产品质量和食品安全。抗病育种的历史证明，选育和使用抗病品种防治农作物病害是最经济有效的措施，其中对玉米大小斑病和丝黑穗病、小麦赤霉病、水稻稻瘟病等主要病害的防治，选用抗病品种是最根本的途径。近年来，气候变暖和农药的不合理使用造成病虫危害呈加重趋势，特别是一些新的病虫害频发。因此，大力发展“绿色种业”、培育抗病抗虫新品种，是解决病虫危害、缓解生态环境压力、实现农业绿色可持续发展的重要战略措施。

（4）发展“绿色种业”是农业降本提质增效，提升农业竞争力的必由之路。近几年，我国粮食生产面临着国内资源与环境的巨大压力和国际市场的严峻挑战，尽快调整农作物种植结构以推动农业发展方式转变已成为必需的选项。随着农资和劳动成本的快速上涨，种植粮食的比较效益还有可能继续下降。具有综合绿色性状的优良品种的推广和应用不仅经济有效、节省投资，也有利于提升粮食产品品质和增加农民收入。适度的规模化生产可有效提高生产效率，而规模化生产需要机械化和农艺标准化的衔接与配合，其中适宜机械作业的新品种是基础。通过品种选育与改良、良种推广和配套技术应用，以科技要素替代传统的人力、资源和环境要素，是实现农业现代化的必由之路。

（5）发展“绿色种业”是提高民族种业竞争力、保证我国种业安全的重大需求。在新品种培育上，实现产量、品质和抗性的同步改良是未来作物遗传改良的重要育种目标。在育种技术上，世界种业研究已逐渐从传统的常规育种技术迈入生物技术育种的阶段。通过大力发展“绿色种业”，在加强现代育种技术研发的同时，培育有突破性意义、有自主知识产权的资源高效和环境友好型品种，不仅有利于提高民族种业的市场竞争力，同时也将保证我国种业及粮食安全。

三、世界发达国家种业发展的实践与经验借鉴

欧美发达国家对“资源节约型、环境友好型”现代农业的认知较早，并将种业作为现代农业建设的重要内容，在制度创新、新技术研发、财政补贴等方面积累了许多成功经验，对我国“绿色种业”发展具有重要的借鉴价值。

（1）重视立法体系建设和知识产权保护，规范和营造种业发展的良好环境。种子作为一种特殊的农资商品，对其实施依法管理和监督已成为各国共识。欧美等国大多都建立了包括种质资源管理及种子研究、开发、生产、加工、储运、营销等环节在内的种子法律和法规。美国早在 1939 年就颁布了《联邦种子法》，对种子的生产销售等多个环节做了详细、严格的规定。但同时又有相对宽松的一面，如在品种注册方面，美国政府不要求对品种进行注册鉴定，只需将品种的优越性如实标注即可。美国政府在支持新品种选育的同时，非常重视新品种的知识产权保护，先后颁布了《美国植物专利法》（1930 年）、《联邦种子法》（1939 年）和《植物品种保护法》（1970 年）。实践证明，这种宽严相济的法律体系为美国种业健康发展提供了强有力的保障。

（2）不断推进技术创新，抢占育种战略制高点。近年来，以基因技术为

代表的农业生物技术飞速发展，一些跨国种业公司利用生物技术成功培育了一批农作物新品种，为解决粮食安全问题、缓解资源环境压力以及改善自然生态环境等发挥了重要作用。1996～2013 年，农业生物科技使全球大豆产量净增 1.38 亿吨，玉米产量净增 2.74 亿吨，皮棉产量净增 2170 万吨，油菜产量净增 800 万吨。同时，抗虫技术在棉花和玉米中的推广降低了害虫危害，并使农药喷洒量减少了近 10%。抗除草剂技术在大豆、玉米新品种上的应用大幅降低了生产成本。

（3）建立农业生态补偿机制，实现可持续发展。早在 20 世纪上半叶，美国就开始注重农村生态环境保护问题。在农业政策中实施“绿色补贴”，将农民收入与改善环境质量目标挂钩。在《农业保护计划》中对休耕或种植具有水土保持作用农作物的农民实施补偿。与此同时，投入大量资金加强农业生态文明理念教育、推广农业科研实用技术，以适应机械化耕作和规模经营的现代农业生产，增加了粮食产量，提高了农民的整体素质。

四、推进我国“绿色种业”建设的建议

我国一直十分重视农作物种业的发展，最近几年国务院连续发布了三个国家发展农作物种业的文件：《国务院关于加快推进现代农作物种业发展的意见》（国发〔2011〕8 号）、《全国现代农作物种业发展规划（2012—2020 年）》（国办发〔2012〕59 号）和《深化种业体制改革提高创新能力的意见》（国办发〔2013〕109 号）。发展现代种业也是《中共中央关于制定国民经济和社会发展第十三个五年规划的建议》中的重要内容。2016 年 4 月，农业部发布的《全国种植业结构调整规划（2016—2020 年）》对种业发展提出了新的更高要求。2016 年 10 月，国务院发布的《全国农业现代化规划（2016—2020 年）》就“推进现代种业创新发展”做出了具体部署。

农业是全面建成小康社会、实现现代化的基础，种业是大力推进农业现代化的前提。要实现“十三五”规划提出的“绿色农业”发展，首先就要实现“绿色种业”的发展。根据国家对农作物种业发展的指导方针和具体部署，结合“绿色种业”的科学技术内涵和调研结果，就中国“绿色种业”发展提出以下建议。

（一）构建适合“绿色种业”发展的创新体系

建议在国家层面上设置专门的“绿色种业”协调组织领导机构，确立以“资源节约、环境友好”为农作物育种的战略目标，根据不同作物种植区域优化品种布局，从全产业链构建和完善适合“绿色种业”发展的创新体系。具体包括：加强优异种质资源的引进及优质、抗病虫、抗逆、水分养分高效利用性状的鉴定研究，建立包括水肥资源高效利用和抗逆性能为指标的多元化新品种鉴定体系；建立种质资源共享体系和生物信息交流共享平台，整合主要农作物遗传材料资源的信息数据（材料性状、基因定位、标记和克隆等），为绿色种业研发服务；推进科研院所、大学等种业科技成果向优势种业企业转移；加强适应绿色种业的育种、繁种和制种基地建设；修改品种审定和种子广告审查等制度，鼓励绿色新品种的培育、宣传和推广；进一步加大转基因棉花等的推广力度，并尽快推进转基因饲用玉米和大豆等的产业化；建立与“绿色农业”发展相适应的财政补贴生态补偿机制和推广体系，加强对农民的培训和教育，促进绿色种业的健康快速发展。

（二）加强“绿色种业”关键技术创新

鼓励科教单位和企业加强“绿色种业”关键技术创新，前者以上游的基础研究为主，后者以产品研发及应用推广为主，并以优秀种业企业作为落实“十三五”规划提出的实施种业自主创新重大工程的主要依托。具体包括：发掘高产、优质、抗病虫、抗逆、水分养分高效利用等重要农艺性状的新基因，创制优异种质材料，为我国“绿色种业”育种提供优异的基因资源；深入开展分子标记辅助选择聚合育种、高效细胞育种、计算机模拟育种、作物分子设计育种理论和方法及其在新的优良品种培育上的应用研究；以培育具有重大应用价值和自主知识产权的新品种为重点，培育一批绿色性状突出的功能型和生态型品种并大面积推广；加速适宜机械化生产的主要农作物新品种选育，开展杂种优势利用作物不育化、标准化、机械化、高效低成本制种技术研究，推动农业产业规模化和机械化进程；重视种子精加工技术、分子检测技术、无损生活力测定技术、贮藏和包衣新技术研究，提高种子质量；培育一批以“绿色种业”为核心技术路线的“育繁推一体化”龙头企业，支持其研发平台做大做强，增强其国际竞争力，使其逐步发展为行业性的公共服务平台；将主管部门认可的行业第三方检验检测资质（如转基因成分检测、农作物品种真实性检测、农作物品种纯度检测、农作物品种品质分析检测、农作物分子指纹检测等）授予上述行业性的企业公共服务平台。

（三）建立以“绿色农业”为导向的品种审定制度

在主要农作物新品种审定制度上，应着力完善品种区域适应性试验制度，从过去的“严格”产量标准逐步转向风险控制，建立专门的抗病虫、抗逆、水分养分高效利用性状的评价体系，尽快制定以“绿色农业”为导向的品种审定制度；国家为有实力的“育繁推一体化”种子企业建立品种审定绿色通道，在现行品种审定指标体系或企业绿色通道试验体系中开设符合绿色理念的品种试验组别，以确保符合绿色标准的品种尽快商业化。同时，在现行审定制度和体系之外，鼓励和支持研发能力较强的龙头种子企业尽快建立类似于跨国种业公司的内部试验体系。对于绿色性状突出，但产量性状暂无法达到审定要求的品种，由企业自行设计试验标准，自行开展试验，给予市场准入，风险由企业自行承担。同时，加快推动种业企业种子保险业务的体系建设，平衡企业风险，保障用户权益。

（四）加大对“绿色种业”科技成果的知识产权保护力度

种业科技创新成果是种业的核心竞争力和企业赖以生存的生命力，应积极地加以保护和合理利用。首先，从保护的成果内容来看，应从种质、基因、亲本、品种到育种技术、产业化技术，对资源和技术实现全面保护；其次，从保护的方式来看，以申请专利和新品种保护等国际公认的知识产权保护形式为主。在对成果进行鉴定的基础上，明晰其知识产权归属，建立从基因资源、技术、品种和商标等多层次的知识产权保护体系，有偿使用，并规范其转让、部分转让和共享等行为。建立专门针对绿色新品种科技创新研发的奖励和促进机制，促进科技成果的合理转让与转化。同时，应加强从品种研发到种子销售全产业链各个环节的监管，严厉打击各类侵犯知识产权的行为。

（五）积极推进“绿色种业”建设工程

借“十三五”规划提出的实施现代种业建设工程之契机，建设一批有助于“绿色种业”发展的国家种质资源库、数个国家级（海南、甘肃、新疆、云南、四川等）育种制种基地和多个区域性（东北、黄淮、长江流域、西北、华北、西南、华南等）良种繁育基地。改善育种科研、种子生产、种业监管等基础设施条件，建设一批依托于科研院所和龙头企业的品种测试站，加强种子质量检测能力建设。

（六）筹划“绿色种业”的全球化战略部署

应适时启动对“绿色种业”全球化进行战略部署的行动，借“一带一路”倡议实施的机遇，将我国“绿色种业”发展与主要农产品进出口贸易有机衔接起来，通过培育“以我为主”的有国际竞争力的跨国种子企业，逐步增强我国种业在国际上的整体竞争力。

（本文选自2017年咨询报告）

咨询项目组主要成员名单

工作组

组长：

武维华　中国科学院院士　中国农业大学

成员：

倪中福　教　授　中国农业大学
李建生　教　授　中国农业大学
赖锦盛　教　授　中国农业大学
段留生　教　授　中国农业大学
王建华　教　授　中国农业大学
田冰川　副总经理　中国种子集团有限公司
傅春杰　副总经理　中国种子集团有限公司

李　翔	项目主管	中国种子集团有限公司
高铭宇	副处长	中国农业大学
侯云鹏	董事长	北京屯玉种业有限责任公司

顾问组

张启发	中国科学院院士	华中农业大学
陈晓亚	中国科学院院士	中国科学院上海生命科学研究院
李振声	中国科学院院士	中国科学院遗传与发育生物学研究所
戴景瑞	中国工程院院士	中国农业大学
傅廷栋	中国工程院院士	华中农业大学
许智宏	中国科学院院士	北京大学
谢华安	中国科学院院士	福建省农业科学院
颜龙安	中国工程院院士	江西省农业科学院
朱英国	中国工程院院士	武汉大学
喻树迅	中国工程院院士	中国农业科学院棉花研究所
张福锁	教　授	中国农业大学
徐国华	教　授	南京农业大学
齐振宏	教　授	华中农业大学

改革我国科技评价指标体系的若干建议

方精云　等

中华人民共和国成立以来，我国科技工作经历了初期百废待兴、“文化大革命”十年停滞、“文化大革命”后恢复调整、改革开放后的快速发展等阶段，我国科技评价的方式也随着时代的发展不断发生着变化。现行的科技评价指标体系是在20世纪90年代中后期逐步形成的，曾经对推动我国科技的跨越式发展，向世界展示我国科技成就起到了重要作用。但随着我国科技事业的进步和国家创新驱动发展战略的实施，当前的科技评价指标显然已不能适应新形势的要求，其弊端已对我国科技工作产生了明显的不利影响，必须尽快予以改变。

一、我国科技评价工作的基本认识

科学技术是人类认识和发现自然规律、推动社会经济发展、促进文明进步的原动力，这是常识性的基本认识，也是科技活动的本质。当前，我国许多科研单位和高校的科研人员曲解了科研工作的本质，崇尚“论文至上”“唯SCI论”，严重影响了我国科技事业的健康发展，需要引起国家和社会的高度重视，并加以正确引导，促使科研工作回归其本质。在当今中国科技界，有三个涉及科技评价工作的基本问题需要重新厘清和正确认识。

（一）科研工作的目的

我国许多科研单位和高校的科研人员，特别是在强调 SCI 指标评价环境下成长起来的年轻科研人员，对科研工作的真正目的并不清楚。不少人认为，“科研就是发论文，而且要发到国外去（即 SCI 论文）”，曲解了科研工作的性质，背离了科研工作的初衷。因此，我们必须明确的是，发表论文是科技成果的一种表达方式，是与外界交流的文字表现形式，但绝不是科研工作的目的，解决科技问题才是正确的“科研观”。

（二）科研的服务对象

科学没有国界，但科学家有国籍。我国大部分科学家都是由国家提供资助从事科研工作，因此，我们的科研工作不能忽视国家需要，更不能违背国家利益，必须首先服务于国家、社会和民众的需求。但是，当前很多科研成果都发表在国外刊物上，实际上首先满足了国外的需要，受语言和交流渠道等阻碍，反而不利于国内科学家对新成果的获取。

（三）我国科研机构的责任和使命

由于历史的原因，我国现代产业的研发体系还不成熟，企业的科技创新能力还不强，因此许多科技问题主要依靠科研机构和高校研究解决。与国外不同的是，我国的科研机构和高校基本上都由国家出资兴办，理应为国家、社会和企业的科技需求提供支撑，但是当前不少科研机构和高校对自己在国家科技创新中的责任和使命缺乏正确认识，发表论文和以论文为基础的评估指标乃是其追逐的首要目标。

二、以 SCI 指标为导向的科技评价体系存在的主要问题

（一）发表英文 SCI 论文的弊端

我国现行的各类科技评价指标本质上均以 SCI 论文为主要评价依据。改革开放近 40 年来，我国科研人员在国际学术刊物（主要是 SCI 收录刊物）上发表的论文数量持续增加，全球占比由 2003 年的 4.5%增加到 2013 年的 13.5%，居世界第二位，这对促进我国科技人员的国际交流、宣传中国的科

技成就、提升我国科技工作在全球的影响力具有重要的积极意义。但是近年来，我国对 SCI 论文的推崇已经到了近乎狂热的程度，俨然成为面子工程、形象工程，从长远来看，盲目追崇 SCI 论文将产生严重后果。

一是耗费大量的时间、精力和经费。采用与中文完全不同的英语撰写论文，毫无疑问会使中国的论文作者额外耗费大量时间和精力，并大大降低工作效率。很多 SCI 杂志在发表论文时会收取一定的版面费、彩色图片费等。同时，许多中国的论文作者在投稿前，还需请专门的英文编辑公司进行语言润色，并交付一定费用。据估计，每年因发表论文的额外花费可达数十亿元人民币。更尴尬的是，中国读者为了阅读中国人自己发表的文章，还需付费订阅国外期刊，获取阅读权限。据不完全统计，仅中国科学院订阅外文刊物的费用每年就高达数亿元人民币。

二是不利于中国人获取最新成果，进一步拉大了中西方科技水平的差距。大多数中国人看不懂或者很难在短时间内充分理解英文论文的内容，阻碍了国人对最新研究成果的获取，不利于新知识的传播与应用。即使读者能够阅读英文文献，相对于中文来说，也会消耗更多的时间和精力，违背了我国科研成果发表的初衷。加上我国大多数高水平科技成果发表在国外 SCI 刊物上，更有利于英语系国家的科技人员快速便捷地获取最新科研进展，反而中国人有时只能通过阅读英文刊物才能了解自己国家的科技进展情况，有可能进一步拉大与发达国家科技水平的差距。

三是助长了不良的学术风气，毒害了我国的学术生态。SCI 论文与个人及单位的利益密切相关，客观上促进了浮躁心理的产生，导致了急功近利的现象，数据造假、论文买卖、论文发表造假等现象时有发生。2015 年，美国知名学术出版机构 BioMed Central 撤销了 43 篇伪造同行评审的学术论文，其中 41 篇出自中国作者之手；2017 年 4 月，我国 524 位医学科研人员发表在国际刊物《肿瘤生物学》上的 107 篇论文又因集体造假而被撤稿。这些撤稿事件在国际上引起了一片哗然，对中国科技界乃至中国社会的诚信和声誉造成了恶劣影响。

四是科技成果没有中文记载。科学研究的重要目的之一是弘扬优秀民族文化，但是由于一些重要科技成果发表于国外刊物上，在国内没有留下任何中文记载。这显然不利于我国文化的传承和发展，长此以往会导致中华民族科技文化的萎缩甚至消亡。

（二）SCI 指标阻碍了我国重大科技成果的产出

SCI 指标仅能反映论文的发表和引用情况，不能反映科技工作的最终目标，并且在实际使用中忽略了学科和领域间的差异。以 SCI 论文为主导的科技评价指标体系，促使我国科研工作出现严重同质化、低水平重复、成果碎片化和短期化等问题，对社会经济发展的贡献率较低，不利于产出系统性、战略性的重大成果。

相对于这些 SCI 论文，我国“两弹一星”的研制，既解决了重大的国防安全问题，也带动了数理化等基础学科的巨大进步；我国人工牛胰岛素的合成、青蒿素的发现、哥德巴赫猜想的研究等世界级成果，以及杂交水稻、汉字激光照排技术、高铁技术、航天技术等解决国计民生重大成果的产出，均与 SCI 论文无关，但正是这些重大科技成果，成就了我国科技事业的辉煌和综合国力的提升。随着我国对 SCI 论文的日益重视，国际上一些以营利为目的大出版商和商业机构陆续推出新的期刊，特别是近年来大量出现的开放阅读的高收费期刊，使 SCI 的收录范围不断扩大，其收录的期刊数已由 2002 年的 5800 多种增至 2016 年的 8700 多种。

值得警惕的是，近些年自然出版集团发布的自然指数及其衍生指标、爱思唯尔出版集团发布的专门针对我国学者的“中国高被引学者榜单”，已经成为我国一些单位和个人追逐的新评价指标，对我国科技工作的健康发展势必造成进一步的负面影响。因此，弱化 SCI 等简单指标在我国科技评价中的作用，建立适应于我国科学技术与社会经济发展的科技评价指标体系势在必行。

三、改革我国科技评价指标体系的主要建议

党的十八大以来，国家已经进行了一系列重大科技改革，但主要是针对科技项目和科研成果管理，较少涉及科技评价指标体系。为适应国家创新驱动发展战略和科技发展形势的总体要求，改革我国的科技评价指标体系已经

迫在眉睫。为此，我们提出以下建议。

（一）弱化、取消 SCI 等指标在我国科技评价中的作用

我国科技主管部门、科研机构、高校不宜提倡 SCI 指标、自然指数、“中国高被引学者榜单”等指标和排名，不应将其作为科研工作和项目组织工作的主要评价标准。同时，官方媒体也不宜对这些指标和排名进行宣传报道。为此，建议国家有关部门在我国一些重大的人才选拔工作中，先行开展去 SCI 化，同时遴选一批优秀的科研机构和高校作为试点单位，取消对其进行以 SCI 论文为主要考核内容的各类评估，为他们的科技工作松绑，给予他们更多的自主科研经费和非竞争性科研经费的支持，激励其从事高水平、高风险、高需求的科技工作。

（二）建立适合我国国情的科技评价指标体系

科技评价体系是事关科技活动方向和目标的关键环节，涉及所有领域和行业，体系庞杂，牵一发而动全身，需要组织相关领域专家进行系统研究。建议国家将改革科技评价指标体系作为深化我国科技体制改革的关键举措，尽快启动研究并制定科学、公正、能反映不同类型科技工作的科技评价指标体系。

（1）按照不同学科（如理科与工科）、不同科技性质（如基础研究、应用研发、科技推广）及不同科研机构（国立科研机构与地方科研院所、中央直属高校与地方高校）进行分类。

（2）按照“三个面向”（面向世界科技前沿、面向国家重大需求、面向国民经济主战场）的要求进行分类：基础研究工作以解决重大科学问题为核心，应用研发和科技推广工作以满足经济发展需求为导向，长期基础、公益科技数据与知识积累等方面的工作以支撑社会发展为根本。

（3）按照行业进行分类，如对医生的评价，应以“治病救人”，解决疑难杂症、治好患者、发展诊疗方法等作为主要评价指标；对中小学教师的评价，以教书育人为主要评价标准；等等。

（4）对于人才引进的评价，需要重新构建人才评估体系和标准。建议按照研究领域和学科性质进行分类，建立适合于各行各业特点的人才评价

体系。

（三）在国家层面重点扶持办好一批重要中文科技刊物

建议国家尽快实施“中文科技期刊振兴计划”，采取有力措施，统筹推进全国高水平中文科技刊物的建设工作。

（1）国家应在每个重要学科领域支持 1～2 种高水平中文刊物（可以含英文摘要和图表），鼓励科研人员首先在国内发表高水平文章，使国人能更加快捷、便利、低廉地获得科技成果和科技信息。这类刊物的学术水准应达到国际相关领域刊物的前 10%。

（2）组建高水平、负责任的编辑团队。通过公开竞争，在海内外遴选一批专业水平过硬、责任心强、作风正派、公平公正的学者，组成高水平的编辑团队，严把论文评审关。国家有关部门要尊重编辑团队的劳动，并给予相应的报酬。

（3）成立督查机构对刊物进行监督。督查机构对编辑团队的遴选、刊物发表的文章质量、论文评审过程进行督查，严惩学术不端行为和编审过程中的“走人情”“拉关系”等不正之风，确保刊物的高质量、权威性和影响力。

（4）国家应出台激励措施和倾斜政策，从政策上鼓励科技人员在中文刊物上发表论文。如在重大人才选拔计划中，需要有若干篇发表在中文刊物上的论文；鼓励我国学者将其重要原创成果优先发表在中文刊物上；在晋升晋级的成果评定时，提高中文刊物论文的权重；等等。

（本文选自 2017 年咨询报告）

咨询项目组主要成员名单

组长：

方精云　中国科学院院士　　中国科学院植物研究所、北京大学

成员：

王志珍　中国科学院院士　　中国科学院生物物理研究所

朱作言	中国科学院院士	中国科学院水生生物研究所、北京大学
徐嵩龄	研究员	中国社会科学院
葛剑平	教　授	北京师范大学
王松灵	教　授	首都医科大学
祝连庆	教　授	北京信息科技大学
穆荣平	研究员	中国科学院科技战略咨询研究院
曹爱民	研究员	中国科学院植物研究所
郑元润	研究员	中国科学院植物研究所
秦国政	研究员	中国科学院植物研究所
唐为江	副研究员	中国科学院植物研究所
姜联合	高级工程师	中国科学院植物研究所
刘凤红	高级工程师	中国科学院植物研究所
唐志尧	副教授	北京大学
吉成均	副教授	北京大学
朱江玲	高级工程师	北京大学
石　岳	八级职员	中国科学院植物研究所

中国制造2049：战略与规划

熊有伦　等

到2049年中华人民共和国成立100周年之时，中国将成为世界科技强国和制造强国。中国制造的这100年可分为三个阶段：中华人民共和国成立之后的30多年，注重基础建设，形成产业体系；改革开放以来的30多年，出现中国奇迹，成为制造大国；现在已经步入创新发展的30年，实现制造强国之梦。

实现制造业的创新发展，推进供给侧结构性改革，要树立以产品为中心的制造观和以产品创新为中心的制造科学发展观，并处理好六大关系：量与质的关系、价格与价值的关系、技术与产品的关系、仿制与创新的关系、智能工厂与智能产品的关系、智能生产与智能物流的关系等。中国制造2049需要特别重视发展以下六类具有深远影响的产业：战略性新兴产业、高技术新兴产业、电子信息产业、传统支柱产业、民生支柱产业、共融机器人产业。各类产业的发展状况、发展远景和趋势，市场环境及其战略需求相差很大，实施创新驱动发展战略，需要分门别类地制定各类产业各个阶段的产品创新发展规划，实现协调、平衡、和谐发展，构建完整的产品创新体系，形成良好的产品创新环境，探索各种产品创新模式。争取在2049年，中国产品创新的能力和水平居世界前列。

一、制造科学与技术发展展望

习近平总书记提出，“夯实科技基础，在重要科技领域跻身世界领先行列”①。对于中国制造而言，只有准确判断制造科技突破方向，抓住先机，才能真正跻身世界领先行列。制造科学是多学科交叉融合的结果，代表近代科学综合化的总体发展趋势。制造科学是先进制造技术的源泉，也是产品创新的源泉。未来 30 年产品性能的极端化、产品功能的多样性，向小（纳米电机、分子机器、量子计算等）、轻（锂铝合金、气凝胶等）、坚（碳素合成纤维等）、柔（石墨烯、表皮电子、人机共融等）方向发展，向智能、绿色、服务和共享等方向发展，是创新加速的正能量，推动制造科学向前发展，并将产生重大的物质力量。

（1）基于物质科学的制造。在物理、化学、力学、材料、纳米等物质科学的基础上，利用光、热、电、磁、流、声、力、等离子等物理化学原理，实现超精密微纳尺度材料的去除与成型，产生溶液化制造、高能束制造、自组装制造、纳米制造、激光制造等工艺，不断探索制造的极限。

（2）基于信息科学的制造。随着人工智能、物联网、云计算、大数据等信息科学技术在制造领域的应用，制造科学技术的数字化、网络化、智能化发展趋势越来越明显，智能制造已成为世界各国抢占制造科学技术制高点的突破口，其中包括智能感知、智能识别、移动通信、智能设计、规划调度、智能计算、智能软件系统、专家知识、智能控制等。

（3）基于生命科学的制造。将生命、生物科学与技术融入制造科学中，实现仿生材料结构、仿生表面结构、仿生运动结构的制造，利用生物形体和机能进行类生物或生物体制造，是制造科学和生命科学交叉融合产生的新兴学科。新一次科技革命有可能是一次“新生物学和再生共融革命”，包括仿生—创生—再生的三生技术共融革命。

制造技术向高能化、智能化、集成共融和极高性能等方向发展，与制造科学的关联更紧密，制造科学转化为技术和产品的周期更短。未来 30 年最具挑战性的创新产品包括：载人太空飞船、智能驾驶汽车、大型客机、航空

① 习近平：为建设世界科技强国而奋斗. http://jhsjk.people.cn/article/28400179.

发动机、燃气轮机；治疗和预防癌症、艾滋病、阿尔茨海默病等创新新药；中药现代化产品；生物工程与基因工程萌生的产品、合成生物；新型能源；信息材料、生物医用材料、纳米材料、仿生材料、高端化工新材料等；量子计算机与类脑计算机、片上实验室（器官）、网络信息技术（互联网和工业物联网等）；微纳机器人、人机共融、康复医疗和诊断设备；等等。重大创新领域有智能制造、极高性能制造、共融制造等。

（1）智能制造。研究智能工厂、智能生产、智能物流等的有关科技基础，例如，制造过程中的智能感知、推理、决策与智能控制，实现产品成形成性工艺的大数据深度学习，用于创新产品开发的知识库、模型库和推理机，供应链网络实时优化和智能物流管理等。信息科学与技术，包括人工智能、大数据、云计算等是智能制造的基础，是中国制造 2049 的强大引擎。

（2）极高性能制造。"三极"制造：产品的功能和性能极高、制造条件和使用环境极严、制造系统功用极优。例如，极小尺寸微纳制造、极高能量密度强磁场制造、极小时空的激光制造，以及量子计算机、量子通信与量子测量系统、纳米电机和分子机器的制造等。物质科学是极端制造的基础，也是产品原始创新的源泉。

（3）共融制造。共融机器人包括无人机、智能汽车、水下机器人等，具有巨大的研发和市场前景。人机共融包括康复辅助器具、高档医疗装备、先进检查设备、微创机器人、仿生类生机器人、仿生材料、仿生结构、生物医用材料等，应用广泛，如人造皮肤、柔性显示、穿戴式产品、健康医疗产品等。研究两类共融制造的基础问题，如智能驾驶、人体模型等。

二、制造业发展的新特点和新趋势

（一）制造业整体转移趋势

总体转移趋势是：中低端制造产业从工业化国家向工业化进程中国家转移，工业化国家致力于高端制造业。同时，在欧美等发达国家"再工业化"战略的引导下，部分制造业由新兴发展中国家向经济发达国家转移，出现了制造业"回流"的现象。工业化国家的制造业出口值 2007～2011 年年均增长速度为 3.7%，2011 年出口值达到 9.483 万亿美元。同期，工业化进程中的国家制造业出口年均增长率达到 10.5%，2011 年出口值达到 3.985 万亿美元，占世界制造业总出口的份额也从 1997 年的 13.9%增长到 2011 年的 29.6%。美国、德国、日本、英国等发达国家从 2015 年开始持续投入开发先进制造技术，制造业排名有所回升。全球制造业开始经历由西向东的转移。可能会产生多米诺骨牌效应，全球制造业产业价值链可能会随着新兴市场的出现而转移，给西方跨国企业带来挑战。发展中国家开始注重产品质量和品质，甚至瞄准产业链上游，使得已有的产业链更加脆弱。

发达国家将产业链的中低端转移到中国，而把高端留在本国国内，这种现象反映了同一产品在不同国家市场上的竞争地位的差异，也是中国发展水平与发达国家的差异性造成的。苹果公司的产品制造模式是两头在内，中间在外，以产品创新为中心。韩国三星也是如此，将研究机构留在韩国国内。德国、日本和美国等企业的汽车制造模式是将产业链的高端研发放在国内，制造过程和销售放在中国，扩大在中国的市场。1985 年之后，中国汽车的发展很快，带动了消费的增长，同时，德国、日本、美国、法国等国位于产业链高端，收益更大，对缓解金融危机起到重要作用，符合共享互惠的发展理念。但是，“市场换技术”的发展模式仍然有待改进，急待处理好仿造与创新的关系。中国地域经济的发展水平也存在差异性，富士康的部分工厂从深圳转移到河南等地，就是顺应了这一总体趋势。

中国在 2049 年前将步入工业化国家，从产品系列的中低档进入中高档，从产业链的中低端进入中高端，这是实施产品创新发展战略，提升对国内和国际需求变化的适应性和灵活性的必然结果。

（二）制造业中的技术转变与转移趋势

基于资源的制造业占全球制造业总量的份额从 2002 年的 31.5%下降到 2011 年的 26.8%，而中高技术制造业从 43.2%上升到 47.8%；工业化国家和工业化进程中的国家同样是基于资源的制造业的份额逐渐减少，而中高技术制造业的份额逐渐增大；低技术制造业所占份额 2002～2011 年维持在 25%左右，但是实际上存在着从工业化国家向工业化进程中的国家的大量转移，主要是流向中国，目的是寻求更低的劳动力成本和快速增长的市场。2008 年的国际金融危机对基于资源的制造业和低技术制造业的打击很大，但是中高技术制造业几乎没有受到影响。2014 年，工业化国家的高端技术密集型制造产业占制造业总出口达到 53%～58%，而低端仅为 15%左右。因此，从低技术行业向高技术行业转变是当前制造业结构转变的基本趋势。世界制造业出口的约 60%是中高技术制造产品，如电子信息、生物制药、通信设备、电机与电器、道路交通、精密机械与零部件等，对知识密集型的制造产品的需求越来越大。总之，制造业的主流趋势是：由“量”的增长逐步转向“质”的提高，由“价格”的竞争逐步转向“价值”的竞争。

（三）产品创新代表全球制造业发展的未来

以新材料技术、新能源技术和电子信息技术等为代表的产品创新正在深刻改变着制造业的要素配置方式、生产组织模式和产业发展形态。例如，重量轻、强度高、性能优的新材料有助于降低建筑和交通运输的能源消耗量和二氧化碳的排放量；大规模、长时期的能源存储技术使得可再生能源的高效利用成为可能，而且可以利用相对清洁的动力来源提高能效、降低温室气体排放。产品创新必须不断吸收信息、机械、材料以及现代管理等方面的高新技术，实现优质、高效、低耗、清洁、灵活生产，取得良好的社会和市场效益。2013 年美国推出“国家制造创新网络：基本计划”，并计划 2016 年底建立 15 所制造创新机构。各国把产品创新作为提高国际竞争力的法宝，倡导各类制造业创新战略规划，其实质是实现产品创新。

（四）智能制造成为制造业发展的重要引擎

当今智能技术、智能材料和智能产品等大量涌现，智能化已成为 21 世纪的重要标志之一。智能化技术通过智能化的感知、人机交互、决策和执行技术，实现设计过程智能化、制造过程智能化和制造装备智能化。智能制造具有现代高新技术相互交叉与集成的特点，是工业化和信息化深度融合的必然结果。智能制造的基础是知识创新，将企业自身的数据、信息、知识进行归纳、整理，吸收、融合与集成外部的技术、经验与智慧，以提升企业核心竞争力，成为制造业发展的重要引擎。以先进传感器、工业机器人、先进测试设备等为代表的智能制造，得到了德国、美国的政府、企业各层面的高度重视。值得指出，智能制造应以产品为中心，以产品创新为中心。共融机器人作为智能产品，将使智能制造上升到新的高度。

（五）服务型制造与“互联网+”模式逐渐兴起

网络时代，靠网络感知用户需求的精益模式已经不能满足时代要求，企业必须搭建起用户交互平台，通过大数据分析按需定制，为用户提供全流程个性化体验，这将是继福特模式和丰田模式之后适应时代发展的第三种制造模式。这种模式从大规模批量生产到大规模定制生产，从全能性生产到网络性生产，从制造业信息化到制造业互联网化，从零售代理到电子商务，从集中性创新到众创、众包、众扶、众筹的新兴产业，以及门店体验中心，将成为制造业发展的新趋势。同时，制造业的价值链在延伸拓展，增加新的附加收入、产品销售和生产价值，比如，2015 年英国 Rolls Royce 公司收益的 49.9%来自服务业。2011 年雇员超过 100 人的英国制造商的 39%附加收入来自服务业，而 2007 年这一数值为 24%。这一现象在主要工业国家均为如此。“互联网+”服务型制造可以认为是制造业与服务业共融发展的结果，“互联网+”成为共融发展的纽带。共融创新模式将成为未来 30 年制造业发展的新趋势，阿里巴巴打造的电商和支付平台，腾讯推出的 QQ 和微信平台重构了产业链和价值链，建立了供给侧与需求侧的紧密联系，为产品和服务的推广创造了新的空间。但是，中国大多数装备制造企业的服务收入占总营业收入比重不到 10%。

（六）经济全球化与全球制造

所谓“制造业服务化”是指在经济全球化、客户需求个性化与信息化快速响应之下，出现的一种全新的商业模式和生产组织方式，是制造与服务相融合的新型产业形式。着眼全球制造业的竞争格局，国际制造业跨国巨头（包括全球 500 强企业）都在推进制造服务化转型，技术专利和标准控制正在成为重要的国际竞争工具。但是，新贸易保护主义隐隐若现，逆历史潮流而动，对全球制造业的发展将产生不利的影响，需要制定应对措施。实施“一带一路”倡议，推动区域互联互通进程，装备、高铁等制造业“走出去”的步伐越来越快。当务之急是降厂房和住房成本，补物流短板，加强智能物流的研发，建立完善的物流通道和信息网络。

三、主要国家和地区制造业发展状况分析

2008 年国际金融危机之后，世界各国和地区为了寻找促进经济增长的新出路，开始重新重视制造业，美国、德国、英国等纷纷推出制造业国家战略。美、德、日等发达国家将焦点锁定在以新一代互联网、生物技术、新能源、高端制备为代表的七大战略性新兴产业上。此后，美国、德国、日本、韩国等都推出了各项政策措施，鼓励和支持本国战略性新兴产业的发展。例如，美国政府出台了《先进制造业国家战略计划》《美国创新战略：推动可持续增长和高质量就业》《出口倍增计划》等法案，提出优先支持高技术清洁能源产业，大力发展生物产业、新一代互联网产业，振兴汽车工业；德国政府正积极推进以“智能工厂”为核心的“工业 4.0”战略，支持工业领域新一代革命性技术的研发与创新；日本正大规模地开展“以 3D 造型技术为核心的产品制造革命”；韩国在 2014～2015 年相继推出《制造业创新 3.0 战略》和《制造业创新 3.0 战略实施方案》，强调制造业与信息技术的融合，提高制造业的智能化水平。

（一）世界范围内的共性问题

环境变化和可持续发展问题。制造业的发展必须建立在对环境保护和资源合理利用的基础上，而不是单纯的 GDP 增长，要注重绿色发展，适应日趋严格的环境法规，进一步激励制造业采用能源和资源节约型技术。

完善的标准和知识产权制度。德勤全球制造业组与美国竞争力委员会共同合作完成的《2013 全球制造业竞争力指数》认为，只有知识产权保护及相关配套政策，才有助于提升企业的竞争优势。欧洲企业高管也认为只有知识产权政策可以提升他们的竞争优势。随着制造业的发展，标准和知识产权体系也要进行相应的调整，相应的标准化平台的建设需要加强。

制造业劳动力问题及人才培养。许多国家在劳动力成本提升的同时还面临高级技工缺口的问题，需要加强对职业人才的培养。同时政府还需要加大

制造业立国观念的宣传，从事制造业的人员要发扬奋发图强的作风，弘扬和谐的文化氛围。此外，新兴国家的医疗保险政策和法规制度等服务保障系统对引进高层次人才极为重要。

（二）主要工业国家面临的问题

美国是制造强国，但同时美国制造业也面临着许多不确定因素，例如，制造业闲置太久，缺少合格的零部件供应商，制造技能下降，更多人退出劳动力人群等。根据统计数据，2016 年 8 月美国制造业采购经理指数（purchasing manager's index，PMI）为 49.4%，不及预期的 52%，创一年新低。更有美国智库称，美国近几年创造的制造业工作仅仅为国际金融危机及随后衰退期间流失工作的 1/5，制造业复苏的迹象并不明显。

制造业产业结构易受到金融危机和贸易变化的影响成为日本制造业面临的主要问题。韩国独立自主发展科技，培育出三星、LG 和现代等世界知名企业，跃升为现代工业国家，制造业的发展模式可以借鉴。但目前韩国制造业也面临一些问题，如生产成本比中国高，技术、质量仍比日本低，在高端制造业方面可供发展的空间有限。

缺少风险投资成为德国制造业面临的主要问题。大部分中小企业都依赖银行融资，而德国的风险投资市场还很脆弱。2011 年，德国的风险投资额占 GDP 的比例仅为 0.03%，2014 年又进一步下降到 0.023%，而美国的这一比例为 0.2%。制造业研发投入不足成为英国制造业发展存在的问题，尤其是在新产品的研发方面，固定设备投资水平几十年来相对较低。开放性的丧失和政府重视程度不足成为瑞士制造业面临的问题。瑞士的教育系统能够提供高质量的人才，但是在为制造业创新保持竞争力提供足够数量的人力资源方面还远远不足，瑞士制造业将面临人才短缺的问题。

（三）新兴工业化国家面临的问题

基础设施薄弱和严重依赖出口成为印度制造业面临的主要问题。印度的交通运输能力不足，水储存能力不足，工业用水管理不足，土地市场不完善，能源依赖进口等基础设施问题给印度制造业的发展带来了困难。

巴西有完备的工业体系，但是其在私有化和外资并购中过于强调外资对汽车、电子、电信、信息等产业的控制，虽然迅速提高了这些产业的技术水平与产品质量，但相对忽略了本国制造业的生产能力与创新能力。

制造业增长缓慢和产业结构分布不平衡，一直困扰着俄罗斯制造业的发展。汇丰银行公布了 2015 年 1 月俄罗斯的 PMI，从 2014 年 12 月份的 48.9% 下降到 47.6%，创 2009 年 6 月以来的最大下降幅度。同时，俄罗斯制造业偏重于武器等重工业领域，食品、服装等轻工业产品长期依赖进口。

四、中国制造业发展现状与展望

经过 30 多年的改革开放，中国现已成为工业大国，正处于工业化中后期。迄今为止，中国在能源、冶金、化工、建材、机械设备和通信设备、交通设备以及各种消费品等主要工业产品领域形成了庞大的生产能力。进入 21 世纪的前 15 年，制造业取得了巨大成就，年均增长速度达到 25%，制造业增加值占 GDP 的 1/3 左右，是国民经济的支柱产业。中国高铁、通信设备和超高压输电等领域在较短时间内取得跨越式发展，在体制机制、创新驱动发展、管理模式等方面积累了许多成功的经验，已逐步形成具有中国特色的社会主义创新驱动发展经济的道路，实现可持续发展和产业结构调整，“制造强国战略”提出了转型升级和智能制造的方向。中国制造业在取得重大成就的同时，也还存在着前进中的问题，根本问题是：多数尚处于产品系列的中低档，处于产业链的中低端。

（一）体量和能力的增长

中国是全球第一制造大国，220 多种工业产品产量位居全球第一，是 120 多个国家和地区的最大贸易伙伴，对世界经济增长平均贡献率已经在 30%左右，居全球第一，制造业的贡献最大。中国钢铁冶金、有色金属、石油化工、汽车机车、船舶海洋、通信设备、电力设备等领域已形成一批大型企业集团，钢铁、水泥、建材、石化、汽车、服装纺织等的产能十分强大，支持其他产业的高速发展，满足人民日益增长的需要，成为第一大贸易国、第一大外汇储备国。但是，产业结构性改革迫在眉睫，特别是地区产业结构趋同化问题，各地区的发展重点相似，没有明显的地区特色。“十一五”期间，化工、装备制造业、汽车等成为多数地区重要的支柱产业。同时，钢铁、平板玻璃、水泥、太阳能设备、风电设备、大型盾构机、公路施工机械、经济型数控机床等制造行业重复建设严重、低水平竞争加剧。

（二）质量和水平的提升

改革开放 30 多年来，中国制造业的产品质量总体有很大提升，逐渐地树立起“创新、协调、绿色、开放、共享”的发展理念，开始树立品牌意识，建立自主特色品牌，如中国高铁、华为智能手机和通信设备等。但是，有些高端技术产品还依赖进口，如集成电路和新型显示生产设备、民用大飞机等。我国汽车制造产业的发展速度很快，但是依然存在着研发能力弱、自主知识产权少、系统集成能力不强等问题。

（三）产业体系和产品系列门类齐全

中国初步形成了门类齐全的产业体系和产品系列。据美国媒体的调查结果，中国工业如今在竞争中的优势已更多地体现在拥有完整的供应链。比如，中国是世界上唯一拥有联合国产业分类中全部工业门类（39 个工业大类、191 个中类、525 个小类）的国家，形成了“门类齐全、独立完整”的工业体系。小到螺丝钉等基础零件，大至通信、航天、高铁等，拥有完整的产业链，确保中国能够牢牢保持住自己在世界工业市场中不可替代的地位。这个庞大完整的工业体系依托集聚效应而具备了高灵活性，具备网络化时代的协同共融的特征。从整体看，设计、试验、制造及管理能力不断快速提升，以航空业为例，与发达国家的差距日益缩小，已基本达到与西方航空制造业“同台竞技”的能力和水平。

（四）加强基础研究和创新人才培养

国家自然科学基金自成立以来，坚持基础性、前瞻性、探索性研究，并得到一致好评。工材、信息、管理等学部长期资助制造科技基础研究，取得突出成绩，把有关学者、“国家杰出青年科学基金”获得者、“优秀青年科学基金”获得者等聚集在学部和学科周围，产生聚集效应，形成强大的创新力量。国家重点基础研究发展计划（简称 973 计划）“制造与工程科学”领域从 2003 年开始，共资助制造的项目有 60 多项，取得了突破性进展，对我国制造业创新发展起到了引领作用，成长并聚集了许多科技领军人才和创新团队。贯彻习近平总书记关于“夯实科技基础”的指示[①]，国家重点研发计划要针对创新链的前端和中端，加强制造科技基础研究，突破颠覆性技术。

最近 20 年来，研究型大学的工科院系以科研带教学，在培养创新型人才方面取得重大进展，最近全球工科院校的排名中，清华大学被国外机构列为第一，超过美国麻省理工学院。高等学校和科研院所转让的创新产品和技术越来越多；高等学校与企业的融合一体化进程越来越快。未来 30 年，要继续发扬，聚集创新攻关人才，形成“有中国特色的创新人才成长模式”。

（五）创新企业的大量涌现

中华人民共和国成立以来，产品创新成果很多，有代表性的是：“两弹一星”、万吨水压机、青蒿素等。值得颂扬的是“两弹一星”的元勋们，他们为了实现国家的意志，从各个单位组织在一起，联合攻关，极大地提升了中国的国防实力和综合实力，也开创了中国三结合联合攻关的产品创新模式。屠呦呦团队提炼的青蒿素拯救了数百万非洲民众，他们的创新模式也具有中国特色，继承中药遗产，并与现代科学相结合，开创了中药现代化道路。进入 21 世纪，中国涌现出更多创新型企业，如中国航天科工集团、华为、中国高铁、阿里巴巴和腾讯等公司，在产品创新方面做出突出贡献，是建设创新型国家的强大支柱。

（六）几类产业的发展展望

未来各类产业的结构和体系将产生显著变化，按照产业的发展前景、战略地位、产品生命周期和创新模式等因素，可以分为六类产业。

（1）战略性新兴产业。包括：航空、航天、航海、大飞机、两机（航空发动机和燃气轮机）、兵器、坦克、高铁、核电和新能源等。其特点是研发周期长、投入大、强调有组织创新，属国家垄断性创新产品。到 2049 年，中国将成为世界上最大的经济体，而美国则继续拥有最强大的军事力量。新能

① 习近平：为建设世界科技强国而奋斗. http://jhsjk.people.cn/article/28400179.

源、海陆空运载工具和武器装备等都是增强国家综合实力和国防实力的基础，应该优先发展，形成快速响应的能力，要军民融合、协同创新，提升国际竞争能力。

（2）高技术新兴产业。生物工程和基因工程将会催生高技术新兴产业群，从华大基因研究院所做的工作可以看出这类产业的发展趋势。创新药物研发集中体现了生命科学和生物技术领域前沿新成果，先进医疗设备研发体现了多学科交叉融合与系统集成。脑连接图谱研究是认知脑功能，探索思维的本质，对脑疾病防治、智能技术发展也具有引导作用，其产业发展可能会产生井喷式增长。高端化工及精细化工催生的先进高端材料、现代中医药等都是创造新供给，释放新需求的新兴产业。

（3）电子信息技术产业。包括：微电子、光电子、柔性电子、计算机、通信、网络、软件产业、以智能手机为代表的智能产品等。“互联网+”、大数据、云计算、人工智能、核心芯片、操作系统和移动通信等的发展前景十分巨大，带动服务业和知识型产业。网络信息技术是全球研发投入最集中、创新最活跃、应用最广泛、辐射带动作用最大的技术创新领域，也被确立为战略性新兴产业，是全球技术创新的竞争高地。中国在移动通信领域已经步入国际先进行列，争取获得重大突破，进入国际前列。

（4）传统支柱产业。钢铁、有色金属、水泥、石化、建材、玻璃、陶瓷和塑料加工等支柱产业的发展处于产品生命周期的壮大和成熟阶段，力量雄厚，产量庞大。改革开放以来的30多年中，出现了“中国奇迹”，传统支柱产业做出了丰功伟绩。但同时，中国即将成为世界最大的能源消耗国，面临产能过剩、资源短缺和可持续发展等问题。根据供给侧结构性改革的要求，实行转型升级，提升品种质量，增加高端产品，衍生创新产品，向新兴产业转移。

（5）民生支柱产业。民生支柱产业与制造业的交集主要有医药、日化、化妆品、服装、纺织、家电和钟表等。中国是世界上纺织产业链最完整、门类最齐全的国家，是规模最大的纺织服装生产国、消费国和出口国。中国家电在世界制造总量中比重很大，空调、彩电、洗衣机和冰箱的产量均为如此，拥有“世界第一制造”的美誉。当前，要处理好量与质的关系、价格与价值的关系；实施产品创新战略，创名优产品，向智能化发展。

（6）共融机器人产业。机器人经历了半个世纪的发展，已经深入人类生产、生活的各个方面，给社会经济的发展带来重大变革，机器人与汽车的完美结合促进了机器人的成长，也推动了汽车工业的迅猛发展和转型升级；未来，机器人与新能源汽车的深度融合，带动汽车沿着智能、绿色和安全的方向发展，智能汽车与无人机、水下机器人等一起，形成共融机器人产业，是今后 30 年各国争夺的战略高地。美国 2011～2013 年相继推出“国家机器人计划”及 2.0 版机器人发展路线图，2016 年制定新的路线图，旨在建立美国在下一代机器人的领先地位。2014 年，欧盟及欧洲机器人协会联合启动“火花”计划，预计到 2020 年将投入 28 亿欧元用于研发基于大数据、云计算、移动互联网等新一代信息技术的高级机器人。

五、产品创新模式和创新环境

产品创新的源头在于科技推动和需求拉动。但是，产品创新模式各不相同，具有多样性和随机性。创新产品可以是有形的，也可以是无形的。创新周期可能很短，一朝一夕即可完成，可能很长，可达数十年，甚至数百年。值得注意，创新可能是灵机一动的结果，但是，现代产品创新一般是一个漫长的过程，必须经历构思、设计、试验、分析、建模、反复迭代、重复验证、可靠性考验等多个环节，不是一个人、一个单位甚至一个部门所能完成的，需要三结合协同创新，共同攻关。在漫长的产品创新过程中，可能更新创新模式，也可能需要转变创新实体。因此，对于不同的产品创新模式，合理整合技术要素、资本要素和劳动力要素等是至关紧要的。值得注意，在不同的历史时期，产品生命周期的不同阶段，对于不同类型的产业、不同类型的企业，产品创新的模式也是不同的。

（一）工业发展历程

实际上，现代工业化的发展历程是一部产品创新史。瓦特改良蒸汽机，引起第一次工业革命，开创机械化新时代；发电机和电动机的发明，使人类步入了电气化时代；电子计算机和操作系统的出现，使人类进入数字化时代；比尔·盖茨开发的操作系统，作为原始创新产品，带动了软件产业的发展，程序语言和符号语言是两种无声语言，分别记录了自然科学和信息科学的光辉思想和发展历程；乔布斯短暂的一生为人类留下两件灿烂的创新产品——苹果电脑和智能手机，留下人类对他的怀恋；中国的“两弹一星”极大地提升了国防实力；屠呦呦对青蒿素的研究，使其获得国家最高科学技术奖和诺贝尔奖。以上的产品创新都是科技发展和社会进步的里程碑，具有划时代的意义。仔细考察产品创新的历史，可以发现产品创新模式的多样性、复杂性和系统性。例如，青蒿素的提炼和创新经过三个阶段：东晋名医葛洪的发现，屠呦呦的现代化研究，后经企业的转化，完成创造新供给的全过程。吴文俊的创新思维与屠呦呦的十分相似，概括为：古今中外、共融创新。在组织产品创新过程中，切忌只注意产品创新过程链的后端，忽视前端和全过程的倾向。实施创新驱动发展战略，要探索各种产品创新模式，营造良好的产品创新环境，构建完整的产品创新体系。

产品创新模式的多样性，相应的创新实体会产生变更。仔细考察原始创新、集成创新、再创新、共融创新、转移创新和进化式创新等，可以发现，创新实体不是完全一样的。因此，在产品创新的过程中，切忌生搬硬套，墨守成规；需要因地制宜，与时俱进。瓦特、安迪生、比尔·盖茨、戴尔都是“独立创新者”，中国“两弹一星”的元勋们以及相关单位的科技人员，在国家垄断创新模式之下实现了创新。以上创新模式都值得借鉴和引用。

（二）产品生命周期及其创新模式的转变

产品生命周期（PLC）可分为引入、成长、成熟和衰退等几个阶段。哈佛大学雷蒙德·费农教授于 1966 年提出产品生命周期理论，阐明产品生命周期在不同技术水平的国家里，发生的时间和进程是不一样的，存在较大的地域差异和时间差异，正是这些差异，成为各国技术上差距的标志，反映出同一产品在不同国家市场上竞争地位的差异，从而决定了国际贸易和国际投资的变化。因此，费农把这些国家依次分成创新国家、发达国家、发展中国家。

处于产品生命周期的不同阶段，产品创新的目的、内容、过程、模式和实体国家等都有所不同；市场的需求有所变化，随之而来的是产业结构调整，产品性能优化；产业转型、升级、转移、共融、嫁接、衍生将会发生。传统支柱产业的某些产品处于生命周期的壮大或成熟阶段，产品创新的目的是优化产业结构，提升产品价值。通过产品创新，或通过转移、共融、嫁接或衍生等创新模式，转型升级，获得新生。

（三）企业发展进程与创新模式

创新企业的产品创新模式是两头在内，中间在外，研发和销售在企业内部，中间由其他企业承担。近几年，美国苹果公司、通用电气、微软和欧盟西门子等在中国也相继成立了研究院，其目标是针对中国市场进行应用研究，不涉及高档创新产品。中国有些创新型企业在美国、日本等国也设立研究机构，加快产品创新进程，目的是吸收先进技术、吸引高端人才、营造创新环境。创新型企业的战略不仅在于价格竞争，更重要的是价值竞争。

（四）产品创新环境和创新风险

良好的创新环境，对鼓励创新、激发创新活力和创造潜能、解放和发展生产力具有重要意义。中国各省（自治区、直辖市）在制定政策、简政放权、金融支撑、人才激励机制和完善服务平台等方面采取措施，都取得了显著成绩。产品创新面临着激烈的国际竞争，如大飞机、芯片、航空发动机等项目，构建完整的创新体系，营造良好的创新环境，产品创新就会水到渠成。

产品创新风险是非常大的，如技术、市场、资本、政策、生产、管理、投资和融资等风险。由于外部环境的不确定性和突发因素，技术的难度与成熟程度、创新者自身能力与局限性、创新产品的性能和功能往往达不到预期的要求，原始创新产品尤其如此。实现产学研三结合是防范技术风险的一个途径。风险投资也是分担和化解创新风险的资本要素。良好的创业生态环境对减少风险是十分重要的；工作人员的业务素质、奋斗精神、严谨作风和创新思维也是值得注意的。总之，必须充分估计各种风险的危害性、各类不确定性因素的可能性，制定防范措施。

六、建议与对策

组织有关经济学家和业内专家，按照市场经济发展的规律，分别对各类产业的发展前景进行预测，制定发展战略，拟定发展规划，作为指导和管控未来产业发展的纲领性文件。各个产业内部应该分门别类地做好产品创新发展规划和路线图。目标是在 2049 年建成制造强国：战略性新兴产业与美国并驾齐驱；高科技新兴产业进入美、德、英先进行列；电子信息产业进入国际前列；传统支柱产业的高端产品居世界先进行列；民生支柱产业的产品档次超过欧、美、日等国和地区；共融机器人产业与美国并驾齐驱。

系统分析产业集群和产业链的配套关系，统筹我国东、中、西部地区人力与自然资源特点和现有产业基础，优化供给结构，提高供给层次，增强有效供给能力。当前急需要做的是：降低制造厂房和住房成本，补物流短板，减少地区之间的差异，平衡一线城市、中心城市与周边城市、边缘城市之间的发展水平。制定科学的产业转移政策，发挥区域比较优势，实施产业错位发展，形成新的产业发展格局，促进区域经济协调、平衡发展。

营造良好的创新环境和创新文化，弘扬创新精神，激发创新活力和创造潜能是建设创新型国家之本。产品创新风险是非常大的，必须建立对于风险的防范意识，制定风险防范措施和严格的规章制度。因此提出以下几点建议。

（一）构建有中国特色的创新体系

充分重视企业、高校和科研院所的功能特点，优势互补，相互促进，共同构建完整的三结合创新体系；形成完整的创新链和产业链，注意创新链的前端、中端和后端的衔接和协调；根据产品创新模式的多样性，针对具体产品，组成知识结构合理的创新团队，营造和谐的创新环境，形成先进的创新文化氛围，激活创新思维。创新体系还包括平台建设、人才培养、项目设置等多个方面，整合各类要素，优化配置等。

（二）加强基础研究，实施人才强国战略

发挥高等学校、科研院所、企业和实验室相结合的优势特色，贯彻习近平总书记关于“夯实科技基础”的指示，国家重点研发计划要重视创新链的前端和中端，加强制造科技基础研究，突破颠覆性技术。在重大制造创新领域，组建智能制造国家实验室等，面向国家重大战略需求，对重大制造科学技术问题，进行系统性、基础性研究，加强制造科学的多学科交叉融合研究。将

基础性研究与人才培养紧密结合，培养科技领军人才。

（三）强化战略导向，破解创新发展科技难题

破解战略性新兴产业的深海探测、空间科技、航空发动机和燃气轮机等，高科技新兴产业的关键高端材料、创新药物、高端医疗装备、康复辅助器具、脑连接图谱和认知脑功能等，电子信息产业的微电子、光电子、柔性电子和新一代信息技术，“互联网+”、大数据、云计算和人工智能等科技难题。攻破关键核心技术，抢占科技战略制高点，形成国际竞争力。

（四）实现共融机器人产业的跨越式发展

共融机器人产业兼有上述五类产业的特征，是制造科学和产品创新的集中体现，其中的无人机、智能汽车和水下机器人等，是今后 30 年发达国家争夺的战略高地，将对经济发展、社会进步、生活方式、战争形态产生重大影响。当前，要发挥各个领域、各个部门和各个地区的群集优势，实施国家有组织创新，实现共融机器人的跨越式发展。

（本文选自 2017 年咨询报告）

咨询项目组主要成员名单

组长：

熊有伦　中国科学院院士　华中科技大学

成员：

程耿东　中国科学院院士　大连理工大学
钟　掘　中国工程院院士　中南大学
崔俊芝　中国工程院院士　中国科学院数学与系统研究院
申长雨　中国科学院院士　国家知识产权局
雒建斌　中国科学院院士　清华大学
姜澄宇　教　授　西北工业大学

雷源忠	教　授	国家自然科学基金委员会
虞　烈	教　授	西安交通大学
朱向阳	教　授	上海交通大学
房丰洲	教　授	天津大学
尹周平	教　授	华中科技大学
孙容磊	教　授	华中科技大学
张小明	副研究员	华中科技大学
白　坤	副教授	华中科技大学
谭宗颖	研究员	中国科学院文献情报中心
朱相丽	助理研究员	中国科学院学部咨询情报研究中心、中国科学院文献情报中心

后AR5时代气候变化主要科学认知及若干建议

王会军　等

一、背景和意义

（一）IPCC第五次评估报告（AR5）的主要科学认知和局限性

AR5形成了五大科学认知：①全球气候系统已明显变暖，并对自然系统和人类社会造成了广泛影响；②人类活动对气候系统的影响加剧，温室气体排放量增加是全球气候变暖的主因；③温室气体继续排放将使全球气候进一步变暖，并将对自然系统和人类社会造成更大的危险；④适应与减缓气候变化相辅相成，与其他社会目标相结合，将促进可持续发展；⑤适应和减缓气候变化行动的有效性取决于多层面的合作和科技创新。

尽管IPCC评估报告凝聚了全世界科学家对气候变化问题的最新研究成果，其结论的权威性和全面性毋庸置疑。但其结论的局限性仍值得重视，需要科学认识，不能断章取义、简单盲从。特别是将这些结论应用于政治进程中时尤需谨慎。其局限性主要体现在：①气候变化科学认知有不确定性，主要包括气候系统很多关键过程和机理仍不清楚，预测预估方法存在不确定性，特别是区域气候变化预测预估不确定性很大；②气候变化影响、适应方面认识的局限性；③气候变化减缓和国际制度方面认识的不足；④政治因素对科学结论的影响。报告中的结论仍然以发达国家的研究为主，报告在有效适应、全球排放贡献以及未来减排责任分担等问题方面都更多地体现了发达国家的意志。

（二）中国经济发展进入新阶段，需积极谨慎判定国家应对气候变化策略

当前，中国经济进入了全面深化改革和经济结构调整的新常态，同时我国也成为二氧化碳的第一排放国，能源和产业结构调整与气候变化及相关排放问题的关系日益密切，国际气候变化谈判形势也更趋严峻；2014 年发布的《中美气候变化联合声明》，以及在 2015 年的巴黎气候变化大会上，中国政府明确提出了 2030 年二氧化碳排放达峰的目标，经济发展和碳排放需求与减排压力的矛盾日趋明显；如何在后《巴黎协定》时期转变发展方式，调整经济结构，实现中国经济新型发展是中国政府及社会各界面临的重大挑战和机遇。

二、AR5 发表以来的主要科学研究结论

（一）全球变暖事实毋庸置疑

新的数据表明：1901 年以来，中国大陆地区年平均表面气温明显上升，变暖速率达到 0.10℃/10 年，与全球大陆平均增温趋势大体接近。1951～2015 年，全国年平均气温上升趋势愈发明显（0.23℃/10 年），明显快于同期全球平均变暖速率。

（二）变暖停滞问题的新认识：地球气候系统并未停止变暖

21 世纪初以来，全球陆地平均增温趋势显著小于过去 30～60 年，这一现象被称为变暖减缓或停滞现象。变暖停滞现象主要出现在各大陆的中低纬度地区和热带太平洋。最新研究指出，在变暖停滞期间，地球气候系统一直在吸收热量，并主要储存于海洋，海洋的年代际变化减缓了全球气温的增加。但是，近几年全球气温又呈现出显著增加的态势，不断突破历史纪录。2015 年 11 月 25 日，世界气象组织（WMO）发布声明：2015 年可能是有器测记录以来的最暖年份；2016 年全球气温再次突破纪录，比工业化前高 1.2℃。

以上新证据表明，地球气候系统并未停止变暖，而过去十几年气温变暖停滞现象即将或已经结束。

（三）极端气候事件受人类活动影响，未来可能随着气候变暖而加剧

近几年，我国极端气候事件频繁发生，已造成重大经济损失和人员伤亡。例如，2012 年北京“7·21”暴雨引发严重城市内涝，79 人因灾死亡，直接经济损失 116.4 亿元。受到 2015 年、2016 年超级厄尔尼诺的影响，不仅全球气温再创新高，2016 年我国暴雨洪涝灾害十分严重。最新研究表明，未来全球变暖情景下，极端厄尔尼诺、拉尼娜事件趋于增多增强，将会给我国带来更加严重的自然灾害。此外，2015 年 6 月 1 日由强对流天气——飑线伴有下击暴流——带来的强风暴雨袭击导致“东方之星”号客轮翻沉，造成 442 人死亡。2016 年 6 月江苏盐城特大龙卷风冰雹灾害造成 99 人死亡。这些数据折射出极端天气气候事件的加剧。而最新的科学认识已进一步确证，人类活动对极端气候事件的增加具有重要影响，而且极端气候事件会随着气候变暖进一步加强。

（四）变暖带来更加严峻的旱涝问题，并对我国重大工程产生不利影响

随着全球变暖，大多数冰川呈退缩变薄趋势，冰川径流增加，冰湖溃决造成突发洪水风险加大。同时，气候变化将导致中国水资源供需压力增加，干旱洪涝发生风险加剧。预计未来 50～100 年，全国人均水资源量会日趋紧张。

多年冻土面积萎缩，冻结期缩短，融区范围不断扩大。多年冻土退化能造成地基融沉变形、地基承载力降低，从而影响冻土工程的稳定性。以青藏工程走廊为例，研究显示在 RCP8.5（高排放）情景下，到 2050 年将有近 1/3 的走廊区域发生热融灾害。

（五）气候变暖、北极海冰融化可能进一步加剧我国东部严峻的大气污染问题

最新研究显示，近年来北极海冰的快速消融可能进一步加剧我国东部地

区的大气污染。海冰变率能够解释东部地区霾污染日数变率的45%～67%之多，北极秋季海冰减少可以导致欧亚大陆大气环流异常，从而导致东部地区大气层结稳定、风力减弱，易于发生霾污染天气。

（六）气候变化对农业与粮食生产、生物多样性影响：弊大于利，有不确定性

（1）农业及粮食生产。气候变化对大部分地区农业生产的负面影响比正面影响更为明显，正面影响多仅见于高纬度地区。在我国，气候变暖的有利影响主要表现为：农业热量资源增加，作物生长季延长，生育期提前，利于种植制度调整，中晚熟作物播种面积增加。但气候变化对农业的不利影响更加突出：部分作物单产和品质降低、耕地质量下降、肥料和用水成本增加、农业灾害加重、病虫害发生面积扩大、危害程度加重，特别是我国中部和南部地区，其本身的热量资源良好，气候变暖使得农作物生长期变短，产量减少，品质下降，粮食生产面临挑战。

（2）生物多样性。气候变化对生态系统的近期影响不大，部分地区朝着有利的方向发展，但中、远期气候变化对生态系统的负面影响较大。气候变化会造成全球海洋物种再分配以及敏感地区海洋生物多样性的减少，这会给渔业生产力和其他生态系统服务的持续提供带来挑战。变暖引起的海平面上升和海洋酸化会造成部分珊瑚礁物种的丧失和地理分布变异，以及海洋渔业资源和珍稀濒危生物资源衰退，造成生物多样性大量缺失。气候变化亦会引起草原植被生产力显著降低，生物多样性丧失。气候变化会改变动、植物的物候期，导致森林生态系统结构发生变化、病虫害爆发及森林火灾频率增加，从而导致森林生物多样性减少。增温还可能对“三北”防护林产生不利影响。气候暖干化将缩短樟子松（“三北”防护林主要树种）生命周期，加速早熟，导致其早衰现象更加严重。

（七）海平面上升，近海城市发展和生态环境面临巨大挑战

全球气候变化导致沿海海平面上升，加剧海岸带灾害以及环境与生态问题。中国沿海海平面在1980～2015年上升速率为3.0毫米/年，高于同期全球平均水平。2006～2015年中国沿海平均海平面较1980～2005年高66毫

米。高的海平面抬升风暴增水的基本水位，增加行洪排洪难度，加大台风和风暴潮对沿海城市的致灾程度。同时，海平面上升导致波浪和潮汐能量增加、风暴潮作用加强，沿海地区海岸侵蚀进一步加剧，河口三角洲将大幅衰退，并且修复难度增大。此外，海平面上升加剧海水入侵和土地盐渍化程度，海岸带滨海潮滩和湿地减少、红树林和珊瑚礁等生态退化，赤潮产生的危害加重，渔业和近海养殖业深受影响。

三、政策建议

（一）加强科学研究，提高未来气候变化的预测水平，增强环境风险的防范（防灾减灾）能力

气候变化是一个长期而困难的科学问题，事关我国的水资源、粮食、生态、能源安全等方方面面，与国际谈判和减排等政治经济问题结合在一起，使得该问题的科学研究更加困难。虽然过去十几年我国在气候变化领域加大了支持力度，但相比英美等发达国家还有很大差距，气候变化研究基础还比较薄弱，应对气候变化形势十分严峻。因此，现阶段应着手建立气候变化国家实验室和多学科联合研究平台，集中全国科技力量和科技资源，并有效利用国际研究力量，对关乎国家利益的气候变化关键科学问题开展集中攻关，从而提升国家应对气候变化的全方位科技创新能力，提高未来气候变化的预测水平和防灾减灾能力，进而提升在国际气候变化科学领域的话语权和影响力，为国家的可持续发展提供科学支撑和技术保障。几个重大科学问题建议如下。

（1）要特别重视和加强全球变暖对我国极端气候和大气污染的影响研究。部署与之有关的研究计划和重大项目，着力厘清变化规律和事实，揭示影响过程与机制，识别气候变暖的作用及影响程度，建立全球变暖对我国极端气候和大气污染影响的理论框架，为应对气候变化提供科学支撑。

（2）建立温室气体和大气污染物的协同观测体系。发展天地一体化高效率观测和数据处理技术与方法，形成大气碳浓度和碳源汇的全球监测体系，实现全球和重点区域碳排放定量监测能力，为科学评估减排效果提供基础。

同时，研究建立卫星遥感与地面监测、航空验证相结合的大气污染物、地表特征参数、辐射通量、降水、地气热通量交换等观测方法和体系，实现支撑气候变化和大气污染研究的全国统一数据库和数据共享平台。

（3）建立高分辨率国家生存环境模拟系统。发展高性能地球系统模式，并以此为基础，发展建立高分辨率国家生存环境模拟系统，包括：流域水环境和水资源模拟平台、大气污染数值模拟预报平台、风电量预报平台、区域环境数值模拟和预测平台、气候变化经济模型等，构建可以对全球特别是我国生存环境（气候、生态、水文、自然灾害等）和气候变化引起社会经济问题进行科学模拟和预测的强大工具，推进气候变化服务、适应和应对，支撑国家一系列国民经济和社会发展重大决策和规划的制定与实施。

（4）研究科学适应气候变化的策略和技术。构建重点领域、行业、区域国家气候变化影响评估标准与可操作性评估技术体系；研制集成适应气候变化的实用技术；突破一批适应气候变化的资源优化配置与综合减灾关键技术、重大工程建设与安全运行风险评估技术、重点行业风险规避与防御技术；开展减缓与适应协同关键技术集成示范；开展低碳能源安全战略布局与保障工程研究；开展跨行业和区域协同的有序适应气候变化的策略研究；推进科学适应气候变化的国家战略与重点能力建设。

（5）推动多层次国际合作，积极参与应对气候变化的全球治理。推动建立公平合理的国际气候制度：坚持共同但有区别的责任原则、公平原则、各自能力原则，积极并建设性参与全球2020年后应对气候变化强化行动目标的谈判，通过国际社会共同努力，建立公平合理的全球应对气候变化制度。

加强与国际组织和发达国家合作。深化与发达国家、联合国相关机构、政府间组织、国际行业组织等多边机构的合作，建立长期性、机制性的气候变化合作关系。

大力开展南南合作。创新南南多边合作模式，以我国为主，与有关国际机构探讨建立和推广“应对气候变化南南合作基金”。

推进“一带一路”应对气候变化合作。打造“一带一路”经济带沿线国家和地区为全球新兴的低碳走廊，互利共赢。加强“一带一路”各国和地区在应对气候变化工作上的互联互通，有效利用“丝路基金”，发挥“亚洲基础设施投资银行”作用，加强“一带一路”各国和地区在清洁能源发展和应对气候变化资金、技术、标准、科学研究等方面的对话和交流，带动“一带一路”各国和地区共同应对气候变化，建立长期稳定的区域合作机制。

（6）多措并举治理我国东部大气污染。从短期来讲，一方面要定量评估天气气候变化和人为排放对我国东部地区霾污染的相对贡献，评估重点区域外来污染物输送和本地污染物排放的相对贡献；另一方面要提升气象条件预报预测准确率和时效性，为科学制定大气污染控制对策提供定量的科学依据。从长期来看，减缓气候变化、加快产业升级和能源结构调整并举才是解决大气污染问题的根本出路。

（二）经济发展与应对气候变化和环境保护协同解决

我国正处于经济转型的关键期，在新形势下要处理好经济发展与应对气候变化、环境保护的关系，实现经济与生态、环境协同发展。

（1）全面深化应对气候变化的认识，明晰其在生态文明建设中的地位。社会各界应充分认识应对气候变化的紧迫性和必要性，统一思想和行动，确保应对气候变化工作落到实处。

（2）积极推进应对气候变化立法进程，构建应对气候变化的法律基础。研究制定应对气候变化法，建立应对气候变化的制度框架和政策体系，明确各方权利和义务的关系。

（3）适时推进行政管理体制改革，强化政府对应对气候变化、能源管理和低碳发展的统筹协调和财政支持力度。构建统一协调的低碳发展管理体制框架，划分应对气候变化的中央地方事权范围，建立全方位的沟通协调机制。进一步加大财政部门对气候变化应对工作的支持力度，确定中央与地方的财政支出责任。

（4）建立总量分解落实机制，健全考核评价制度。按照目标明确、上下协调、责任落实、措施到位、奖惩分明的总体要求，建立碳排放总量和化石能源消费总量控制、分解落实和考核制度，使得碳排放总量控制成为引导结构转型升级、促进新能源发展、经济发展方式转型的抓手和硬约束。

（5）全面促进产业转型升级与新兴产业发展，支撑经济新常态。继续大力推进产业升级转型，大力发展战略性新兴产业，适度进口高耗能原材料产品，探索高耗能产业向海外转移的路径。

（6）发展和推广应对气候变化的先进技术。大力发展低碳清洁能源，优化能源结构；发展和推广能效先进技术，全面提高能源利用效率。针对能源绿色、低碳、智能发展的战略方向，实施一批国家重大能源科技创新专项和重大工程，加快推进低碳技术产业化，打造能源科技创新升级版。

（7）创新发展低碳经济的长效机制，引导企业和社会公众行为。推动多层次的碳交易市场建设，加快推进能源管理体制和价格改革，建立多元化的投融资机制，等等。

（三）美国退出《巴黎协定》，我国的气候战略政策需取“积极而慎重”之策略

华盛顿时间2017年6月1日下午3时36分，美国总统特朗普宣布退出《巴黎协定》，国际社会一片哗然。对中国而言，一方面，积极应对气候变化符合中国经济转型升级、环境改善、空气质量提高、将效率提高变为增长新动能、加强能源安全等的要求，因此我国应坚持符合国家利益的既定气候战略和政策；另一方面，《巴黎协定》减排目标达成难度增加，中国作为减排大国（20.09%），难免受到国际社会的更多关注，在这种情况下，我国需要积极而谨慎地参与气候变化国际双边和多边行动，争取和维护本国利益。首先，积极参与的态度有利于维护国家形象和实施“一带一路”倡议；其次，在国际社会渴望中国履行减排承诺的情况下，有利于我国在国际气候谈判及相关领域中争取更多的权益。例如，引导国际谈判朝着有利于我国实现“两个一百年”目标的方向发展（发达国家向发展中国家的技术转移问题、资金问题、历史累计排放问题、人均排放问题等）；又如，促使欧盟在某些关键领域做出让步（破除对中国新能源相关产品的反倾销调查、不得为中国企业在科技领域的海外投资收购设定障碍等）。

总之，在气候变化问题上，中国在坚持自身立场的同时，积极而谨慎，不受国际势力的误导，不承担不切合自己能力或者本不该由自己承担的责任，充分考虑现实国情，一切以国家长远战略利益为重，冷静评估利害得失，

使国家利益最大化。

（本文选自 2017 年咨询报告）

咨询项目组主要成员名单

王会军	中国科学院院士	南京信息工程大学、 中国科学院大气物理研究所
秦大河	中国科学院院士	中国气象局
丁一汇	中国工程院院士	中国气象局
陈俊武	中国科学院院士	中石化洛阳工程有限公司
徐祥德	中国工程院院士	中国气象局
石广玉	中国科学院院士	中国科学院大气物理研究所
张人禾	中国科学院院士	复旦大学、中国气象科学研究院
陈发虎	中国科学院院士	兰州大学
于贵瑞	研究员	中国科学院地理科学与资源研究所
马双梅	助理研究员	中国气象科学研究院
马洁华	副研究员	中国科学院大气物理研究所
马耀明	研究员	中国科学院青藏高原研究所
王　林	研究员	中国科学院大气物理研究所
王国庆	教　授	南京水利科学研究院
王　斌	研究员	中国科学院大气物理研究所
王　毅	研究员	中国科学院科技战略咨询研究院
乐小虬	研究员	中国科学院文献情报中心
朴世龙	教　授	北京大学
曲建升	研究员	中国科学院兰州文献情报中心
任国玉	研究员	中国气象局
刘卫东	研究员	中国科学院地理科学与资源研究所
刘筱敏	研究员	中国科学院文献情报中心
江志红	教　授	南京信息工程大学

宇如聪　研究员　中国气象局
许吟隆　研究员　中国农业科学研究院
孙　咏　博士后　中国科学院大气物理研究所
孙建奇　研究员　中国科学院大气物理研究所
孙　颖　研究员　中国气象局
吴　波　副研究员　中国科学院大气物理研究所
吴绍洪　研究员　中国科学院地理科学与资源研究所
张志强　研究员　中国科学院兰州文献情报中心
张丽霞　副研究员　中国科学院大气物理研究所
张建松　副研究员　清华大学
张　强　研究员　清华大学
陆日宇　研究员　中国科学院大气物理研究所
陈活泼　副研究员　中国科学院大气物理研究所
罗　勇　教　授　清华大学
周天军　研究员　中国科学院大气物理研究所
周波涛　研究员　中国气象局
郑　飞　研究员　中国科学院大气物理研究所
居　辉　研究员　中国农业科学研究院
胡永云　教　授　北京大学
俞永强　研究员　中国科学院大气物理研究所
姜大膀　研究员　中国科学院大气物理研究所
姜克隽　研究员　国家发展和改革委员会能源研究所
姜　彤　研究员　中国气象局
贾根锁　研究员　中国科学院大气物理研究所
顾佰和　助理研究员　中国科学院科技战略咨询研究院
徐　影　研究员　中国气象局
高　云　研究员　中国气象局
高学杰　研究员　中国科学院大气物理研究所
唐国利　研究员　中国气象局

巢清尘	研究员	中国气象局
董文杰	教　授	中山大学
傅云飞	教　授	中国科学技术大学
曾晓东	研究员	中国科学院大气物理研究所
温之平	教　授	中山大学
满文敏	副研究员	中国科学院大气物理研究所
廖　宏	教　授	南京信息工程大学
戴永久	教　授	中山大学
魏　伟	研究员	中国科学院上海高等研究院

加快我国煤炭行业一流采矿技术成果转化，建设采矿强国

何满潮　等

一、煤炭的战略地位

煤炭在维持国际能源格局、保障我国能源安全、支撑国民经济健康发展、维护社会稳定、发展战略性新兴产业等领域具有重要地位和作用。国家《能源中长期发展规划纲要（2004—2020年）》明确中国将“坚持以煤炭为主体、电力为中心、油气和新能源全面发展的能源战略”，这是由我国“富煤、少气、缺油”的资源条件所决定的。

（一）我国是世界最大的煤炭生产国与消费国

《BP世界能源统计年鉴（2016）》数据显示，2015年全球煤炭总产量约78.61亿吨，其中中国煤炭产量约37.47亿吨，占全球煤炭总产量的47.7%；2000年以来，全球煤炭总产量约1069.79亿吨，其中中国煤炭产量约448.10亿吨，占全球煤炭总产量的41.9%。中华人民共和国成立以来，我国煤炭工业经过两个阶段、七个时期的发展壮大，已形成坚实的产业基础，煤炭年产量由1949年的约3000万吨增长到2016年的34.1亿吨，累计生产煤炭750多亿吨，为我国经济发展和社会繁荣做出了巨大贡献。同时，《BP世界能源

统计年鉴（2016）》数据还显示，2015 年全球煤炭消费总量约 3839.9 百万吨油当量，其中中国消费量约 1920.4 百万吨油当量，占全球煤炭消费总量的 50%；2006～2015 年的 10 年间，全球煤炭消费总量约 36 656.2 百万吨油当量，其中中国消费量约 17 708.3 百万吨油当量，占全球总消费量的 48.3%。

（二）煤炭是我国的主体能源

《中国矿产资源报告（2016）》数据显示，“十二五”期间，中国原煤产量 192 亿吨，较“十一五”增长 30.2%；一次能源生产总量为 177.2 亿吨标准煤，较“十一五”增长 28.0%；消费总量为 206.2 亿吨标准煤，增长 27.7%。国家统计局《中华人民共和国 2016 年国民经济和社会发展统计公报》显示，2016 年中国一次能源生产总量为 34.6 亿吨标准煤，消费总量为 43.6 亿吨标准煤，能源自给率 79.4%，消费能源结构中煤炭占 62.0%，石油占 18.3%，天然气、水电、风电和核电等清洁能源占 19.7%。

《BP 世界能源统计年鉴（2016）》数据显示，至 2015 年底，中国煤炭已探明可采储量 1145 亿吨，占世界总储量的 12.8%；中国石油已探明可采储量 25 亿吨，占世界总量的 1.1%；中国天然气已探明可采储量 3.8 万亿米^3，占世界总量的 2.1%。由此可见，我国存在富煤、少气、缺油的资源赋存条件。中国海关总署发布的数据显示，2015 年中国原油进口量高达 33 550 万吨，自 2009 年突破 20 000 万吨至今，中国原油进口量已连续 7 年维持在 20 000 万吨以上。按照 33 550 万吨的进口量推算，中国原油对外依存度达 60.6%；中国石油天然气集团有限公司经济技术研究院发布的《2015 年国内外油气行业发展报告》显示，2015 年中国天然气进口量达 624 亿米^3，对外依存度达 32.7%。然而，在当前世界能源格局复杂多元的背景下，我国想要长期依赖大规模进口油气的局面将面临严峻安全问题；而新能源和可再生能源虽增长迅速，据《“十三五”及 2030 年能源经济展望》预计非化石能源 2030 年在消费能源结构中达到 21%，其中核能达到 5%，水能为 10%，生物质能为 1.1%，其他可再生能源为 4.9%，但由于其产业基数小，大规模产业化尚需较长时间，短时期内难以完全取代化石能源。因此，预计在未来很长时间内，煤炭在我国能源消费结构中仍占主导地位。

我国《煤炭工业发展“十三五”规划》也明确指出，我国仍处于工业化、城镇化加快发展的历史阶段，能源需求总量仍有增长空间，立足国内是我国能源战略的出发点，必须将国内供应作为保障能源安全的主渠道，牢牢掌握能源安全主动权。同时，煤炭占我国化石能源资源的90%以上，是稳定、经济、自主保障程度最高的能源，在一次能源消费中的比重虽在逐步降低，但在相当长时期内其主体能源地位不会改变。因此，必须从我国能源资源禀赋条件和发展阶段出发，将煤炭作为保障能源安全的基石，不能分散对煤炭的注意力。

二、现行煤炭开采技术体系的成就

（一）采煤理论方法及其装备发展历程

1. 采煤方法与理论

在 17 世纪以前，采煤亦称攻煤、伐煤、凿煤等，当时的井下巷道布置非常简单，凿井见煤后，沿煤层走向挖掘运输、通风巷道，既是掘进，也是采煤。古代煤窑的采煤方法主要有巷道式采煤法、跳格式采煤法、掏槽落煤法、房柱式采煤法、长壁式采煤法等。

17 世纪末，英国的工业革命使人类开始步入工业文明。该时期应用最为广泛的是房柱式采煤法、高落式采煤法。18 世纪初期，长壁式采煤法首次应用，从矿井沿着地层或矿脉向前掘进，一般是完全开采里面的煤。20 世纪 30 年代，我国长壁式采煤法在山东省中兴（今枣庄）煤矿进行试行。

当前的 121 工法开采体系中，一般通过留设煤柱的方式来抵抗采空区煤炭采出后上覆岩层运动产生的矿山压力。随着人们对矿山压力认识的不断深入，国内外学者相继提出了各种掩护结构模型，用以解释开采过程中出现的矿山压力现象。其中，应用最为广泛的即 1962 年我国钱鸣高院士提出的“砌体梁”理论和 1979 年宋振骐院士提出的“传递岩梁”理论。“砌体梁”理论认为，“大煤柱-支架-矸石”是支撑顶板岩层的主要承载体，通过留设大煤柱将下区段顺槽布置在远离采空区的原岩应力区。“传递岩梁”理论认为，采空区侧向支承压力有内、外应力场之分，内应力场在顶板“大结构”

的保护下处于低应力区，将下区段顺槽布置在内应力场的低应力区，达到既能够保证巷道稳定，又可节约煤炭资源的目的。

2. 采煤方式

从古代到现代，采煤工业大体经历了手工采煤、爆破采煤、机械化采煤三个大的发展阶段。采煤技术和方法的不断演进，以及采煤装备的不断更新，推动了整个煤炭工业生产技术水平向前发展。

（1）第一阶段：手工采煤。古代采煤方法有一个共同的特点，就是把煤层先用顺槽、上山眼、溜眼、横贯等分割成一小块或一小条带，然后再用手镐、长钩、长枪等工具把煤炭落下。此类采煤方法劳动强度大、生产效率低，是采煤史上较为原始的采煤方式。

（2）第二阶段：爆破采煤。18 世纪应用最为广泛的是房柱式采煤法、高落式采煤法，与古代采煤不同的是，遇到煤质坚硬、难以自行塌落时，则用炸药崩下，即出现了爆破采煤。

（3）第三阶段：机械化开采。世界第一台采煤机是苏联于 1932 年生产并在顿巴斯煤矿开始使用的。20 世纪 40 年代初期，英国、苏联相继普遍采用了采煤机，使工作面落煤、装煤实现了机械化。50 年代初期，美国、德国相继生产出了滚筒式采煤机、可弯曲刮板输送机和单体液压支柱，大大推进了采煤机械化的发展。

3. 长壁综采采煤工艺及装备

综采工艺在整个采煤过程中的生产工序都是依靠机械设备完成的，劳动强度极大减小，这种工艺是现阶段最先进的一种采煤工艺。长壁综采采煤工艺是使用最为广泛的一种工艺，在使用过程中存在布置简单、维护费用低等多种优点，也是目前最先进的采煤工艺。

20 世纪 60 年代是世界综采技术的发展时期。双摇臂滚筒采煤机的出现，进一步解决了工作面自开切口的问题。此外，液压支架和可弯曲刮板输送机技术的不断完善，把综采工艺推向了一个新的高度，并在生产中显示出综合机械化采煤的优越性——高效、高产、安全和经济，综采设备开始向大功率、高效率及完善性能和扩大使用范围等方向发展，因此各国竞相采用综采工艺。

截至近几年，国内外在采煤装备领域取得了十分显著的成就，以美国JOY公司和德国艾柯夫公司为代表的采煤机厂商，已成功研制出7米以上特大采高采煤机，其中JOY公司生产的JOY7LS8采煤机装机功率为2925千瓦，重量为186吨，最大采高7.2米，是当时世界最大的采煤机；艾柯夫公司的SL1000采煤机，装机总功率2590千瓦，最大采高也达到7.0米以上。

刮板输送机方面，德国DBT公司的PF4系列，装机功率3×1600千瓦，最大铺设长度达350米，采用双中链CST可控驱动，ACTS自动调链，整轧封底；最新研制的PF7系列，最大运输量可达6200吨/时，在刮板机领域大功率、大运量等方面占据了领先地位。2014年，我国宁夏天地奔牛实业集团等单位研发了世界上首台智能变速刮板机，具有可靠性高、能耗低、寿命长的特点，适用于井工采煤智能化、自动化工作面系统建设。

（二）巷道掘进技术及装备发展历程

1. 掘进方式及装备

巷道掘进领域的机械化始于20世纪，在此之前，巷道掘进多采用人工方式。30年代后期，世界各国开始了用掘进机开掘巷道的尝试，如苏联1938年就研制了ПК-1型截链式掘进机。20世纪末至21世纪初，各国制造、推广使用的煤巷、半煤岩巷掘进机，多以部分断面悬臂式工作机构为主，均适用于5～20米^{3}任意断面形状的巷道掘进。其中苏制4ПК型、日制MRH-S50-13型、匈牙利制F6-HK型、国产ELMS-75系列掘进机适用于中小断面煤巷掘进，英制MK2A2400型和奥制AM50型掘进机适用于较大断面煤和半煤岩巷道的掘进。

近几年，美国、英国、澳大利亚等先进采煤国家开始广泛采用掘锚一体化的掘锚机组进行掘巷，其中澳大利亚是掘锚一体化技术发展最快的国家，在1998年长壁工作面巷道掘进采用掘锚一体化技术施工的比例已高达85%以上，掘进速度达到700～1000米/月。国外比较有代表性的掘锚机组主要有奥地利奥钢联公司的ABM20型、美国久益公司的ISS型等。

中国从20世纪80年代开始研制与掘进机配套的机载锚杆钻机。例如，煤炭科学研究总院南京研究所与兖州鲍店煤矿共同研究开发出 JMZ 型机载锚杆钻机，与 MRH-S100 型掘进机配套构成了掘锚机组，实现了巷道掘进的掘锚一体化。2013 年，我国神华神东集团成功研制出世界首套全断面高效快速巷道掘进系统——煤海“蛟龙号”，系统总长 210 米，重 630 吨，掘进效率可达月进尺 4000 米以上，巷道断面一次成形，掘进、支护和运输可同步、连续作业，掘进速度比传统技术和装备提高了 4～5 倍。

2. 支护方式及材料

1）支护方式（被动支护→主动支护）

随着井巷支护技术的发展演变，可将支护方式归纳为被动式和主动式两种。煤矿早期开采阶段，几乎所有煤矿采用的支护方式均为被动式，典型的支护形式和支护材料主要包括木支护、石材支护、金属支架、混凝土砌碹等。

为克服被动支护存在的各种弊端，早在 100 多年以前，国外一些矿山在相关理论的指导下开始应用锚杆进行主动支护，如英国在 1872 年就采用过金属锚杆，美国 1900 年使用过木锚杆。20 世纪 90 年代以来，高强度树脂锚固锚杆以其优越的锚固效果和简便的施工工艺，成为锚杆支护的主导型式，同时锚索加固技术也得到了大面积的推广应用。

2）支护材料（泊松比材料→负泊松比材料）

通常来说，几乎所有支护材料的泊松比都为正，即这些材料在拉伸时，垂直于拉力方向会产生收缩，此类材料为泊松比材料。但是随着开采深度的不断加深，巷道围岩常常表现出大变形的特点，具体表现为软岩大变形、岩爆大变形、冲击大变形、瓦斯突出大变形等。然而，现有的锚杆/索延伸率低，不能适应巷道围岩大变形的特点，导致锚杆/索等支护设备失效，进而造成巷道冒顶、塌方等事故。

负泊松比材料相比于普通材料具有一些特殊的优越性能，如材料受到拉伸时，垂直于拉力方向会产生膨胀。国内外专家对大变形锚杆/索进行了研究，其中被广泛应用并认可的主要有加拿大的 MCB33 型锚杆非恒阻变形量 120 毫米，澳大利亚的 Roofex 锚杆恒阻 8 千牛，变形量 300 毫米。21 世纪初，中国科学院何满潮院士研发了一种在宏观上具有负泊松比效应的恒阻大变形锚杆/索用于井巷工程和边坡的支护。该支护材料可以在巷道围岩发生大变形时自动延伸，并保持恒定的工作阻力，从而通过恒阻大变形吸收围岩能量，以在围岩大变形条件下仍然具有很好的支护作用来保证巷道的稳定。目前，已研制三种类型的恒阻大变形锚杆/索，锚索的恒阻值分别为20千牛、35千牛和85千牛，在静力拉伸和冲击状态下均能保持恒阻值不变，且变形量达1000毫米。恒阻大变形锚杆/索获得了美国发明专利及国家发明专利，取得了国家矿用产品安全标志证书，并已建成年产20万套的生产线，同时研发了配套安装和力学性能测试系统。近年来，恒阻大变形锚杆/索在我国多个典型软岩矿井进行了现场应用，取得了良好的应用效果。

（三）煤炭开采技术装备取得新突破

特厚煤层大采高综放开采装备、7米以上超大采高长壁开采装备、复杂薄煤层自动化综采技术及装备等相继取得重大成功，成套装备顺槽集中控制的自动化开采已经实现。厚及特厚煤层采场围岩控制及高效放煤理论、年产千万吨成套装备结构优化及可靠性保障、自动化工作面智能控制、大断面强烈采动影响全煤巷道高强度锚杆锚索支护等四个方面的技术取得重大创新。研发成功大采高综放开采成套装备，开采煤层厚度20米，年产1000万吨以上；研制成功首台套工作阻力26 000千牛/8.8米超大采高液压支架、4500吨/时超大运力刮板输送机，工作面人数由十几人下降至五人，产能达到1200万吨/年。突破薄煤层采高的制约，成功研制基于滚筒采煤机的0.6～1.3米薄煤层工作面无人化、安全高效开采成套装备。研发了工作面智能视频和安全预警系统、综采工作面智能控制中心，所有操作在顺槽控制中心完成，工人彻底摆脱了在工作面爬行操作的生产方式。无人自动化开采技术的突破将对我国薄煤层及其他复杂难采煤层的开采起到极大的促进作用。国外井工开采主要集中在2～5米煤层的长壁开采，在采高、煤层复杂性、产量等方面都较国内低，但是在装备的可靠性、自动化程度、新技术应用方面却领先于国内。

（四）我国建成一批千万吨级现代化矿井

提升煤炭工业产业技术水平，转变煤炭生产增长方式是现阶段煤炭工业健康发展的要求。近年来，我国相继建成一批具有特色的千万吨现代化矿井模式，最为典型的是神华神东集团的“神东模式”和陕煤集团的“神南模式”。

神华神东集团为实现煤炭规模化、集约化生产，根据煤炭生产加工企业特点，对企业内部组织进行了优化，对矿井部分业务进行了剥离，集中组建了为矿井生产服务的专业化队伍。在技术方面，神东煤炭集团的矿井开拓系统推行斜硐无盘区布置新方式，生产辅助系统应用了无轨胶轮化技术，通风系统采用具有“大断面、多巷道、大风量、低风压”特征的高效通风系统，供电系统采用地面箱式移动变电站供电技术，煤矿生产推行一井一面生产组织方式。神东煤炭集团自 1985 年开发建设，地跨内蒙古、陕西、山西三省（自治区），拥有 17 个矿井，整体产能达 2 亿吨，全员最高工效达 124 吨/工，是美国平均水平的 3 倍，是我国国有重点煤矿的 30 倍，但其用人量仅为传统煤矿的 10%。开发建设以来杜绝了 3 人以上重大安全事故，其百万吨死亡率长期远低于我国平均水平，矿井资源回收率平均达到 75%以上，最高达 91%。

陕煤集团神南公司是陕北能源基地规划建设的大型煤炭生产企业，拥有 5 个煤炭生产单位，其中红柳林矿、柠条塔煤矿、张家峁矿核定产能均超过 1000 万吨/年。陕煤集团神南公司始终瞄准世界煤炭工业先进水平，以“打造世界领先、中国一流现代化煤炭开采企业”为目标，逐步形成了以“规模化”煤炭生产体系、“集约化”保障服务体系和“路企直通”铁路运输体系为“铁三角”支撑的“神南模式”。连续四年产量突破 5000 万吨大关，2015 年全员工效 62 吨/工，连续 7 年实现安全生产，保持了零死亡事故的优异成绩。

目前“神东模式”和“神南模式”已成为我国煤矿安全高效生产的典范，被晋城、兖州、大同、平朔、西山、宁东等各大矿区借鉴。

（五）我国煤炭生产行业在文化与教育方面的成就

我国的煤炭生产行业除在开采技术水平与开采技术装备方面取得了巨

大进步外，在文化与教育方面也创造了辉煌成就。在我国矿业历史长河中走出过众多杰出人物，他们像一颗颗璀璨的明珠被时间序列所维系，形成灿烂的矿业历史文化，激励着后来者不断奋进。

开平矿务局（现开滦集团）建于 1878 年，是我国最早使用机器开采的煤矿，在这里培养了一批文化名人。例如：1890～1898 年任开平矿务局工程师的唐国安，于 1912 年出任清华大学第一任校长；1901 年任开平矿务局总办的严复，于 1912 年出任北京大学第一任校长；1916 年毕业于唐山路矿学堂的茅以升，曾当选中华民国政府中央研究院第一届院士，并于 1949～1952 年出任中国交通大学校长。1934 年任焦作路矿学堂董事会主席的孙越崎，曾于 1946 年出任国民党政府资源委员会委员长，并曾出任中国国民党革命委员会副主席。

此外，1957 年毕业于北京矿业学院的宋振骐，于 1991 年当选了中国煤炭行业第一位中国科学院院士；1956 年毕业于北京钢铁工业学院采矿系（现北京科技大学）的范维唐和 1957 年毕业于波兰克拉科夫矿冶学院（现波兰克拉科夫工业大学）的刘天泉，于 1994 年当选为煤炭行业第一批中国工程院院士；1982 年毕业于中国矿业大学的谢和平，于 1992 年成为我国煤炭系统第一位“中国青年科学家奖”获得者，2001 年当选中国工程院院士，2003～2017 年任四川大学校长；1989 年作为博士研究生在中国矿业大学（北京）研究生部毕业的何满潮，于 2016 年成为我国煤炭系统第一位“全国杰出科技人才奖”获得者，2013 年当选中国科学院院士；1989 年作为硕士研究生在中国矿业大学毕业的刘炯天，2009 年当选中国工程院院士，2013 年至今担任郑州大学校长；1994 年作为博士研究生在中国矿业大学（北京）研究生部毕业的邹友峰，现任河南理工大学党委书记；等等。

我国是煤炭生产与消费大国，在世界煤炭行业领域的影响力也逐渐加大。“2016 世界煤炭协会技术委员会会议”在北京举行，中国煤炭工业协会副会长梁嘉琨当选为世界煤炭协会技术委员会首任主席。

三、现行开采体系存在的主要问题

长壁开采方法经过几十年的发展，目前已是世界最先进的煤炭开采方法，在资源回收率、采煤机械化水平、劳动生产率、百万吨死亡率等方面较以往采煤方式均取得了巨大进步，但仍存在诸多突出问题。

（一）留设煤柱造成资源的惊人浪费

我国煤炭资源供给的基本态势是：总量丰富，但有效供给能力不足。我国煤炭资源总量中半数在地下垂直深度 1000 米以下，同时由于地质条件及经济、技术等方面的限制，在相当长的一段时间里可供经济开采的储量并不多。煤炭是国家的资源，储量不多的情况下必须避免浪费。我国煤炭资源呈现产出率低的情况，建立资源节约型社会，是缓解我国当前资源瓶颈制约的有效途径。

目前的长壁式采煤法回采一个工作面至少需要留设一个护巷煤柱，煤柱宽度 5～20 米不等，据统计，我国采用目前的长壁式采煤法进行开采时，其资源回收率因留设工作面护巷煤柱而损失 20%～25%。其中美国典型的长壁工作面至少需要留设两个护巷煤柱（一个承压煤柱，一个让压煤柱），煤柱总宽度可达 80～120 米，留设的工作面护巷煤柱在矿井底下无法采出，其资源回收率因留设工作面护巷煤柱而损失 40%～45%。

若按我国每年 37 亿吨煤炭产量计算，则每年因留设工作面护巷煤柱损失煤炭资源高达 9.25 亿吨，按 550 元每吨的煤炭价格推算，其经济损失高达 5000 亿元；若按目前我国已探明煤炭可采储量 1145 亿吨推算，则因留设煤柱损失煤炭资源 286 亿吨，其经济损失更是高达 15.7 万亿元。因此，在目前的长壁式采煤法开采下，煤柱的留设将给国家煤炭资源造成巨大浪费。

在我国生产矿井每年的掘进总进尺中，采区巷道进尺约占 70%以上，而绝大部分采区巷道长期以来一直沿用保留煤柱的方法维护，如果推广沿空留巷或沿空掘巷无煤柱开采技术，就可以减少大量的煤炭损失，可有效地延长采区和矿井的寿命。

（二）每年上万千米的巷道掘进量，造成生产成本居高不下

在矿井开采设计中，在保证开采系统合理的情况下，要把巷道的掘进工程量降到最低限度，才能加快采区准备的速度，保证矿井采掘接续，提高煤矿企业的经济效益。如果掘进率过高，掘进费用就会增多，准备时间就会加

长，还会增加巷道掘进期间的安全隐患。因此在保证安全生产和资源回收率的前提下，要不断优化巷道布置方式，降低巷道掘进率。

目前的长壁式采煤法回采一个工作面至少需要掘进两个工作面顺槽，这就大大增加了长壁开采巷道掘进工程量及开采成本。据统计，长壁工作面平均每开采 1 万吨煤需要掘进 34 米顺槽煤巷，若按我国每年近 40 亿吨煤炭产量计算，需掘进 13 000 多千米顺槽煤巷，其掘进费用高达 1300 亿元左右，3 年我国的配套煤巷掘进量就达 40 000 千米，长度相当于绕地球一周。同时，准备一个工作面需要提前 1～2 年掘进巷道，增加的煤巷掘进量在很大程度上影响了原煤生产效率，影响了工作面的接续。

（三）回采巷道掘进存在严重安全隐患

巷道掘进是煤矿生产的重要环节，也是煤矿预防五大灾害的前沿阵地。煤炭开采的巷道、采区布置离不开巷道掘进，煤矿的瓦斯、水患也大多发生在掘进巷道的环节，减少巷道掘进量是实现煤矿安全生产的重要措施。

近几十年来，随着我国煤矿机械化水平逐步提高，虽然原煤生产百万吨死亡率在逐年下降，但煤矿发生事故起数与死亡人数仍触目惊心。2015 年全国煤矿发生各类安全事故 352 起，死亡 598 人；2016 年全国煤矿发生各类安全事故 197 起，死亡 451 人。据国家统计局资料，1949～2016 年，我国共采煤 778.42 亿吨，因煤矿事故死亡人数达 26.05 万。据统计，我国煤矿事故中，巷道事故约占 91%，其中顺槽事故约占巷道事故的 90%。减少顺槽巷道事故的掘进量，不仅能提高经济效益，而且能有效减少煤矿事故的发生。

长期以来，我国煤矿开采以长壁开采 121 工法为主，但是该采煤工艺，易产生岩爆和冲击地压等动力灾害现象，尤其对深部矿井，其巷道围岩产生的大变形、大地压等问题难以进行支护，更易于发生巷道事故。顺槽巷道掘进和支护工作中最容易发生事故导致人员伤亡，因此，减少顺槽巷道的掘进量将有效减少煤矿事故的发生。

四、无煤柱自成巷开采技术的探索

煤炭工业是事关能源安全的重大战略任务，我们应紧紧围绕解决煤炭工业发展面临的“安全、开采成本和煤炭采出率”三大瓶颈和突出问题，自主创新研究新的采煤工法，全面提高我国煤炭产业核心竞争力，保障国家能源安全。2016年，我国煤炭生产百万吨死亡率高达0.156，是美国的约9倍，澳大利亚的约16倍，煤炭安全生产形势仍十分严峻。造成我国煤炭开采事故多发的原因众多，其中沿空巷道围岩应力集中是导致事故产生的最主要原因之一。因此，要想从根本上降低煤炭开采的死亡率，保证煤炭安全生产，除减少巷道掘进量以外，还要从矿山压力控制方面进行考虑。

（一）切顶短臂梁理论的提出

“砌体梁”理论和“传递岩梁”理论指导了我国半个多世纪的煤炭生产，为我国煤炭行业做出了不可磨灭的贡献。然而，煤层开挖和煤柱的留设必然导致围岩的应力集中，从而造成沿空巷道事故频发，大大影响了煤炭开采的安全效益。

基于此，21世纪初，我国学者提出了“切顶短臂梁”理论和无煤柱自成巷开采技术，通过顶板定向预裂切缝，切断部分顶板的矿山压力传递，进而利用顶板岩层压力和顶板部分岩体，实现自动成巷和无煤柱开采。

（二）无煤柱自成巷开采新工法的形成

长期以来，我国煤炭生产一直以长壁开采121工法为主，即每回采1个工作面，需掘进2条工作面顺槽，并留设1个区段煤柱，这种采掘分离的开采工艺导致生产成本高、生产效率低、资源浪费严重，且由于沿空巷道围岩应力集中，导致事故频发。严峻的安全、开采成本和资源浪费问题已经成为严重制约我国煤炭工业发展的瓶颈和突出问题，不符合新常态下能源革命的要求，因此亟须对传统产业进行高新技术改造。

基于切顶短臂梁理论，2009年我国学者提出了长壁开采无煤柱自成巷110工法，即回采1个工作面只需掘进1条工作面顺槽（另一个顺槽自动形成），留设0个区段煤柱。在此基础上，又提出以无煤柱自成巷N00工法及其装备系统为核心的第三次矿业科学技术革命，通过从根本上改变长壁开采技术工艺体系和装备系统，从而实现开采全新盘区的N个工作面，需掘进0条工作面顺槽、留设0个区段煤柱。

利用实体弧形帮成巷技术以及配套的无煤柱自成巷开采新工法专用采煤机、刮板输送机和支架系统等核心装备，在工作面采煤的同时，利用采煤机滚筒在机尾切割出一个巷道空间和弧形巷帮。利用恒阻大变形锚索支护技术及其配套的特殊支护装备，对该巷道空间的顶板进行支护。然后，利用散体碎石帮成巷技术及其配套的切缝装备，沿该巷道空间与采空区的交界处进行顶板切缝，切断采空区顶板与巷道顶板之间的应力传递；同时利用采矿后形成的矿山压力做功，使采空区顶板岩体沿切缝面自行垮落，并利用垮落岩体及其垮落时的碎胀特性充填采矿空间，形成对上覆岩层的支承结构。最后，利用特殊的挡矸装备和材料，对采空区垮落矸石进行挡矸支护，防止其窜入巷道的同时形成一个由垮落矸石组成的巷帮。下一工作面回采时，该巷道将作为下一工作面的运输顺槽使用，同时采用新工法在工作面另一侧继续形成一条新的顺槽，直至整个盘区的 N 个工作面回采结束，均无须掘进顺槽和留设煤柱。

无煤柱自成巷开采新工法的提出与实施，将在开采方面实现开采和回采巷道自动形成一体化，变回采巷道、掘进巷道为采后自动形成，消除空顶作业，消除巷道局部通风。同时通过三机配套可实现采煤机既采煤又打巷道，通过切顶护帮新设计和配套装备。当深部开采时，可解决大地压、大变形、难支护问题；当浅部开采时，可改变岩梁传递力的问题。此外，在经济上，无煤柱自成巷 110 工法可减少盘区顺槽巷道约 50%的掘进量，无煤柱自成巷 N00 工法可取消盘区顺槽巷道约 100%的掘进，大大减少了巷道掘进量，经济效益显著，同时避免巷道掘进事故的发生，安全效益同样显著。而且无煤柱自成巷开采新工法完全取消了工作面护巷煤柱的留设，提高盘区采出率达近 100%，解决了资源回收率低的问题，避免了资源浪费。

（三）第三次矿业技术革命的标志

无煤柱自成巷开采新工法是我国矿业技术变革的第三次探索。无煤柱自成巷开采新工法把采煤与掘进两套工序初步统一起来，使每个采煤工作面少掘进一条回采巷道，实现了无煤柱开采。N00 工法在此基础上，把采煤与掘进两套工序彻底统一起来，由掘进一条回采巷道变为不需要掘进回采巷道。

在经过理论及实践的证明下，越来越多的专家认为无煤柱自成巷开采新工法是我国第三次矿业技术革命的标志，体现在以下方面。

（1）在开采方面实现了开采和回采巷道自动形成一体化，无煤柱自成巷开采新工法已实现采、掘、运、切、支、护一体化，该工法消除了回采巷道的掘进工程量和70%巷道工程的支护量，同时消除了空顶作业，避免了伤亡事故。

（2）在通风方面，无煤柱自成巷开采新工法采用了Y形、Z形通风，消除了巷道掘进头局部通风的安全隐患。

（3）通过新工法的采煤机、刮板机和支架三机配套新设计，实现了新工法采煤机既可以采煤又能打巷道，采煤掘进形成一体化。

（4）通过切顶短臂梁理论，采用切顶护帮新设计和配套装备，利用矿压做功，利用顶板岩体自动成巷和自动护帮。

（5）开采盘区采用全新设计，无瓦斯危险时，结合考虑其他因素，可实现前进式开采；当有瓦斯危险时，结合其他因素，可考虑后退式开采。

（6）在露天开采方面，当剥采比≥1∶5时，采用大翻转吊斗车方式已不适用，可采用露天矿无煤柱自成巷开采新工法，用新工法装备直接采煤。

（四）无煤柱自成巷开采新工法实施情况

自切顶短臂梁理论提出以来，2009年新工法率先在川煤集团白皎煤矿2422工作面进行了生产试验，采厚2.1米，顶板为复合顶板，采用无煤柱自成巷开采工法成功留巷460米，回收煤柱资源价值约441.6万元，累计为白皎煤矿创造经济效益1128万元。白皎煤矿是全国事故最严重的高瓦斯矿井，建矿41年（1967～2008年），发生210次安全事故，其中特大型7次，大型60次；岩爆伴随瓦斯爆炸63起。自2009年应用新技术后，终止了持续41年的事故死亡发生。该项技术获得2011年四川省科学技术进步奖一等奖。2011年6月9日，由四川省科技厅和川煤集团在成都联合召开无煤柱自成巷开采新工法推广会，决定在四川全省进行新技术的推广应用，目前四川全省已累计应用巷道超过30 000米。

为了进一步提高无煤柱自成巷开采新工法的适用性，何满潮院士团队又相继以中煤集团唐山沟煤矿深部工作面坚硬顶板，神华集团神东矿区哈拉沟煤矿浅埋深含煤复合顶板，延安能化禾草沟二号煤矿浅埋深、薄煤层、破碎顶板，陕煤集团神南矿区柠条塔煤矿浅埋深、厚煤层坚硬顶板，焦煤集团中兴矿软弱含煤复合顶板，永煤集团城郊煤矿大埋深、中厚煤层为工程背景，进行了多种地质条件下无煤柱自成巷开采新工法现场试验研究，均取得了显著的经济效益和社会效益。具体情况如下。

中煤集团唐山沟煤矿试验工作面为 8 号煤层 508 南盘区 8820 工作面，留设巷道为 5807 回风巷，平均煤厚 1.4 米，顶板为坚硬顶板。试验成巷 469 米，设计段比原设计造价节省了 50%，采用无煤柱自成巷开采新工法取得的经济效益共计 1054 万元。神华集团神东矿区哈拉沟煤矿试验工作面为 12201 工作面，采高 2 米，试验成巷 580 米，回收 10 米宽煤柱资源约 881.6 万元，采用无煤柱自成巷开采新工法取得的经济效益共计 907.9 万元。延安能化禾草沟二号煤矿试验工作面为 1105 综采工作面，煤层平均厚度 0.78 米，顶板为破碎顶板。试验成巷 1070 米，采用该工法取得的经济效益共计 1320 万元。陕煤集团神南矿区柠条塔煤矿试验工作面为 S1201 工作面，煤层平均厚度 4.3 米，顶板为坚硬顶板。试验成巷 840 米，采用该工法取得的经济效益共计 574.56 万元。永煤集团城郊煤矿试验工作面为 21304 工作面，煤层平均厚度 3.1 米，埋深 835～915 米，顶板为破碎顶板。试验成巷 1220 米，采用新工法取得的经济效益共计 1232 万元。

无煤柱自成巷开采新工法在神华集团神东矿区哈拉沟煤矿成功应用并取得了良好的应用效果，神华集团于 2016 年在神东召开了“无煤柱自成巷新工法推广会议”。计划无煤柱自成巷开采新工法推广项目及研究项目 16 个，推广范围包括 6 个子分公司、14 座煤矿、16 个工作面。

截至 2016 年底，无煤柱自成巷开采新工法已经在全国范围内得到推广，除了上述已经完成试验的矿区，盖州煤业公司、杜儿坪煤矿、店坪矿、塬林煤矿、古汉山煤矿、赵固一矿等矿业公司正在进行无煤柱自成巷开采新工法试验及推广。其他煤业集团，如兖矿集团、伊泰集团、铁法集团、皖北煤电集团、平煤神马集团等，正处于前期调研与技术讨论阶段，将于近期开展新工法相关推广工作。

长壁开采无煤柱自成巷开采新工法采用的是全新的理论体系、技术工艺体系和装备体系，以新型支架系统、采煤机系统、刮板机系统、切缝钻机、定向切缝机等特殊装备和恒阻大变形锚索等特殊支护材料作为硬件支撑，利用采掘一体化的关键技术成巷，利用采矿后形成的矿压做功，利用顶板部分岩体和岩体垮落时的碎胀特性充填采空区，实现工作面采煤时自动形成巷道，并取消区段煤柱。

无煤柱自成巷 N00 工法自提出以来，先后经过多方技术论证，选择陕煤集团柠条塔煤矿 S1201-Ⅱ工作面作为首个生产试验面。该试验工作面煤层厚度 4.1 米，工作面总长度 2344 米，截至目前，工作面已成功采煤并自动成巷 500 米。根据现场观测及在线监测结果，该试验工作面无煤柱自成巷开采新工法装备系统运转、配合协调正常，巷道成形达到预期目标，巷道围岩变形在允许范围之内，成巷效果良好。

五、建设采矿强国的政策性建议

“十三五”时期是全面建成小康社会的决胜期，是推动煤炭供给侧结构性改革的攻坚期。习近平总书记在中央财经领导小组第六次会议上，深刻阐述了推动能源生产和消费革命的“四个革命、一个合作”（即消费革命、供给革命、技术革命、体制革命、国际合作）的基本要求，明确提出了推进煤炭清洁利用的措施[①]。2014 年，国务院办公厅正式印发了《能源发展战略行动计划（2014—2020 年）》，明确了“节约、清洁、安全”的能源战略方针，提出了“节约优先、立足国内、绿色低碳和创新驱动”的能源发展战略，为能源工业，也为煤炭工业科学发展指明了方向。

煤炭行业要牢固树立“创新、协调、绿色、开放、共享”的发展理念，主动适应和引领经济发展新常态，把“转方式、调结构、增效益”放到更加突出重要的位置，深入实施创新驱动发展战略，为煤炭转型升级创造有利条件；要以大力培育自主创新能力、强化人力资本投资为切入点，为煤炭转型升级提供支撑；要以推进新型工业化与信息化深度融合为着力点，重塑煤炭

① 习近平：积极推动我国能源生产和消费革命. http：//www.xinhuanet.com/politics/2014-06/13/c_1111139161.htm.

产业竞争新优势；要以统筹国内国外资源配置为依托，拓展煤炭产业转型发展空间。建议如下：

一是坚持以科技创新为引领，加强具有我国原始创新的无煤柱自成巷开采基础理论和关键技术攻关。把科技创新摆在转型升级的核心位置，把增强技术实力作为构建产业新体系的战略支点，增强自主创新能力，加强无煤柱自成巷开采基础理论和关键技术攻关，并纳入国家科技重大研究计划，将示范工程列入国家重点研发计划。积极组建国家科技研发中心、产业技术创新战略联盟等创新平台，建立完善产学研用相结合的创新体系，培育一批技术创新能力强、拥有自主知识产权和品牌，融研发、设计、制造、服务于一体，具备核心竞争力的无煤柱自成巷开采技术和装备研发单位，实现中国“智造”和中国“创造”，强化原始创新，增强源头供给，结束国外技术装备的长期垄断，实现弯道超车，推进我国在煤炭行业领域从采矿大国向采矿强国迈进。

二是坚持以安全绿色发展为宗旨，大力推行无煤柱自成巷开采新工法。树立尊重自然、顺应自然、保护自然的发展理念，推进以新工法为代表的第三次矿业技术革命，进行传统生产方式变革，提高煤炭资源回收率，减少环境损害，降低开采成本，提高效率和质量，强化安全生产保障，建设集约、安全、高效、绿色的现代煤炭工业体系。大力推行无煤柱自成巷开采新工法，消减因留设煤柱每年约 10 亿吨资源浪费的势头，消减每年上万千米的巷道掘进量，为国家节约大量财富的同时，减少巷道掘进而导致人员伤亡事故，减少矸石排放和减弱地表损失，有利于环境保护。

三是以《中国制造 2025》为契机，形成无煤柱自成巷开采新工法专利池，建立无煤柱自成巷高端装备制造自有工业体系。设立国家重大仪器设备研发专项，加大无煤柱自成巷开采新工法配套装备研发力度；加快相关专利审批，建立无煤柱自成巷开采新工法专利池，形成无煤柱自成巷开采新工法自主产权专利包。落实“制造强国”战略，整合、改造现有采矿装备生产企业，建立无煤柱自成巷高端装备制造自有工业体系，形成一批制造业创新中心（工业技术研究基地），掌握一批重点领域关键核心技术，进一步增强优势领域竞争力，实现中国采矿制造业在产品、制造技术、产业模式三个层次的创新。

四是要坚持以人才队伍建设为基础，建立无煤柱自成巷开采新工法相关的教材体系，成立无煤柱自成巷开采新工法工程硕士和工程博士班。煤炭行业是艰苦行业，要建立健全科学合理的选人、育人和用人机制与政策，建议教育部等相关部门协助做好一流采矿技术的教材体系更新和人才培养，以煤炭企业总工程师为核心对象培训一批无煤柱自成巷开采新工法工程硕士和工程博士，尽快投身于无煤柱自成巷开采事业当中，迅速培训成为先进的生产力推广力量，建设一支素质过硬、结构合理的产业人才队伍，引领我国在煤炭行业领域从采矿大国向采矿强国迈进。

五是充分发挥我国在无煤柱自成巷开采等系列技术、装备制造和人力方面的优势，全力打造中国煤炭产业新名片。按照国家“一带一路”倡议部署，充分发挥我国在智能化无煤柱自成巷开采等系列技术、装备制造和人力方面的优势，建立一流采矿技术装备体系。全面提升中国煤炭的世界地位，打造中国煤炭产业新名片，推动相关装备、技术与服务贸易“走出去”，提供国际煤炭产业节能减排、降本增效、安全可靠、保护环境的可持续发展的“中国方案”，提高我国煤炭行业国际竞争力。

（本文选自2017年咨询报告）

咨询项目组主要成员名单

何满潮　中国科学院院士　中国矿业大学（北京）
陈维江　中国科学院院士　国家电网有限公司
陈云敏　中国科学院院士　浙江大学
陈祖煜　中国科学院院士　中国水利水电科学研究院
方岱宁　中国科学院院士　北京理工大学
高德利　中国科学院院士　中国石油大学（北京）
何雅玲　中国科学院院士　西安交通大学
倪晋仁　中国科学院院士　北京大学
宋振骐　中国科学院院士　山东科技大学
王光谦　中国科学院院士　清华大学

魏炳波	中国科学院院士	西北工业大学
蔡美峰	中国工程院院士	北京科技大学
康红普	中国工程院院士	中国煤炭科工集团有限公司
凌　文	中国工程院院士	神华集团有限责任公司
彭苏萍	中国工程院院士	中国矿业大学（北京）
钱七虎	中国工程院院士	解放军理工大学
王　安	中国工程院院士	中国国际工程咨询有限公司
武　强	中国工程院院士	中国矿业大学（北京）
袁　亮	中国工程院院士	中国矿业大学（北京）
张铁岗	中国工程院院士	河南理工大学
姜耀东	教　授	中国矿业大学（北京）
杨更社	教　授	西安科技大学
潘一山	教　授	辽宁大学
李术才	教　授	山东大学
赵阳升	教　授	太原理工大学
张　农	教　授	中国矿业大学（北京）
谭云亮	教　授	山东科技大学
孙成坤	总经理	黑龙江龙煤矿业控股集团有限责任公司
尚建选	副总经理	陕西煤业化工集团有限责任公司
于　斌	总工程师	大同煤矿集团公司
张建国	总工程师	中国平煤神马集团
赵从国	总工程师	徐州矿务集团有限公司
刘万波	总经理	四川省煤炭产业集团公司
魏正均	副总工程师	四川省煤炭产业集团公司
吴群英	董事长	陕西煤业化工集团神南矿业公司
迟宝锁	总工程师	陕西煤业化工集团神南矿业公司
王建文	总工程师	陕煤集团神木柠条塔矿业公司
杨治国	总工程师	郑州煤炭工业（集团）有限责任公司
朱海洲	总工程师	黑龙江龙煤鹤岗矿业有限责任公司

陈贵林	安全总监	黑龙江龙煤矿业控股集团有限责任公司
王国法	研究员	煤炭科学研究总院
祁和刚	总工程师	中国中煤能源集团有限公司
杨汉宏	董事长	神华准能集团有限责任公司
杨荣明	副总经理	神华神东煤炭集团有限责任公司
杨俊哲	副总经理	神华神东煤炭集团有限责任公司
张　良	董事长	北京天地玛珂电液控制系统有限公司
孙守仁	教授级高级工程师	中国煤炭工业协会
杨树勇	教授级高级工程师	中国煤炭工业协会
张　宏	研究员	中国煤炭工业协会
方祖烈	教　授	中国岩石力学与工程学会
窦林名	教　授	中国矿业大学（徐州）
丁恩杰	教　授	中国矿业大学（徐州）
曾庆良	教　授	山东科技大学
程为民	教　授	山东科技大学
姜福兴	教　授	北京科技大学
王　成	教　授	北京理工大学
王恩志	教　授	清华大学
安景文	教　授	中国矿业大学（北京）
孙晓明	教　授	中国矿业大学（北京）
杨晓杰	教　授	中国矿业大学（北京）

关于我国沙化防治与沙产业发展的建议

雒建斌　等

土地沙化造成生态环境恶化、经济发展滞缓，严重影响了沙区人民的生存条件，并成为引发区域社会动荡与国家安全问题的一大因素，也是当今世界面临的最大的生态-经济-社会问题之一。我国“胡焕庸线”以西的广袤区域，涉及新疆、内蒙古、甘肃、青海、西藏等省（自治区），是沙漠分布与土地沙化问题集中的地区。这一片区域的沙化防治是“一带一路”建设、西部大开发、精准扶贫以及新疆向南发展战略实施中必须面对的国家战略层面的重要问题，是构建我国西部生态安全屏障、保障社会稳定和边境安全的关键任务。近年来，我国在沙化治理工作中涌现出一批新的方法与技术，加之沙产业的迅速发展，为防沙治沙用沙提供了源源不断的、可持续发展的生命力。建议以“科学化防沙、机械化治沙、生态化用沙”为整体方针，做好防沙、治沙和用沙的顶层设计，大力推进推广新技术，在关键区域实施重大工程，实现沙化综合治理和沙产业合理发展，达到“利在当代，功在千秋”。

一、我国沙化问题的现状与趋势

根据《全国第五次荒漠化和沙化状况公报》[①]（2015 年 12 月 29 日发布），我国沙化土地面积 172.12 万千米^2，其中 93.95%分布在新疆、内蒙古、

---

① 参见：中国荒漠化和沙化状况公报. http：//www.forestry.gov.cn/main/69/content-831684.html.

西藏、青海、甘肃5省（自治区）。极重度和重度沙化面积超过总沙化面积的70%。全国具有明显沙化趋势的土地面积为30.03万千米^2，主要分布在内蒙古、新疆、青海、甘肃4省（自治区）。与第四次全国荒漠化和沙化监测结果（2009年）相比，我国沙化土地面积净减少9902千米^2，38%的可治理沙化土地得到有效治理，全国29个省（自治区、直辖市）沙化土地面积都有不同程度的减少；对于具有明显沙化趋势的土地，全国减少10 723千米^2。沙化程度进一步减轻，极重度面积明显减少；沙区植被盖度增加，平均盖度达到18.33%；全国沙尘天气减少、沙尘危害减轻、生态环境得到明显改善。在沙化问题上，我国实现了整体遏制、持续缩减的目标。

当前，各省（自治区）主要依托国家林业重点工程开展防沙治沙工作，包括“三北”防护林工程、天然林保护工程、退耕还林还草工程、京津风沙源治理工程、国家沙化土地封禁保护区建设项目、全国防沙治沙综合示范区建设项目等。在具体治理手段上涌现出许多切实有效的方法，如“机械沙障与生物固沙相结合”的方法、低覆盖度节水滴灌治沙造林模式、南疆地区沙漠锁边与钉扎结合模式、库布齐沙漠“南围北堵中切割”模式等，在沙化土地防治工作中取得重大成效，沙区人民生存环境得到明显改善。

尽管我国沙化土地面积持续减少，但防治形势依然严峻。新疆作为我国沙化面积最大的地区，沙化土地以每年73.44千米^{2}的速度扩展；其他地区也存在局部沙化情况恶化的现象。对于已经得到治理的沙区，由于自然条件恶劣、自我调节能力差以及保护不当，极易再次沙化。此外，草畜不平衡现象依然严重，内蒙古、青海等牧业大省（自治区）在解决实际超载放牧问题中面临诸多问题。

在沙产业方面，各地结合当地实际形成了特色沙产业，涉及农牧业、林果业、加工业、建筑业、旅游业等多个领域。甘肃省河西走廊地区沙产业以农牧业和加工业为主，占到全部沙产业的80%以上；新疆以特色林果业为主，年产值达450多亿元，同时发展以沙漠探险、丝绸古道重游、沙疗等为一体的特色沙区旅游项目；内蒙古将沙产业归属于林业（又称林沙产业），总产值达到245亿元，其中新涌现的以灌木平茬为原料的绿色建材技术、饲料加工技术等显示出重要的前景；青海、西藏属于我国重要的生态保护区和水源保护区，地理、气候条件特殊，沙化治理以生态建设为主，沙产业较少。

二、存在的问题与困难

（一）在政府管理和政策层面

第一，管理机构设置问题。目前各地治沙办公室统一归属于林业部门管理，但是，由于治沙工作是涉及水利、农业、林业、牧业、工业、电力、国土资源的综合性工作，容易出现多头管理、扯皮推诿的问题。例如，在南疆地区，当地农民喜欢在小麦田中套种沙枣等果木，既提高了防风固沙效果，又增加了水资源利用率，农民收入也有所增加，但由于涉及不同部门管理，各部门的考核标准不同，导致协调难度很大。

第二，资金问题。沙化土地防治工作面临的一个主要问题是资金严重不足，包括标准过低和总额过低。当前，材料、人工费用大幅提高，但是每亩沙地补贴标准多年没有变化。由于项目资金总额少，一些地区的防治工作无法形成规模，出现治理—恶化—再治理—再恶化的循环现象。地方政府多采用提高本级财政配额、捆绑项目资金、大力发动干部群众义务防沙植树等方式，但仍然是杯水车薪。沙害严重的地区往往也是极度贫困的地区，地方财政负担过重，大大制约和影响了当地经济、社会和民生建设。

第三，科技问题。在沙化科学技术研究方面，我国有一批专业的大专院校和科研院所进行了大量的相关研究，取得了可喜的成果。但是，基础研究工作仍有待加强，例如，塔克拉玛干沙漠扩展原因、沙尘暴起因等有待深入研究。同时，缺乏高效的信息交流平台和大数据平台，基层治沙单位获取先进技术渠道较窄，信息传递量比较少、速度比较慢。

此外，沙化土地治理中机械化、自动化装备水平较低。当前治沙作业基本依靠人力完成，效率低、成本高、周期长、难度大。治沙一线主要缺乏沙障铺设专有设备、沙区灌木平茬专业机械；沙产业方面缺乏枣子、沙棘、枸杞等林果作物采摘机械等。甘肃建投新能源科技股份有限公司在开发治沙机械装备上迈出了第一步，研制的立体固沙车填补了空白。但是，由于缺乏科技扶持政策支持，推广难度大，影响力有限。鄂尔多斯市曾开展过沙柳平茬机械的研发，但是由于经费不足、科研力量有限等原因，尚未取得进展。林果作物的采摘机械目前也都处于设计研究阶段。

（二）在国家法律法规层面

在沙化治理工作中，国家颁布了《中华人民共和国防沙治沙法》以及相关决定和意见，各地也出台了相关的实施办法和意见。这些法律、法规对防沙治沙工作的开展起到了保障和推进的作用，但在一些方面还需要给予重点关注。例如，对于治沙项目，目前仅对治理期进行验收，忽视后期的沙漠植被的管护和抚育工作；对于绿洲内部面积小、危害重的小型沙漠的治理，国家还应加大政策支持力度；在造林补偿标准方面，需多方面衡量考虑。

（三）关于促进沙产业发展的问题

沙产业是指对沙区生态平衡有利的沙区产业。由于政府在沙产业领域主导作用不强、扶持政策缺乏、投入经费不足，沙产业尚处于“下热上冷”状态，发展潜力远未得到应有的挖掘。具体体现在：缺少沙产业开发管理机构、沙区各领域专业合作组织、沙产业协会等；缺少明确的发展规划和对沙产业概念的清晰认识；各地对沙产业开发的重点、布局把握不准，发展不均衡，存在很大的盲目性；培育龙头企业示范带动作用不明显；沙产业的科技研发和沙产业科技创新成果交流及推广应用鼓励机制不健全；培养和引进专业人才、实用技术培训及信息、宣传服务等保障工作跟不上。

在部分沙化地区，政府盲目发展产业项目，使得当地本就严重的生态环境进一步恶化。部分企业过分看重经济效益，在沙区资源开发利用中忽视生态保护，造成土地严重沙化以至难以恢复的灾难性后果。同时，社会资金多流向周期短、见效快的制种、轻工原料、设施种植等产业，而对周期长、见效慢的治沙造林资金投入过少。

当前，一些沙产业企业处于停产或半停产状态，逆向拉动生态建设能力明显不足。沙区产品，如肉苁蓉等药材、骏枣等林果产品价格波动严重，对企业发展影响巨大。不过，近期沙产业方面也涌现出一批具有良好生态平衡与保护作用的高科技新技术，如“沙柳木基材料”制造技术、沙漠“黑枸杞”种植技术等。

三、防沙治沙工作与沙产业发展的建议

在防沙治沙用沙工作中以“科学化防沙、机械化治沙、生态化用沙”作为整体方针。首先，将“防沙”界定为“却沙于人居地之外”的范畴，如我国的“三北”防护林建设。“科学化防沙”方面，一是要科学制定不同沙区治理的终极目标和路线图；二是科学选择和培育不同沙区的适沙植物品种；三是建设与使用好风沙观测站，形成有效的观测带与观测网，科学统计与掌握各地区不同的风沙起因与主要影响因素，实现精准防沙。

“治沙”即为“使沙漠或者沙带可控”的范畴，如对于大型沙漠实施锁边工程，控制流沙只在内部流动，不危害周边居民。针对目前人工治沙效率低、成本高、劳动强度大等缺点，建议加大“机械化治沙”研发，包括：针对大型沙漠的锁边工程与绿洲间沙漠公路的贯通工程，大力推广机械化治沙技术；针对不同的沙区环境和条件，开发新型现代化治沙装备，以实现不同气候海拔条件下的机械化治沙。

沙漠生态保护是防沙治沙的关键，沙产业的发展应当以“生态与效益”的相互促进为宗旨。“生态化用沙”要求：一是注重沙漠封育与利用的统筹，量化评价“生态与效益”的双促效果；二是务必保证用沙与用水的平衡。沙漠是“自协调、自平衡”的体系，如何统筹调水、科学用水、可持续用水，将是沙漠治理与利用的核心。

总之，实现“生态可循环、与人类协调共存”的沙漠环境，是防沙治沙与沙产业发展的核心宗旨。具体建议内容如下。

（一）在政府管理和政策支持方面

建议提高治沙办公室的行政“权威性”和执行力，建立跨部门的防沙治沙机构，统一协调全国的防沙治沙工作和沙产业发展。

（1）建立完善防沙治沙用沙补偿体系。通过资金补助、产业转移、新村共建等方式，实现封禁封育区、退耕禁牧区、沙产业发展区的生态保护补偿。同时，鼓励各类市场主体参与沙化土地治理，对于在沙区植树造林成果显著的企业和个人，将其形成的符合条件的生态公益林纳入生态效益补偿范围，享受防沙治沙补贴、中央财政森林生态效益补偿、地方财政森林生态效益

补偿。

（2）加强科技支撑，实行科学治理、综合治理和依法治理。加大沙化问题学术研究力度，在国家层面开展大型、基础、综合性防沙治沙用沙类课题研究。建立健全沙化土地监测和沙尘暴灾害预警、应急体系，在全国按照沙化区域分布情况和沙尘运动方向构建多条成体系的观测系统带和数据共享平台。搭建学科交流平台，举办全国防沙治沙技术交流会，加强各省（自治区、直辖市）间的交流与合作，将新技术及时传递到治沙第一线。鼓励科技人员对工作中存在的技术难题展开科研攻关，探索开发治沙新技术、新材料。大力推动治沙机械化、装备化工程建设，鼓励支持企业研发生产多样型、实用性的防沙治沙机器和设备。

充分发挥科技对沙产业发展的促进作用，鼓励科研机构开展沙地动植物资源选育和开发利用技术研究；制定和完善沙区灌木林等经营技术标准，提高经营水平；依托相关科研院所和高等院校，加强沙产业实用技术培训，提高沙产业管理人员和农牧民技能；鼓励科技人员开展技术咨询、技术转让和信息服务；鼓励发展沙柳木绿色建材等对生态环境有积极拉动效益的行业企业，推动沙区光伏、风电等清洁新能源发展，实现沙区生态、经济双促进。

（3）加大资金资助力度，创新治理投入机制。根据各区域实际量身订制治沙补贴标准和项目资金总额；给予基层治沙工作单位一定的项目经费调度权限；分阶段考核治沙项目完成情况，加强林木后期抚育投入，巩固治理成效；将灌木林平茬列入森林抚育补助项目，并推动灌木碳汇效能计算、参与碳汇交易。沙化土地治理投入高、产出少，沙区地方经济落后、人民生活贫困，难以一域之力担负关系全国生态建设的重任，建议中央加大财政扶持力度，采取“国家补贴＋社会筹资＋金融贷款”的模式。可论证在全国发行“治荒绿化”公益事业彩票，将彩票收入按照一定比例直接投入治沙治荒工程中。在提高企业、个人治沙积极性上，推广荒沙拍卖、租赁、转让、股份合作，为防沙治沙企业上市开通绿色通道。同时，强化沙产业金融信贷支持，鼓励金融机构积极开展林权抵押贷款业务。形成国家、集体、个人的全社会共同治沙局面，构建可持续的、经济循环式的、生态保护型的治沙模式。

（二）在国家立法保障方面

建议国家对现有的《中华人民共和国防沙治沙法》进行修订，对涉及《中华人民共和国草原法》《中华人民共和国森林法》《中华人民共和国水资源保护法》等法律中的相关内容进行明确说明，解决当前政出多门的问题。

对于沙产业，第一，明确沙产业的内涵和外延，明确现代化沙产业定义。第二，严格执行环境影响评价制度。第三，落实和完善针对沙区的各项优惠政策，实行沙产业与农、林、牧、副、渔、草业一视同仁的税收优惠政策。第四，对有示范性的沙产业建设项目，放宽市场准入条件，在财政支农专项资金项目安排时给予倾斜和照顾；落实贴息补助、林木种苗补贴、投资参股等优惠政策；将沙区农牧民购置的割灌机械、加工机械列入国家农机补贴目录，享受农机补贴优惠。第五，加大基础设施建设，做好“路、电、水、油、通信”五通，将森林防火通道、防火隔离带与防沙治沙运输道路结合起来。第六，对沙产业产品价格进行补贴调控和保护，防止市场价格波动较大对企业产生灾难性影响。

同时，各地方结合自身实际情况制定本地的实施意见和办法，提高一线治沙人员的工作热情和探索治沙新方法、新手段的积极性。

四、建议实施六项重大工程

（一）天地一体化沙漠全方位监测与防控体系工程

目前，国内外对沙尘暴和沙化土地的监测普遍采用卫星遥感技术和地面定位监测相结合的方式。卫星遥感技术具有尺度大、跟踪性强的优点，但对地面以上0～50米沙尘暴范围监测是盲区，恰恰沙尘暴在地面以上0～50米范围气溶胶浓度最高、危害程度最大。地面定位监测具有精准度高、可实地取样的优点。现在中国科学院、国家林业系统都建立了一些荒漠定位观测站点，但这些定位站点存在数量不足、监测指标和规范不一、设备缺乏或者老化、数据不能共享等问题。建议完善定位监测站点，加大密度，更新监测设备，提高监测手段，统一监测指标和标准，实现数据共享。

（二）“一带一路”沿线沙化治理示范工程

加强生态建设，扩大生态容量是实施“一带一路”倡议的一项重要内容。从国内看，“一带一路”特别是丝绸之路经济带沿线所涉及的 7 个省（自治区），是我国沙化土地集中分布的地区；从国际看，“一带一路”所涉及的 60 多个国家都是《联合国防治荒漠化公约》的缔约方，都遭受着不同类型的荒漠化、土地退化和干旱的危害。因此，必须努力改善并着力保护好“一带一路”沿线地区的生态环境和林草植被，为这些区域的发展提供必需的生态容量和生态承载力。

本着因地制宜、因害设防、保护优先、积极治理的原则和生物措施、工程措施相结合的方式安排丝绸之路经济带防沙治沙工程建设内容，主要包括固沙治沙、封禁保护、沙漠公园建设和固沙治沙用沙示范点建设等。在丝绸之路经济带沿线，确定防沙治沙重点建设项目，重点推进：①准噶尔盆地南缘防沙治沙项目；②塔里木盆地周边防沙治沙项目；③河西走廊防沙治沙项目；④柴达木盆地防沙治沙项目；⑤共和盆地及青海湖周边防沙治沙项目；⑥阿拉善高原防沙治沙项目。

（三）重点沙漠锁边工程

一是加强对现有绿洲与沙漠过渡带的保护，严格控制开垦，保护好现有的“绿色走廊”。二是加强绿洲外围与重要交通干线的防沙固沙体系建设，形成串（交通干线）珠（一个个绿洲）式的防护体系。

着重推进南疆沙漠锁边计划，即在塔克拉玛干沙漠南缘自西向东建设一条长度为 1200 千米的复合式防风固沙绿化屏障，防止沙化向南蔓延和对生态侵蚀。从喀什到若羌县锁边工程，整体投资预计 12 亿～17 亿元（按照 1 亩地 7000～10 000 元治理成本计算）。在项目建设中需要统筹水资源利用。

（四）西藏“一江两河”流域治理工程

实施“一江两河”流域治理（雅鲁藏布江、拉萨河、年楚河），开展雅江源头沙化治理、江北沙化综合治理、两河河道整治，从根本上扭转“一江两河”沙化趋势，实现农牧民增产增收，促进“一江两河”地区经济社会持续发展、绿色发展。例如，雅江山南段河道沿线治理总面积约有480千米^2（72万亩），如果进行有效的治理，两岸将可种枸杞、车厘子、蓝莓等经济作物。

（五）沙产业扶持工程

由国家层面设立防沙治沙和沙产业发展基金，带动和支持社会资本源源不断地投入防沙治沙事业中。各地应在土地、水、电等方面，出台更有利于防沙治沙的优惠政策。不能把防沙治沙企业等同于一般的工业企业和农业企业。鼓励防沙治沙企业走“一区多业”的资源循环利用的道路。推广“沙柳木基材料”制造技术、高附加值的沙区果物等一批有利于沙漠生态保护的沙产业项目。在沙产业方面，坚持规划优先，坚决禁止无序开发、非科学利用。

（六）治沙机械化推进工程

机械化是未来防沙治沙的趋势，是实现国家“一带一路”倡议的需要，是加快推进沙化治理工作艰巨任务的需要，是落实国家扶贫政策的有力措施。当前甘肃建投固沙压沙机械研发已取得初步成就。为加快推进防沙治沙工作，亟待国家给予以下支持：①加大治沙机械的研发力度，设立专项研发资金；②加大治沙机械的推广力度，治沙机械应列入国家农机具补贴目录，享受国家农机具补偿政策；③从事防沙治沙机械生产及机械化防沙治沙的企业，在同等条件下可优先上市，享受贫困县区企业即报即批政策。

（本文选自2017年咨询报告）

咨询项目组主要成员名单

雒建斌　中国科学院院士　清华大学
王光谦　中国科学院院士　清华大学、青海大学
任露泉　中国科学院院士　吉林大学
郑晓静　中国科学院院士　西安电子科技大学
陈发虎　中国科学院院士　兰州大学

朱　荻	中国科学院院士	南京航空航天大学
丁　汉	中国科学院院士	华中科技大学
王　涛	研究员	中国科学院西北生态环境资源研究院
路新春	教　授	清华大学
何永勇	副教授	清华大学
张向军	副教授	清华大学
李茂林	高级工程师	清华大学天津高端装备研究院

新时期我国科技成果转化若干问题研究及对策建议

叶培建 等

党的十八大提出，要“提高科学研究水平和成果转化能力，抢占科技发展战略制高点”。习近平总书记近年来多次发表关于科技创新和科技成果转化的重要论述，强调科技成果转化的重要性。为适应建设世界科技强国的新形势、新要求，近年来国家密集出台了系列科技成果转化新政策，各级政府对新政策的执行与落地高度重视。然而，由于体制机制惯性，新政策与其他相关政策存在一些冲突，部分政策的解释空间仍较为宽泛，基层管理人员在执行过程中会有所顾虑，影响政策有效落地。因此，充分调研新政策落地实施面临的具体难题并探索解决的有效途径，使之更好地服务于国家创新驱动发展战略，具有重要的战略意义。

一、新政策下科技成果转化现状

中共中央、国务院审时度势，为深入推动科技成果转化工作，规范科技成果转化活动，根据新形势、新需求进一步完善科技成果转化政策体系，从修订法律条款、制定配套细则到部署行动方案，形成新的系统设计。2015 年 8 月，全国人民代表大会常务委员会通过《全国人民代表大会常务委员会关于修改〈中华人民共和国促进科技成果转化法〉的决定》。2016 年 2 月，国务院发布《实施〈中华人民共和国促进科技成果转化法〉若干规定》（以下简称《规定》），从促进研究开发机构、高等院校技术转移，激励科技人员创新创业，营造科技成果转移转化良好环境等方面做出了详细规定。2016年5月，国务院办公厅发布《促进科技成果转移转化行动方案》。新的顶层设计着重于提升相关主体的积极性，在激励科研人员的机制上有较大的突破。

此外，中共中央印发《关于深化人才发展体制机制改革的意见》，中共中央办公厅、国务院办公厅印发《关于实行以增加知识价值为导向分配政策的若干意见》和《关于深化职称制度改革的意见》，最高人民检察院印发《关于充分发挥检察职能依法保障和促进科技创新的意见》等指导性文件。

相应地，相关部门发布《国防科工局关于促进国防科技工业科技成果转化的若干意见》（科工技〔2015〕1230号）、《关于将国家自主创新示范区有关税收试点政策推广到全国范围实施的通知》（财税〔2015〕116号）、《关于加强卫生与健康科技成果转移转化工作的指导意见》（国卫科教发〔2016〕51号）、《关于完善股权激励和技术入股有关所得税政策的通知》（财税〔2016〕101号）、《国有科技型企业股权和分红激励暂行办法》（财资〔2016〕4号）、《教育部　科技部关于加强高等学校科技成果转移转化工作的若干意见》（教技〔2016〕3号）、《中国科学院科技人员离岗创业管理暂行办法》（科发人字〔2016〕111号）、《中国科学院领导人员兼职和科技成果转化激励管理办法》（科发党字〔2016〕61号）、《人社部关于支持和鼓励事业单位专业技术人员创新创业的指导意见》（人社部规〔2017〕4号）等系列配套政策；湖北、安徽、上海、深圳、河北、北京、湖南等地出台了地方性配套政策，为推动创新落地实施提供了制度保障。

（一）新政策适应了科技成果转化新形势

1. 新政策满足了经济发展转型的迫切需求，可释放长期积累的创新能量

改革开放30多年来，我国经济取得了长足发展，2010年后经济总量一直位居世界第二。然而，此前粗放型经济增长方式已难以为继，大量低端产品产能严重过剩，高品质产品和服务的供给远远满足不了人们不断增长的需

求。在新一轮科技革命背景下，实施创新驱动发展战略、推进供给侧结构性改革是大势所趋，这对科技成果转化提出了新的迫切需求。

我国目前研发投入总量、科技论文数量以及发明专利申请量等关键性科技创新指标已相继跃居世界前列。2015 年我国研发经费投入总量超过 1.4 万亿元，成为仅次于美国的世界第二大研发经费投入国家，研发投入的快速增加，为科技创新实现“并跑”和“领跑”创造了有利条件，促进原始创新能力不断提升，科技创新成果不断涌现。2006～2015 年，我国高被引论文数量增长高达 5.5 倍；2015 年我国共受理 PCT 国际专利申请 30 548 件，位居世界第三。各项数据表明，我国近年来产生了大批科技成果，部分科技成果达到国际领先水平，推动创新成果转化恰好能够释放长期持续科研投入积累的创新能量。

2. 新政策利于提升科技成果转化的专业化能力

在新政策的促进下，一方面，技术、市场和资本三要素在科技成果转化的过程中更为深度融合，共同推动了科技成果转化进程并实现了最优的组合。科技成果转化不再只是简单的技术供给向产业需求的单向转化，同时也是产业发展对技术供给的需求拉动；也不再只是简单的创新链线性传递，更是创新网络系统整合。另一方面，科技成果转化的参与人员专业性越来越强，拥有知识产权、技术、金融、市场等知识的专业科技服务业人员、技术经纪人、创业导师、创客、科研众包专家、科技金融专家等综合性和专业性人才不断涌现，深度参与到整个科技成果转化的活动中来。

（二）新政策着重于提升相关主体的积极性

1. 明晰了高校科研院所权益，增强了科技成果转化自主性

《中华人民共和国促进科技成果转化法》充分考虑了与《中华人民共和国专利法》等其他知识产权基本法之间的衔接，其中较为重要的部分是厘清了高校、科研院所对专利的处置权和收益权，是明确放权于高校和科研院所，确保了其真正拥有科技成果的使用权、处置权和收益权。

《规定》进一步提出，国家设立的研发机构、高等院校持有的科技成果，可以自主决定转让、许可或者作价投资，除涉及国家秘密、国家安全外，不

需审批或者备案，同时也有权依法以持有的科技成果作价入股，确认股权和出资比例，并通过发起人协议、投资协议或者公司章程等形式对科技成果的权属、作价、折股数量或者出资比例等事项明确约定，明晰产权；研究开发机构、高等院校的主管部门以及财政、科技等相关部门，在对单位进行绩效考评时应当将科技成果转化的情况作为评价指标之一，将评价结果作为对单位予以支持的参考依据之一，对业绩突出的专业化技术转移机构给予奖励。

2. 提升了科研人员的奖励比重

科研人员既是科技成果的创造者，又是知识产权运用的积极推动者和重要实施者。建立和完善激励科研人员和转化人员转化科技成果的法律制度和措施，对促进科技成果的转移转化、实现其知识产权的市场价值具有极为重要的意义。《中华人民共和国促进科技成果转化法》主要从三个方面健全和完善了科研人员和转化人员的职务科技成果转化的奖酬制度：一是大幅提升了法定奖酬的比例，奖励最低标准由原来的20%提高到50%。二是单位与科技人员或转化人员关于奖酬标准和数额问题，可以进行约定，并且约定优先。三是国有企业、事业单位科技成果转化的奖励和报酬支出虽然应当计入当年本单位工资总额，但不受当年本单位工资总额限制、不纳入本单位工资总额基数。这一点对于国有企业、事业单位极为重要，能够使国有企业、事业单位在不影响其他职工工资利益的前提下，真正落实对科研人员和转化人员的奖励报酬制度。《规定》进一步完善了科技成果转化奖励制度，从转让或许可、科技成果作价投资、技术开发、技术咨询、技术服务等不同方式给予明确规定奖励比重，确保科技人员奖励比重的提升能够落到实处。

3. 降低了科研人员的创新创业风险

针对科研人员下海创业的风险顾虑，《规定》明确提出："国家设立的研究开发机构、高等院校科技人员在履行岗位职责、完成本职工作的前提下，经征得单位同意，可以兼职到企业等从事科技成果转化活动，或者离岗创业，在原则上不超过 3 年时间内保留人事关系，从事科技成果转化活动。"并补充了两个制度性保障，一是要求"积极推动逐步取消国家设立的研究开发机构、高等院校及其内设院系所等业务管理岗位的行政级别，建立符合科技创新规律的人事管理制度"，一定程度上保障离岗创业科技人员避免遭受本单位的歧视性待遇；二是规定“单位领导在履行勤勉尽责义务、没有牟取非法利益的前提下，免除其在科技成果定价中因科技成果转化后续价值变化产生的决策责任”，鼓励科研院所领导支持科技成果转化的积极性。中国科学院根据《规定》相关要求，发布《中国科学院科技人员离岗创业管理暂行办法》（科发人字〔2016〕111 号），让离岗创业落地实施有了政策保障。

二、新政策下科技成果转化过程存在的问题分析

国家各类新政策为科技成果转化工作带来利好信号的同时，在推进过程中还面临多重问题，具体表现为：部分政策之间存在冲突、部分新政策缺乏配套政策和实施细则、对科技成果转化的复杂性和专业性认识不足导致关键环节的政策弱化、部分典型的疑难问题仍较难突破。

（一）部分政策之间存在冲突

科技成果转化是风险性的市场活动，应该在市场环境中转化，并遵循市场运行规律。然而，由于拥有科技成果的高校和科研院所是事业单位，很大程度上仍受限于行政管理规定。让事业单位体系里的创新主体（科研人员、课题组、研究所）去做市场化主体，会使其面临科技成果转化政策与事业单位相关管理规定冲突的矛盾。此外，不同类型文件的效力不一样，影响科技成果转化新政策的执行。一般情况下，暂行办法的效力高于指导意见，具体规定效力高于领导讲话，中共中央纪律检查委员会规定效力高于指导意见，某些行政执法条例的效力远高于指导意见，在这些效力高的规定文件面前，科技成果转化新政策显得比较弱势，从而影响其有效落实。

1. 科技成果转化政策和干部及人才管理规定之间存在冲突

《规定》指出单位正职领导可以按照《中华人民共和国促进科技成果转化法》的规定获得现金奖励；其他担任领导职务的科技人员，可按规定获得现金、股份或者出资比例等奖励和报酬。然而，中共中央 2015 年 10 月印发的《中国共产党纪律处分条例》第八十八条规定，“违反有关规定从事营利活动，有下列行为之一，情节较轻的，给予警告或者严重警告处分；情节较重的，给予撤销党内职务或者留党察看处分；情节严重的，给予开除党籍处

分”，并列出了“经商办企业的”等6种具体违纪情形。第八十八条中的“有关规定”主要包括《中共中央、国务院关于进一步制止党政机关和党政干部经商、办企业的规定》和《中共中央办公厅、国务院办公厅关于党政机关兴办经济实体和党政机关干部从事经营活动问题的通知》等。

2. 科技成果转化政策和国有资产处置规定存在一定程度的冲突

虽然国家与各部委不断出台和更新科技成果转化利好政策，但国有资产处置政策文件中的相关规定并未做适应性修改，导致科技成果转化中的国有资产处置依据不明。

财政部2008年发布的《中央级事业单位国有资产管理暂行办法》（财教〔2008〕13号）中规定“中央级事业单位国有资产处置收入属于国家所有，应当按照政府非税收入管理和财政国库收缴管理的规定上缴中央财政，实行‘收支两条线’管理”和中央级事业单位申报国有资产对外投资，需要审批，单项价值在800万元以下的，由财政部授权主管部门进行审批，800万元以上（含800万元）的，经主管部门审核后报财政部审批。这两条规定使得《中华人民共和国促进科技成果转化法》中赋予国家设立研究开发机构的实施转化的自主决定权和转化收益的自主处置权难以有效落实。

财政部2015年发布的《财政部关于进一步规范和加强行政事业单位国有资产管理的指导意见》（财资〔2015〕90号）明确“对国有资产配置、使用、处置等事项，应当按照有关规定报经主管部门或同级财政部门审批”，“主管部门根据财政部门授权审批的资产处置事项，应当及时向财政部门备案；由行政事业单位审批的资产处置事项，应当由主管部门及时汇总并向财政部门备案”。这些规定与国家为推动科技成果转化出台的政策存在明显的不一致。虽然该文件也指出“国家设立的研究开发机构、高等院校科技成果的使用、处置和收益管理按照《中华人民共和国促进科技成果转化法》等有关规定执行”。但该指导意见属于部门文件，其效力低于作为部门规章的《中央级事业单位国有资产管理暂行办法》（财教〔2008〕13号），因此其对中央级事业单位的指导作用相对较弱。此外，在政策冲突的情况下，执行者为避免风险，都倾向于从严执行。

3. 国有企业职工持股奖励政策上存在冲突

2008年国务院国有资产监督管理委员会（简称国资委）实施的《关于规范国有企业职工持股、投资的意见》（国资发改革〔2008〕139号）指出，国有企业中层以上员工不得直接或间接持有本企业所出资各级子企业、参股企业及本集团公司所出资其他企业股权，已经持有的应转让所持股份或辞去所任职务。这一规定与《中华人民共和国促进科技成果转化法》中的“利用该项职务科技成果作价投资的，从该项科技成果形成的股份或者出资比例中提取不低于百分之五十的比例”这一对重要贡献人员实施奖励规定存在矛盾。即使财政部、科技部和国资委联合印发《国有科技型企业股权和分红激励暂行办法》（财资〔2016〕4号），国资委印发《关于做好中央科技型企业股权和分红激励工作的通知》（国资发分配〔2016〕274号），力求提升国有科技型企业科技骨干科技成果转化的积极性。然而，相关规定设定条件太多，对国有企业科研骨干的激励性不强。此外，面对新政策和其他相关文件规定的冲突，以及执行后存在的不确定性和风险，科研人员一般偏好规避风险，倾向对冲突条款从严解读，从而影响相关利好政策的落地。

西南交通大学2016年1月颁布实施的《西南交通大学专利管理规定》（简称“西南交大九条”）对这一问题的解决具有一定的借鉴意义。“西南交大九条”被称为“职务科技成果混合所有制”的所有权改革，在我国首次明确了职务发明人对职务科技成果的所有权，其核心是分割职务成果专利权给科技成果完成人，使科技成果完成人“晋升”为与学校平等的共同专利权人；将科技成果完成人的“转化后奖励”前置为“国有知识产权奖励”，以产权来激励科技成果完成人进行科技成果转化。对需要评估作价投资的专利和专利申请，学校将持有的专利权和专利申请权转让给所属的国家大学科技园后，再进行评估作价投资。这一措施既大大促进了西南交通大学的科技成果转化工作，也推动了科技成果由专业的国家大学科技园实施转化，相比为避免触碰持股红线，权利人实施一次性的专利权转让的科技成果转化方式，可以获得更高的、持续的转化收益。《新闻联播》和《经济半小时》都对此做了重点报道。在颁布的一年时间里，已有超过150件职务发明专利完成分割确权，10家高科技公司成立。

（二）部分新政策缺乏配套政策及实施细则

1. 领导人的讲话精神有创见，但法规政策的完善滞后

2016年11月7日，中共中央办公厅、国务院办公厅印发了《关于实行以增加知识价值为导向分配政策的若干意见》，让人们重新审视知识的价值和分量[①]。但现有政策法规滞后，难以做到支撑科研人员的“名利双收”。

2. 配套政策未能及时跟上影响政策的有效落地

新形势下科技成果转化政策的调整，需要创业政策、产业政策、财税政策、人才政策等相关政策的协同跟进，需要纪检部门、财政部门、科技部门、教育部门、税务部门等的配套支持。目前虽然国家和一些地方政府层面陆续发布了不少科技成果转化新政策，最高检察院、科技部、教育部、中国科学院、深圳和浙江财政等部门或地方政府也出台了相关配套政策。但总体上，职能部门的配套政策仍较少，仍有大量相关配套政策未能及时跟上新政策的精神，比如科技成果转化所需的应用型科研人员是否该有另外的职称体系。此外，目前科技成果入股在落实中还存在着一定的法律障碍，如很多地方的工商部门不认可非现金注册从而影响了股权奖励政策对科技成果转化的激励性。

以最高检的配套规定为例，其在《关于充分发挥检察职能依法保障和促进科技创新的意见》中提出要准确把握法律政策界限，办案中要正确区分罪与非罪界限，对于法律和司法解释规定不明确、法律政策界限不明、罪与非罪界限不清的，不作为犯罪处理；改进办案方式，防止因办案造成科研项目中断、停滞，或者因处置不当造成科研成果流失。这些措施在一定程度上考虑了科技成果价值的波动性和转化过程的不确定性等因素，为科技创新营造了良好的法治环境。但是仍有待细化，比如对于是不是定罪问责，是否采取拘留、逮捕，什么时机合适等一系列实际执行中的问题，仍待清晰规定。这一定程度上还是会让科研人员心存畏惧，担心越雷池半步。

---

① 赵永新．让科研人员“名利双收”．人民日报，2016-11-10（05）．

3. 针对军工单位科技成果转化的规定尚不明确

大型军工企业，作为我国科技成果聚集的高地、应用基础研究和前沿尖端技术研究的核心单位，多年来形成了数以万计的高新科技成果。国家军民融合发展战略深入实施以来，“军转民”进程加速、“民参军”需求迫切，为军工科技成果在军民之间的流转提供了通道，而科技成果转化在军民融合中的纽带作用也越发显著，军工科技成果转化正处于前所未有的机遇期。

在国家政策引导下，中国科学院和高校已逐步放宽了科技成果转化的政策限制，而针对军工企业科技成果转化的相关政策规定及配套措施仍待完善。一是军工单位尚未根据《中华人民共和国促进科技成果转化法》的相关精神对已经存在的国有资产处置制度和股权投资制度予以适应性修改。国家国防科技工业局（简称国防科工局）于 2015 年 12 月发布《国防科工局关于促进国防科技工业科技成果转化的若干意见》（科工技〔2015〕1230 号），但主要以指导层面为主，具体细化的规章制度仍有待完善。军工单位内部配套制度不完善直接导致利好政策无法顺利实施，各子单位科技成果转化工作落实困难，影响了其积极性。二是中共中央办公厅、国务院办公厅于 2016 年 11 月印发的《关于实行以增加知识价值为导向分配政策的若干意见》中明确规定加强科技成果产权对科研人员的长期激励、允许科研人员和教师依法依规适度兼职兼薪等政策不适用国防和军队系统的科研机构和企业。军工单位较难享受各项政策红利，严重阻碍了军工单位推动科技成果转化工作的进程。

4. 部分条文规定模糊，缺少实际操作的实施细则

高校、科研院所自主处置科技成果情况备案制度，在实施中要报哪级财政部门备案以及备案的流程等内容尚未明晰，由于没有可参照执行的时间表和具体管理办法，流程管理上有很高的不确定性，大大增加了科技成果转化的时间与人力成本；创新成果的价值评价尚缺真实可信的制度设计；对于金融支持和保障制度的规定偏原则性，落地性政策较少；2017 年 3 月，《人社部关于支持和鼓励事业单位专业技术人员创新创业的指导意见》（人社部规

〔2017〕4号）鼓励事业单位人员在职创办企业，但不适用于所有事业单位，具体什么事业单位不适合并未明确。

（三）对科技成果转化的复杂性和专业性认识不足导致关键环节政策弱化

新出台的科技成果转化政策着重于激励高校、科研院所及科研人员，鲜从科技成果转化的复杂性和专业性角度出发，一定程度上忽略了专业从事科技成果转化机构和人员的重要性，忽略了能促进高质量创新成果的持续产出机制。

1. 忽略了专业技术骨干在科技成果转化中的风险性回报

在当前科技成果转化管理行政化的框架下，出于保护国有资产和规范行政干部队伍的双重考虑，防范国有资产管理代理人操纵符合自身利益的关联交易，只允许单位正职领导在科技成果转化中获得现金回报，而限制其股份收入形式。这在行政管理框架下是合理的，但有悖于科技成果转化的风险性市场特征。高校、科研院所等单位正职领导本身就是专家学者，是科技成果的主要完成人或牵头人，大部分是其所处领域的优秀科学家，乃至科技创新领军人才，理应获得相应的科技成果转化收益；但按照规定不能获得股权激励，只能获得奖金激励，在一定程度上会打击此类技术领导干部从事科技成果转化的积极性，并产生一定关联的负效应：部分急需的高价值优秀科技成果未能及时转化乃至浪费；增加其他类别技术领导干部进行科技成果转化的顾虑，甚至有些单位非正职技术领导干部科技成果转化的股权激励直接受限；影响基层单位解放思想和创新探索。

例如，上海某高校某学院副院长领导的团队研究纳米材料和器件，成果在尾气挥发性有机化合物治理等领域有应用前景。2016年上半年，该团队与企业达成合作意向，打算把他们的职务发明专利作价40万元，以无形资产入股。根据校方规定，定价低于1000万元的成果转化后，科研团队可以获得50%的股权奖励，即是说，原来副院长团队可以获得价值20万元的股权。然而，该教授作为副院长，是副处级，校方查阅中央有关部门的文件后了解到，副处级以上干部不能持有非上市公司的股份。即使国务院2015年发布的《规定》指出，高校等事业单位（不含内设机构）及其所属具有独立法人资格单位的科技人员，如不担任正职领导，就可以在科技成果转化中获得股权奖励。但校方基于谨慎原则，认为如果给他股权，将违反规定。不得已，教授提交辞呈，获得批准后才去除了股权激励的障碍。

2. 忽略了科技成果转化专业管理人员的市场性回报

我国现行的高校、科研院所中的科研成果管理是计划经济下的产物，而知识产权管理是市场经济下的产物，其业务性、法律性都很强，管理范围广，需要专业管理人员来维护运行，为科研人员提供知识产权信息、法律咨询。而新规定更多笔墨着重于科研人员的激励机制，对专业管理人员的关注相对较少，在一定程度上影响专业管理人员开展科技成果转化工作的积极性，进而影响政策有效落地。

美国大学通常都有自己的发明奖励政策，通过大学技术许可办公室（OTL）完成发明人收入分配，其中分配方案中的“三三三”制被广泛使用。例如，依据美国麻省理工学院的知识产权政策，对于技术许可办公室自身来说，从知识产权毛收入中提取15%作为日常运行经费，实现自收自支；预算余额部分用于设置研究激励基金，对初级研究提供支持，进一步孵化有商业前景但尚未转让的技术；其余收入的1/3奖励给发明人。

3. 忽略了专业化运营机构与专业人员的培养与培育

在科技成果转化过程中，除了高校、科研院所的专业部门和专业人员的推进，更需要市场上专业化运营机构和专业经纪人员的积极有效参与。新出台的科技成果转化政策把政策重心落在高校和科研院所的科研人员身上，虽然科技部于2016年在科学技术部令第17号《科技部关于对部分规章和文件予以废止的决定》中废止了《科学技术成果鉴定办法》（1994年10月26日国家科委令第19号发布），把科技成果交由市场评价，并指出国家要培育和发展技术市场，鼓励创办科技中介服务机构，支持科技企业孵化器、大学科技园等科技企业孵化机构发展；《教育部　科技部关于加强高等学校科技成果转移转化工作的若干意见》（教技〔2016〕3号）也提出“鼓励高校在不增加编制的前提下建立负责科技成果转移转化工作的专业化机构或者委托独立的科技成果转移转化服务机构开展科技成果转化，通过培训、市场聘任等多种方式建立成果转化职业经理人队伍”。但总体上，对市场化、专业性的科技成果转化运营机构的培育和发展，对科技成果转化中多元化、跨学科专业人才培养的规定大多停留在指导层面。

事实上，专业机构和人才是发达国家成功实现科技成果转化的生力军。例如，美国的硅谷、英国的剑桥科技园等典型孵化器，都为先进的科技成果转化提供了非常广阔的服务平台，帮助科技成果与市场对接，及时找到先进技术的应用市场和发展前景，并为科技成果转化中成立的创新创业公司提供了必要的保障条件。以色列作为全球创新型国家建设的典范，政府在科技政策设计上也向科技成果转化倾斜，研究型大学也积极主动开展技术转移，并都建有自己的技术转移公司——通称 TTC。TTC 是有独立法人资格的以营利为目的的商业机构，全面负责管理和保护大学的知识产权，并为知识产权找寻投资和战略合作伙伴，授权专利技术，分配成果转化取得收益，并反哺资助大学科研项目，形成良性互动和循环。

国内技术创新孵化器近几年也正蓬勃发展，李开复创办的“创新工场”、贝尔在中国成立的“中国星”孵化器项目和“中国加速器”、清华大学通过启迪控股股份有限公司依托清华园打造的创业企业孵化基地、中国科学院西安光学精密机械研究所成立的西安中科创星科技孵化器有限公司等众多孵化器，以及近两年雨后春笋般发展起来的众创空间、创客空间，着实为国内科技成果转化提供了更多服务以及更好的转化条件和平台。然而，这些专业运营机构一方面定位模糊，另一方面缺乏专业化人才的运营管理，涉及技术交易的有关规则还在摸索、发展当中，尤其是非高校科研机构创办的专业化运营机构和高校科研院所的科技成果距离较远，其对科技成果转化的作用极其有限，甚至出现快速增长也快速消亡的不良现象。

（四）部分疑难问题仍较难突破

1. 离岗创业问题

离岗创业政策为科研人员的创新创业规避了一定的风险，即使中国科学院、人力资源和社会保障部以及北京市等部门或地方政府对此也做了进一步的规定和突破，但该政策的有效落实仍待进一步探索。因为对于高校、科研院所来说，该政策可能和单位的利益相冲突，比如占职称，占岗位，对其他在岗人员造成负面影响，也在一定程度上会导致部分优秀科研人才的离岗。

2. 国防科技成果解密问题

目前国防科技成果保密解密工作仍存在"重保密，轻解密"的现象。首先，国防科技成果定密工作中存在低密高定、非密内容也进行定密的现象，特别是国防专利定密的权责依然不明确；其次，解密工作未能常态化开展，解密条件苛刻，审批手续复杂，导致单位或个人对国防科技成果的解密避之不及，缺乏及时解密的动力。此外，科技成果转化中还存在核密、解密的监督审查制度缺失，未建立解密工作的奖惩机制等问题，军工单位和个人在解密工作中奖惩不明，还要承担严苛的保密制度带来的风险，显然不会积极解密。国防科技成果不能及时、规范解密，极大地影响了国防科技成果的有效转化，更阻碍了科学技术的军民深度融合发展。

3. 近远期利益平衡问题

新出台的科技成果转化政策，极大地调动了高校、科研院所各单位及科研人员转化科技成果的积极性，有利于应用性科学研究成果转化到经济社会发展中，符合当前的创新驱动发展战略和供给侧结构性改革方向。但和美国《拜杜法案》当时颁发后引起的争议一样，新政策会把大量科研人员引流到快速收获短期利益的应用科学研究，从而影响了对长远性深度创新有重要战略价值的公共性和基础性科学研究。该问题不容忽视，有待在实践中进一步完善，并在顶层设计上有所考虑。

4. 专利申请及科技成果转化的国别选择问题

当前，诸多国内科研人员倾向到发达国家申请专利，有如下三个原因。第一，发达国家的知识产权保护环境和意识较为成熟，申请人认为在发达国家申请专利能使专利获得更好的保护。第二，发达国家科技成果转化环境成熟，更有利于科技成果的顺利转化，导致科研人员更多选择在发达国家进行科技成果转化。以医药行业为例，临床前研究阶段形成的专利，还需要经历临床试验、审批、生产上市等阶段，且每个阶段都会有一大批新药夭折，平均需要 12 年才能投入使用。新药的研发投入大、风险高、周期长，国内药企“接不住”也“做不了”，只好授权给海外企业。同时，由于专利的地域性问题，部分申请人选择直接在预期的专利转化地申请专利，也有利于后续维权。第三，部分申请人存在认识误区，认为在发达国家申请专利更能体现其成果的先进性和国际化。

三、相关政策建议

（一）树立科技创新为先的政策理念

每一个时代有每一个时代的核心主题，当今时代，创新是我们的核心主题。在社会进入以知识为核心生产要素的知识经济时代，国家促进科技成果转化政策创新类似于 20 世纪 80 年代的农村土地联产承包责任制创新，是一个明晰产权、释放活力的过程，只是此时的产权是知识产权，而非土地产权。在这样的背景下，各级部门可组织集中研讨学习，深刻认识知识是核心生产要素的本质，充分认识知识经济时代科技成果转化对推动经济转型升级、实现“大众创业、万众创新”的战略意义，并围绕这一核心要义开展相关工作。承认知识产权创造者对知识产权拥有充分的自主支配权，激发科研人员的创新活力，提高科技成果的产出和应用转化。

具体政策落实上：第一，财政部、国资委等部委可尽快修订或废除与《中华人民共和国促进科技成果转化法》及相关政策冲突的国有资产处置规定。第二，当科技成果转化政策和其他政策存在冲突时，可借鉴最高检察院颁布的《关于充分发挥检察职能依法保障和促进科技创新的意见》，深刻把握科技创新活动的特殊属性，以尽量保护科技成果转化为核心。要把科研人员、学术干部管理与党政人员管理区分开。例如，要切实把学术研究全过程的科研经费管理和三公经费管理区分开，把国际学术交流管理和普通出国调研访问管理区分开。第三，正视高校和科研院所科技成果转化专业管理人员的重要作用，给予这部分人员一定的收益回报，比如创新探索具有部分核算独立性、专业化、发挥中介服务职能的科技成果转化中心，从单位科技成果转化收益中抽取一定比例用于中心的日常运营经费和专业管理人员的工作奖励，使科技成果转化一线管理者获得与工作付出相对应的收益权。

（二）加快完善相关配套政策，确保科技成果转化政策的落地

科技部、财政部、国家工商行政管理总局、国家税务总局、国资委可联合出台科技成果转化政策实施的相关细则，避免现有政策法规为防止少数人犯罪而限制了大多数人从事科技成果转化积极性和可能性。

1. 针对科技成果转化新政策有效落地制定实施细则

围绕《中华人民共和国促进科技成果转化法》，进一步完善相关实施细则，让基层职能部门的执行有法可依，让国家政策的落实更具操作性。例如，针对科技成果转化中国有资产管理存在的政策冲突，建议由财政部牵头，会同科技部、教育部、中国科学院等部门联合研究制定与《实施〈中华人民共和国促进科技成果转化法〉若干规定》相配套的“关于促进科技成果转化的事业单位国有资产管理的暂行办法”。此外，国务院、科技部可在出台的相关解释文件中明确《中华人民共和国促进科技成果转化法》的适用范围、政策中长期推行的方向和要求等，甚至制定高于现有限制科技成果转化规定的保护性条款，避免现有的刚性规定淹没领导人的讲话精神和国务院的政策精神。各单位根据国家部委实施细则尽快做好具体落地政策，并且制定负面清单，国家没有明确规定不可做的事情，就可以做，在有争议的时候做无罪推定，进一步推动科技成果转移转化工作“三部曲”等政策的有效落实。

2. 面对政策冲突或空白，成立第三方权威解释机构

完善相关细则的同时，建议由权威部门牵头，成立第三方权威解释机构。机构职能为：当科技成果转化执行中遇到细则空白或解释困难时，应做出第三方公正解释。比如，对于单位正职领导是否可以持股以及持股比重问题，可以探索第三方评估制度的创新，委托第三方评估确定单位正职领导是否可以持股，以及其在科研成果中有多少比重的贡献，从而确定其相应的股份比重；对于高校、科研院所成立的公司和高校、科研院所知识产权界限的辨析，也可委托第三方权威机构解释。久经积累，权威部门可以以第三方权威机构解释的案例为支撑，出台相关的解释方案。这将为科技成果转化的实施主体提供有效的政策保障。

（三）优化专利申请评价体系和科技成果转化环境

1. 建立引导科研人员选择在国内申请专利的评价体系

进一步简化国内专利申请手续，提高效率。还要增加其他的鼓励政策或硬性规定，在正视国外专利保护范围广泛、体现成果国际化的同时，更要鼓励科研人员优先在国内申请专利，倡导科研人员无论在国外还是国内申请的专利都优先在国内市场实施转化。鼓励提升国内某些重点刊物和专利的重要性，并在职称评定等评价体系中有所体现，着重提升科技成果持有人实施转化的主动性。

2. 创新多产权主体多形式的科技成果转化平台

要鼓励将好的科技创新成果优先运用到国内市场，就要优化国内科技成果转化的市场环境，以具备更强的快速承接前沿技术成果转移的能力。其中，多元化的科技成果转化平台建设具有重要的意义，特别是在“互联网+”背景下，鼓励多产权主体多形式科技成果转化平台的创新和发展。顶层设计方面，根据《促进科技成果转移转化行动方案》要求，鼓励和培育国家科技成果中介服务体系，发展国家科技成果转化经纪人体系。地方政府层面，加强建设科技开发交流中心、区域科技创新中心、技术转移服务中心、科技企业孵化器等。高校、科研院所层面，加强建设技术转移中心、知识产权运营中心、大学科技园等。企业层面，培育科技成果评价机构、科技金融企业、线上技术交易平台、众创空间等，重点关注科技成果转化平台的新业态和新模式，支持龙头企业建设创新生态平台，科技成果转化和创新创业合二为一。在“大众创业、万众创新”的背景下，创新孵化模式，可借鉴李克强总理于2016 年 8 月在南昌考察的中航长江设计师创意产业园，把传统产业链整合到创业孵化园区内，实现整体产业创新和孵化。

3. 加大推广行之有效的科技成果转化模式

在科技成果转化新政策推行的背景下，各类高校和科研院所根据自身实际，积极探索出了不少有效的科技成果转化新模式。如前文提到的“西南交大九条”、中国科学院西安光学精密机械研究所成立的西安中科创星科技孵化器有限公司。中国科学院西安光学精密机械研究所提出“孵化”企业但不

“办”企业，通过参股而不控股的原则，鼓励混合所有制模式进行企业的市场化运作，目前已孵化了140多家高科技企业，带动5000多人就业，西安中科创星科技孵化器有限公司科技产业化团队还荣获了2016年度科技创新团队奖。可以在国有企业、科研事业单位等推广这些行之有效的科技成果转化模式体系，充分落实党的十八届三中全会提出的“让市场在资源配置中起决定性作用”的重要精神，不断推进科技成果转化进程，盘活束之高阁的科技成果。

（四）把握军民融合发展契机，加速推动国防科技成果转化

结合军民深度融合的国家战略要求，针对国有企业，特别是军工单位科技成果的国有属性和保密特点，着力突破国有企业资产处置和军工单位保密解密的成果转化壁垒。

1. 放管结合，推进军民两用技术发展，构建促进转化的国防科技成果管理体系

牢牢把握国家设立中央军民融合发展委员会、大力推动军民融合发展的契机，紧跟国家战略，积极推动发展军民两用的先进前沿技术，从源头避免国防科技成果的涉密问题，跳过成果核定密级、解密等烦琐程序，实现国防科技成果的直接快速转化。

完善科技成果价值评估体系，从国家层面出台国有科技成果评估的指南性政策文件，明确评估机构收费标准、评估方法、评估结果的应用及争议处理、作价不准等责任处理、风险应对和补偿机制；放宽国防科技成果对外投资的金额限制，简化国防科技成果转化的申请、审批程序，有效落实国有企业职工持股的科技成果转化模式，设置详细具体的科技成果转化免责条款，在防范国有资产流失的同时，给转化工作松绑。

2. 合理定密，定期开展国防科技成果核密、解密工作

国防科技工业有关管理部门应依据国家经济、科技和军事的发展形势，具体落实《国防科工局关于促进国防科技工业科技成果转化的若干意见》（科工技〔2015〕1230号）的相关规定：定期修订“定密细目”；制定专门性规章制度，明确国防科技成果的核密、解密职责和程序，以及解密条件和审批手续。同时，应统筹国防系统内的科技成果，创新符合保密要求的国防科技成果信息共享平台，如可进一步加强建设国防科技成果推广转化网、国家军民融合公共服务平台，在一定范围内对国防科技成果进行推广，加强建设军

民共享的转化应用推广平台。

（本文选自2017年咨询报告）

咨询项目组主要成员名单

叶培建	中国科学院院士	中国空间技术研究院
顾秉林	中国科学院院士	清华大学
李　未	中国科学院院士	北京航空航天大学
李静海	中国科学院院士	中国科学院
李国杰	中国工程院院士	中国科学院计算技术研究所
沈文庆	中国科学院院士	中国科学院上海分院
陈　泓	研究员	中国航天科技集团有限公司
李盛林	高级工程师	中国航天科技集团有限公司
高　磊	高级工程师	中国航天科技集团有限公司
侯宇葵	研究员	中国航天科技集团有限公司
耿　磊	工程师	中国航天科技集团有限公司
姚黎帆	工程师	中国航天科技集团有限公司
王　硕	工程师	中国空间技术研究院
梁亚坤	工程师	中国航天科技集团有限公司
赵兰香	研究员	中国科学院科技战略咨询研究院
洪志生	助理研究员	中国科学院科技战略咨询研究院
万劲波	研究员	中国科学院科技战略咨询研究院
王　鑫	助理研究员	中国科学院科技战略咨询研究院
杨春颖	高级工程师	中国航天系统科学与工程研究院
王卫军	高级工程师	中国航天系统科学与工程研究院
葛颖琛	工程师	中国航天系统科学与工程研究院
刘　立	教　授	清华大学
王晶金	助理研究员	清华大学

关于推动我国空间遥感及其综合应用发展的若干建议

顾逸东　等

在空间开发利用中，空间遥感具有重要的战略地位和重大的经济社会效益。遥感卫星从地球空间轨道对地观测，在微波、红外、可见光、紫外等电磁波波谱上获取地球陆地、海洋、大气与目标的热辐射或反射的电磁波物理数据与图像，通过校正、处理和反演等科学手段，获得多尺度多类陆地、海洋与大气的主要特征信息，定量化地研究其各类环境特征及其时空变化，具有宏观、快速、高效、准确、动态的特点。

民用遥感卫星主要有气象卫星、海洋卫星、资源卫星、测绘卫星、环境卫星等，在气象和海洋环境预报、灾害监控与应急管理、国土资源勘探、国土城镇规划、环境监控和生态保护、农林生产、交通运输、国家安全、社会管理等领域广泛应用。

当前，国际上遥感卫星已初步形成多源、多模式与高中低分辨率结合的卫星应用体系，向多星组网与综合观测，定量化、精细化、信息融合与综合应用方向发展。遥感卫星提供的地球大数据成为当今社会大数据的重要组成部分，形成了规模巨大的应用产业，并对包括全球变化等重大科学课题产生了巨大的推动作用。

我国空间遥感事业取得了长足进步，规模和总体水平已进入世界先进行列。但是其科学技术水平与国际前沿还有显著差距。我国遥感卫星的数据质量和应用效益亟待提高，在顶层规划、管理体制、创新机制、军民融合、产业发展等方面还存在许多不容忽视的瓶颈，需要在发展理念、规划、体制、政策和加强薄弱环节等方面改革创新。

一、我国遥感卫星及应用取得显著成就

（一）我国已建成较完整的遥感卫星系统及应用体系

1. 气象卫星及应用

风云（FY）气象卫星是我国最早发展并实现业务化运行的遥感卫星系统，目前在轨运行的主要有FY-2系列、FY-3系列和最近发射的FY-4A等。“风云三号”卫星技术上与欧洲METOP和美国下一代极轨气象卫星NPP/JPSS接近，2016年发射的“风云四号”静止轨道卫星采用三轴姿态稳定平台提高观测效率，总体上与美国GORS-R、欧洲MTG、日本Hamawari-9（向日葵-9）等国外新一代静止轨道气象卫星处在相当的技术水平。

依托较完善的风云气象卫星应用系统和服务网络，卫星资料已广泛应用于天气预报、气候预测、环境和自然灾害监测、农业林业等多个领域，逐步从定性向定量应用发展，显著提高了气象预报预测能力，提高了灾害性天气预报准确性和国家重大活动的气象保障能力；风云气象卫星数据开放程度高，在我国气象和其他部门推广应用，国际上有近70个国家和地区接收我国风云气象卫星资料，是世界气象组织对地遥感观测的重要组成部分，为国际气象卫星协调组织（CGMS）提供重要支撑，有较高的国际地位和影响力。

2. 海洋卫星及应用

我国于2002年和2007年发射海洋水色卫星HY-1A、HY-1B；2011年发射海洋动力环境卫星HY-2A，基本建立了海洋卫星系列，观测能力和探测精度显著增强，实现了由试验型向业务型的过渡，在海温、水色、海冰、绿潮、赤潮、溢油、风暴潮、海洋渔业等方面开展业务化应用，提高了海洋环境监测与灾害性海况预报水平，为经济、国防、海洋科学和全球变化研究提供了可靠数据。

3. 资源、环境和测绘卫星及应用

我国已先后发射了5颗中巴合作地球资源卫星（CBERS-01、02、02B、02C、04），为我国和巴西等广大用户提供全色/多光谱和红外地球影像资料；发射了环境和减灾小卫星星座（3颗，2008年），为环境保护部、民政部和国家减灾委员会等提供用于环境监测和灾害评估的信息支撑，初步形成了业务化运行机制。发射了由“资源三号01星”（ZY3-01，2012年）和“资源三号02星”（ZY3-02，2016年）组成的高分辨率立体测图组网卫星，满足1∶50 000立体测图精度、1∶25 000地图修测更新精度要求，支撑了全国2米数字正射影像库和15米格网全国数字表面模型库的建设。

我国资源、环境和测绘卫星的发展提升了遥感卫星影像的自主供给能力和我国获取全球地理信息资源的能力。

4. 高分专项卫星系列及应用

高分系列卫星的技术指标先进。高分一号装载2米/8米全色多光谱相机（幅宽60千米）和16米多光谱相机（幅宽800千米）；“高分二号”具有全色/多光谱相机，分辨率0.81/3.24米；“高分三号”为我国首颗多极化C波段SAR卫星，可实现不同应用模式下1～500米分解率；“高分四号”为我国首颗地球同步轨道光学卫星，分辨率全色/中波红外50米/400米，单景幅宽400千米×400千米；“高分五号”包括全谱段光谱成像仪和多角度偏振仪、差分吸收光谱仪等。不少应用部门和科研单位已经开始使用其数据资料。

5. 载人航天工程中的遥感技术发展

载人航天工程在突破新型遥感器的关键技术方面发挥了重要作用。“神舟三号”飞船中分辨率成像光谱仪取得突破（34波段，500米），是国际上继美国的MODIS之后第二个进入空间的全谱段成像光谱仪。“神舟四号”飞船多模态微波遥感器包括6通道微波辐射计、微波高度计和微波散射计，在我国首次实现了海面风场测量、海面拓扑高度测量和大范围海陆辐射亮度温度测量；“神舟五号”和“神舟六号”可见光相机首次采用非球面光学、TDI-CCD推扫、精密像移补偿等技术，获得1米级高信噪比图像。

“天宫一号”综合了可见光全/彩成像仪（0.5米），热红外成像仪（波长8～10.5微米，空间分辨率为10米，等效噪声温差为45mK）和半凝视高光谱成像仪（10～20米，128谱段），许多指标和技术方法国内首次实现。“天宫二号”微波成像高度计采用短基线干涉、孔径合成等技术实现三维海陆形态和高程测量，成为新一代海洋动力环境主要遥感器；多角度宽波段成像光谱仪在国内首次实现了多角度偏振成像（12个视角），以及光谱带宽5纳米的在轨编程组合宽幅光谱图像。

6. 我国遥感卫星的应用体系

我国已经建立了各应用部门行政领导下的卫星应用体系和较完善的地面应用系统。风云气象卫星由国家卫星气象中心负责接收处理，并在下属气象业务部门推广应用；海洋卫星由国家海洋局国家卫星海洋应用中心负责接收处理和推广应用。资源、环境、测绘、高分卫星由中国科学院遥感卫星地面站网接收，中国资源卫星应用中心（航天科技集团负责行政管理）进行数据处理生成初级产品。测绘业务应用由国家测绘局负责，环保和减灾业务应用由环境保护部、民政部和国家减灾委员会负责。国务院各有关部委和直属事业单位都有较完善的遥感地面应用系统，29个省（自治区、直辖市）业务部门和一些较发达的地级市设有事业编制的遥感应用单位和应用系统。

我国遥感卫星在气象预报、海洋预报等重要业务中发挥了支撑作用，在环境监控、资源勘探、防灾减灾、国土规划、农林水利、地图导航、应急保障等各行业广泛应用，取得了显著的经济效益和社会效益，有力地支撑了各政府部门的业务工作，初步满足了我国经济社会的发展需要。

（二）我国已经具备较坚实的遥感卫星研发和遥感研究与应用能力

火箭、卫星、遥感器研制技术比较成熟。我国运载火箭已经形成覆盖大中小载荷、高中低轨道的较全面运载能力，成功率较高；研制了一批先进的通用卫星平台，可满足各类遥感卫星发展需求；我国所有遥感卫星的有效载荷均为自行研制，总体水平稳步提高，部分接近国际同期水平，已掌握各类各型高分辨率对地观测技术，并有一定的技术储备。

我国遥感研究与应用技术有较好基础。风云气象卫星部分遥感产品质量与美国、欧洲同类产品质量相当；初步解决了制约卫星资料定量应用的定标、定位和辐射传输计算等关键技术，建立了天地一体化的数据共享平台，有效地促进了气象卫星资料的国内共享；海洋卫星初步实现了海洋环境业务化应用，开展了海温监测产品业务化预报、海洋灾害监测业务化应用，研制了卫星遥感渔场信息速报服务系统，实现了产业化应用；测绘卫星应用取得显著成果，通过自主的三线阵影像等效框幅平差理论，实现了无地面控制条件下平面优于7米、高程优于3米的全球定位精度，达到了国际同级别卫星的最先进水平，已用于全球1∶5万基础地理信息产品的测绘。我国研究开发了一些比较优秀的地理信息系统（GIS）软件平台，在各类遥感器应用方面不断研究和创新，基本满足了各行业应用需要。

我国遥感科研、应用、教育基础雄厚。遥感应用和科研专业队伍有近10万人，整体水平不断提升。涌现出一批高水平的学科带头人；遥感专业教育体系布局全面、完整，每年培养本科生、硕士研究生、博士研究生数千人，能够满足当前和未来发展的需求。在空间遥感领域已有近30个中国科学院和高校重点实验室和中心，成为科技创新的骨干力量，在提高我国遥感研究学术水平、突破关键技术、承担重大遥感应用任务方面发挥了骨干引领作用。通过发起建立和参加国际相关应用和学术组织，发起和参加重要的国际计划，开展了广泛的国际合作交流。

二、我国遥感卫星的规划和发展态势

（一）国家规划

2015年国务院批准印发的由国家发展和改革委员会组织编制的《国家民用空间基础设施中长期发展规划（2015—2025年）》规定，将构建由卫星遥感、卫星通信、卫星导航定位三大系统构成的国家民用空间基础设施，“十三五”期间计划研制发射88颗卫星（其中科研星20颗、业务星68颗），其中40颗是遥感卫星；将在“十四五”末建成国家空间基础设施体系，实现100颗卫星在轨稳定运行。在对地观测方面，重点发展陆地、海洋、大气观测三个系列，10类卫星或星座（高分光学星座、中分光学星座、SAR星座、地球物理场卫星、海洋水色星座、海洋动力星座、海洋监视卫星、天气观测星座、气候观测星座、大气成分探测卫星）。规划中的科研星包括高轨 20 米 SAR 卫星、陆地生态碳监测星、高分多模卫星、陆地水资源星、海洋盐度探测卫星、重力梯度测量星、高低轨协同成像多基 SAR 卫星等新型先进遥感卫星。估计投入经费数百亿元。

在重大专项和部门规划方面：高分辨率对地观测系统重大专项继续实施，工业和信息化部（国防科工局）负责高分专项民用部分（8 颗民用卫星）的组织实施，并部署了一批背景型号和预研项目；工业和信息化部还负责基础设施规划中科研星的管理，正在推进“10+10”科研卫星立项和地面设施及接收站网建设。

科技部长期主持国家高技术研究发展计划（简称 863 计划）中地球观测与导航领域，“十三五”转为国家重点研发计划“地球观测与导航重点专项”，部署了几十项关键技术攻关和集成演示项目，“十三五”期间将投入经费数十亿元。关于卫星应用，相关各部委和国务院直属事业单位均制定了各自的规划，注重研究、应用技术和推进卫星立项。

从上述情况看，我国空间遥感规划多部门并行。最近空间方面的“天地一体化信息网络系统”重大科技专项已获批。随着信息技术的发展，航天设施的天基组网、在轨处理、卫星智能化和天地一体化网络是发展的必然趋势。作为获取地球信息的空间遥感卫星系统应当与“天地一体化信息网络系统”重大科技专项的规划密切配合，成为天地一体网络构架中的重要组成部分。

（二）我国商业化空间遥感发展情况

商业航天指以市场为直接导向，采用商业盈利模式的航天活动。商业航天已成为世界航天发展的重要动力。从国际情况看，航天领域逐步形成了军用、政府、商业三大板块。除导航卫星应用、民用通信卫星全部实现了商业化外，遥感卫星及应用（除气象等公益类服务外）也基本实现了商业化。

我国自 2015 年以来出现了商业航天热潮，民营企业、地方政府乃至军工企业集团对商业航天表现出极高的积极性，提出的计划十分宏大，主要集中在遥感卫星和应用业务以及通信和互联网卫星领域。据不完全调研，已经开始实施和计划中的商业遥感卫星有572颗，初步统计商业遥感卫星有248颗，业务主体有民营企业、地方政府、科研院所和国有大型航天企业集团，另有高校、科研机构和企业计划发射的微小卫星和立方星上百颗，总体来看，规模过大，热度太高。

商业空间遥感是国家鼓励的战略性新兴产业，是我国航天科技发展的重要领域，推动其做大做强形成规模，可直接带动经济增长，该领域需要政策激励，同时也需要引导规范。

美国推动商业遥感的政策可供参考。历届美国政府都鼓励尽可能将航天产品和服务商业化，推出政策刺激航天遥感商业化的发展，包括让出发展空间，大幅开放对地观测分辨率限制（从2005年的0.5米到现在的0.25米），推动了IKONOS（0.82米）、QuickBird（0.65米）、GeoEye（0.41米），以及WorldView系列（0.5～0.31米）高端商业遥感卫星的发展；Planet Labs地球图像公司计划用100颗5千克重的2U立方星提供全球3米分辨率高重访周期图像。商业遥感卫星的投资、服务和生产采用了与传统企业迥然不同的经营模式，产品功能越来越强大，服务渗透性强，经济效益显著，还为美国政府和军方提供了高质量的服务。美国还在政府采购、设施利用、图像出口、人员和技术转移等政策方面进行扶持，特别注重培育遥感商业化数据应用，使其市场十分活跃，一些公司致力于成为“数据掘金场”，提供极具创意的卫星遥感增值服务，如“创新图像软件公司”通过分析富士康工厂物流活动，预测新一代iPhone手机问世的时间，通过分析沙特石油设备和油贮容量估测石油市场走向；对航班数量进行分析提供精准的物流信息等，为投资者及企业用户提供定制服务。可以看出，商业航天遥感在增强航天产业全球市场竞争力、发展应用产业、激活应用潜力等方面的作用不可低估，也减轻了美国政府的财政负担，使美国国家航空航天局能专注于更高端的技术和目标。

三、我国空间遥感存在的问题及分析

我国空间遥感支撑了世界上人口数量第一、经济规模总量第二的中国经济社会发展，研究基础、研究水平和队伍都很有实力。

相比我国经济社会发展的重大需求和深层次发展需要和国家对空间遥

感的巨大投入，我国空间遥感需要大力提升科技水平和应用效益，解决存在的体制机制障碍，更好支撑“两个一百年”等国家战略目标实现。

（一）科技和应用方面

1. 数据共享程度低，应用水平效益待提高

数据资源共享存在障碍。我国遥感卫星基本上按行业部署发展，而实际上各部门应用都需要其他各种卫星的数据配合。除气象等少数卫星数据比较开放外，我国卫星数据整体上开放程度和数据共享程度低，卫星数据“部门化”问题突出，开放共享的理念、机制、技术仍严重欠缺，导致供方产品积压和需方数据贫乏的矛盾局面，不少单位仍大量使用国外数据。

数据处理和应用能力待提高。高频次、流程化的业务应用能力不足，产品生成的时效性和自动化、智能化、集成化水平有待增强。我国各遥感应用部门的研究深度、应用水平和服务能力参差不齐，但总体来看，应用能力跟不上遥感卫星发展。有些应用领域仍有关键技术未解决，多星多传感器融合、同化、反演协同处理能力和应急服务能力有待提高；我国科研和高校机构有较高水平的研究力量和应用成果，但成果推广和引领作用没有充分发挥。我国遥感数据及应用产品国际影响力和效益远未达到应有水平，支撑“一带一路”建设方面需要大力加强。

卫星数据利用率和增值效益较低。我国空间遥感每年产生高达 5PB 以上的数据，历史存档数据更是超过 50PB，而遥感数据利用率不足 30%；数据资源挖掘利用的广度深度严重不足，应用推广体系不完善，遥感数据应用产业链未完全形成；相当比例的应用项目是依托政府资助的研究课题，成果转化不够，遥感应用没有形成直接面向市场的商业化发展机制，缺乏商业化数据分发服务平台和渠道，遥感数据的分发、销售、数据分类分级标准不够规范。

2. 数据质量不够高，数据源不够完整

我国遥感卫星数据质量还不够高，诸如信噪比、杂光抑制、辐射/光谱/几何精度等与应用效果密切相关的性能有差距，定标、校正手段不足，导致定量化程度不高，长期稳定性与国际先进水平相比有一定差距。

对地遥感数据源的型谱不够完整，指标低水平重叠，而红外、微波、紫外、高光谱和多极化微波 SAR 等高分辨率质量数据提供不足，国外依存度高；卫星的覆盖范围和时效性、地面数据接收与服务能力有欠缺。

我国遥感卫星的研制、发射和之后的应用脱节，遥感数据的定标与验证缺乏沟通，应用人员不参与卫星研制，研制部门不太关心应用中发现的问题和对卫星及遥感器的改进意见。

3. 基础性工作薄弱，原始创新能力不足

遥感应用基础工作与先进国家有显著差距。海、陆定标场配置不足，定标精度和真实性检验业务化程度不高，需要建立高精度的天体和地面定标场的辐射基础数据库，提高辐射参考源精度和稳定性，并使其可溯源、易传递；需要在严密数学模型基础上建立自主统一的空间和时间坐标体系，提高数据定位精度；需要建立高精度的时频传递、校准和标注系统，保证各类遥感卫星观测数据全时序一致性。

基础数据、软件、规范和关键元器件方面存在一些问题。地物波谱数据采集、更新和检验的精细化程度不足，数据库和地面应用系统建设分散；自主知识产权的遥感应用处理软件国产化程度有待提高，作为遥感应用重要支撑的地理信息系统的应用与产业发展滞后于实验室工作；遥感应用标准规范存在缺失或滞后；部分重要基础核心元器件仍受制于人，直接影响遥感器的性能和水平。

遥感基础研究重视程度不够。我国采用的主要遥感器技术体制及其遥感机理、技术概念基本不是我国自主发明创造的，具有开创性、领先性的自主创新遥感技术和应用方法不多，遥感应用反演处理、数据融合的自主算法和模型方面创新较少，基础研究不够，原始创新能力不强。

重大创新都是从基本原理和机理入手的。加强自主创新必须加强基础研究和整个研发体系的协调融合，把基础研究、应用基础研究和应用研究结合起来，催生出具有重大创新的方法技术和应用。

总体上看，我国空间遥感处于数量规模型向质量效益型、跟踪发展型向自主创新型转变的关键时期。需要转变发展理念，纠正重研发轻应用、重建设轻基础的倾向，重视推动基础研究对卫星研发到应用的全面参与，追求卫星数据质量卓越、可靠、可信的定标和真实性检验，不断提升遥感应用的深度和广度。

（二）管理和体制方面

1. 规划和管理体制分散

规划缺乏统一协调。国家发展和改革委员会负责制定国家民用空间基础设施发展规划；工业和信息化部（国防科工局）负责国家航天发展规划，并安排背景型号和预先研究；科技部通过重点研发计划布局了遥感前瞻研究，虽有分工，但对空间遥感这类系统性很强、上下游密切关联的领域难以做到科学、合理的布局，实质上统一规划缺失，难以避免分散重复、忽视重要环节（特别是基础性工作和产出效益）等问题。

项目管理和应用体制分散。民用遥感卫星划分为科研星和业务星，分属国防科工局、国家发展和改革委员会管理。科研星的卫星工程立项由国防科工局审批，但科研星的地面系统、应用系统项目却需向国家发展和改革委员会申请立项；业务星的卫星、运载、发射场、测控、地面等系统经费由国家发展和改革委员会统一安排，而关键的应用系统建设经费由各业务部门分开申请，或在其行业规划中自行解决，应用系统建设无法与整体工程有机衔接。对地观测的业务应用由各部门独立开展，而各应用系统之间没有形成互联互通的协同机制。这种体制有利于专业化和自上而下的技术推广，但也造成了部门分割、地面应用系统建设投资分散重复、学科交叉和技术融合受阻等问题。

2. 军用、民用对地观测卫星分离情况较突出

军用卫星一般包括侦察、监视和测绘卫星，导航定位卫星，战略/战术通信卫星，以及电子侦察和情报侦察卫星、导弹预警卫星、太空态势感知卫星等。由于军用卫星在军事斗争和信息化作战体系中的枢纽作用，自成体系是必要的。

从国际情况看，美国军方的策略是着重发展高端和专用军事卫星，保持其世界领先性，刺激民用卫星发展并采购其服务。我国在军民融合方面也有很好的探索，如北斗导航卫星由军方主导，从规划到应用较好地体现了军民

兼顾；气象卫星民用为主，军民兼用。我国在对地观测卫星方面军民融合空间大、可行性强，但还存在以下显著问题。

军用、民用对地观测卫星的规划分离。长期以来，我国军用、民用对地观测卫星的规划是分别独立进行的，同一个高分辨率对地观测国家重大专项也分为军用高分卫星和民用高分卫星两个部分；民用对地观测卫星规划主要是民用空间基础设施，军用卫星也有完整的体系规划，规模也相当大。军用、民用对地观测卫星部分功能和指标有相当重复。如果军用、民用对地观测卫星能够统筹协调、统一规划，有利于避免重复和节约经费，也有利于体系互补，提升整体水平。

军用对地观测卫星的数据开放存在体制机制障碍。目前军方使用民用遥感卫星数据不存在障碍，而军用对地观测卫星数据除重大灾害应急事件由军方直接提供信息外，现役卫星数据和历史存档资料鲜有提供民用的范例，大量可转移利用的数据积压，甚至部队内部的共享也很困难。军用卫星数据开放的障碍主要是保密问题，需要进行脱密处理，也存在政策模糊、渠道不通等问题，需要军民融合机制的完善和重大政策的调整。

3. 商业化空间遥感的相关法规和具体产业政策缺位

我国商业遥感呈现积极发展态势，但存在盲目无序现象。我国对商业航天发出了明确的政策信号，相关政策激发了民企等社会组织投身商业航天包括空间遥感及应用的热情，形势喜人但隐忧已现。目前各方提出的计划十分宏大，但市场需求分析、发展和竞争环境分析、商业前景预测等方面很不充分，风险意识不强，卫星功能和指标重复，数量上也大大超出了遥感应用的实际需求。

规范、引导商业化空间遥感发展的法规和产业政策欠缺。面对商业遥感这一高技术、高投入、高风险的特殊产业，针对我国这段时间出现的“一哄而起”现象，迫切需要出台具体产业政策进行引导，需要制定商业化空间遥感的相关法规予以规范，创造有序、良性的市场环境，为商业空间遥感的健康和可持续发展提供稳定的政策和法律环境。

四、建议

（一）优化遥感卫星、应用体系和科学研究的顶层设计

1. 顺应信息化、网络化时代发展潮流，统一规划论证，整合我国遥感卫星系统的功能配置和系统架构

遥感卫星、载荷及其功能性能配置应打破部门界限，既考虑原有卫星系列的专业性，又统筹考虑技术进步、军民融合潜力和商业航天发展态势，加强专项（高分）与空间基础设施的衔接，专业/通用需求兼顾，重新审视和修改完善我国对地观测总体规划布局，建设面向新时代、更加科学先进的遥感卫星系统，使其成为国家信息基础设施的重要组成部分。

我国空间遥感及应用发展应当顺应信息化、网络化发展潮流。系统构架应当与新的国家专项“天地一体化信息网络”融合，对地观测功能与通信/信息链路功能有机结合，体现“一星多用、多星组网、多网协同”的发展思路；以“互联网+”理念，通盘规划和优化天地系统信息网络构架，包括多星组网的天基系统、地面或天基中继的数据通信/接收系统、地面各信息节点（包括信息处理、数据库、行业和专业应用信息节点、信息开放公用节点，以及物联网化的定标场、真实性检验场、各野外台站、航空遥感等），实现遥感数据和信息最小障碍的交换传播和开放共享，为云处理、大数据挖掘应用提供有利环境。

2. 建设统分结合、开放共享的网络化遥感数据、产品和应用服务体系

空间遥感地面系统应以各应用部门和地方既有遥感卫星地面应用系统为骨干，实现互联互通和数据、产品共享；制定政策和规范，建立必要设施，使各种数据、产品和应用服务通过网络实现流动和开放，便于检索和交互，推动遥感应用进入互联网和移动终端时代，使数据成为活水，推动遥感应用深入渗透，并为商业应用提供条件，使遥感应用在公共服务与产业、大众与小众服务方面都得到深度发展。推进遥感应用国际合作，重视遥感数据的国际共享并切实采取举措扩大国际市场，服务“一带一路”建设。

3. 加强遥感基础研究和基础性工作的部署和政策引导

在遥感应用顶层规划中设立专题，有针对性地加强遥感基础性研究，如新型遥感信息处理、定量化支撑共性关键技术研究，创新的模型、反演处理、数据融合、深度（智能）学习等研究，加强数据向信息与知识产品的转化；加强遥感卫星数据开展地球科学和全球变化研究的支持；鼓励研究院所和高校科研成果的转化和推广应用，加强集成高水平反演方法和算法的软件产品国产化及推广，加强对地观测大数据理论研究。

加强海陆定标场及其辐射基础数据库建设、天体定标方法和辐射基础数据库建设；加大重要焦平面器件、电子元器件和特种原材料的关键技术攻关；规划部署适应未来发展的天基数传中继、国内外地面接收站网和信息网络建设，突破海量数据传输瓶颈。

在我国相关规划中设立创新基金，大力推动遥感机理的基础科学研究、新机理遥感器研发，推动我国遥感领域的突破性、颠覆性创新。

（二）将空间对地观测作为军民融合的重大示范项目

国家发展和改革委员会在《关于 2016 年国民经济和社会发展计划执行情况与 2017 年国民经济和社会发展计划草案的报告》中，部署了“加强军民融合创新发展，推动太空、海洋和网络空间等领域军民融合重大示范项目建设”的任务。

建议将空间对地观测作为军民融合重大示范项目之一，由国家军民融合领导小组授权高层机构组织示范项目方案制定，主要解决以下两方面的问题。

一是组织军民对地观测卫星统筹规划。协调军民两种需求，统一规划，加强顶层设计衔接，通过指标协调，明确分工和避免重复。贯彻部分军用需求“寓军于民”的指导思想，军民两用的以民为主，既节约经费，又能用于增加卫星数量，提高重要对地观测信息获取的重访周期（时间分辨率）；军用卫星向特殊和高端发展，强化军事效益；军民卫星系统在构架上既保持独立又有公用部分，有利于节约资源和体系互补；通过制定政策和技术手段实现卫星运行计划合理调配和数据资源的通畅获取应用。

二是解决军民数据共享的政策和体制障碍。军用对地观测卫星有其特定的重点目标（热点地区、周边和国外）和军事/情报保障任务，通过优化卫星的观测计划可在相当程度上做到国内国外覆盖兼顾、军民兼顾，并通过技术和管理手段既保守秘密，又可能释放出大量高质量数据用于民用。引导军、民、商对地观测数据相互利用，鼓励军方采购数据和产品服务。制定适当开放对地观测分辨率限制、保密/解密（含历史归档数据）相关政策，制定军用卫星为民用服务、军用卫星对地观测数据转移民用、军方采购服务等法规。

空间对地观测军民融合重大示范项目可望较快产生重大效益。

（三）积极推进、有效规范商业空间遥感发展

商业航天包括商业化空间遥感是大势所趋，对突破体制障碍、形成公平竞争环境、促进技术创新和科技进步，对集聚社会资源、发挥市场资源配置优势、创新管理和降低成本、减轻国家财政负担，对形成新锐科技创新队伍、加快我国建成航天强国的历史进程都具有重大意义，也有利于航天高科技在关联产业扩散，促进我国经济社会发展。

1. 制定推动商业化空间遥感及应用的政策法规

将遥感卫星及应用作为我国商业航天的主要发展方向之一。放宽商业遥感卫星分辨率等技术限制（如 0.5 米，可根据发展调整）；推动国家空间基础设施规划中的部分项目进行卫星遥感全产业链商业化运作试点，鼓励社会力量特别是非公高技术企业和社会资本进入遥感卫星、有效载荷、地面系统研发领域；特别要支持遥感商业化应用服务业（最具商业价值和增值效益部分）的发展，鼓励政府和军方采购商业航天图像、软件、产品和服务。

制定促进商业航天发展的相关法规，如市场准入、税收和信贷优惠、轨道/频率资源供给、基础设施利用、技术标准服务、保险和赔偿、国有遥感数据开放等。推动遥感应用服务向各行各业深度渗透，推进地理信息系统、数据挖掘服务和各种应用软件国产化，培育出一批极具创新理念和能力的航天高技术民企和面向市场的卫星应用企业，创建具有比“谷歌地图”等更高水平产品和更具普惠影响力的应用公司。

2. 加强对商业化空间遥感的引导和管理

针对目前商业空间遥感的盲目无序现象，制定针对性产业政策和项目指南，加强国家和行业管理部门对商业航天的引导，避免一窝蜂上马可能造成的巨大损失和大起大落造成积极性挫伤。

重点引导民营企业和社会资金投入，强调按市场规律发展产业、规避风险；地方政府和国有企业以资金和技术投入时，产权结构需要规范明晰，避免国有资产流失。

制定规范商业航天有序发展的行业法规，如计划报备、风险评估、产品质量、保密和安全监管等法规，发挥法规和产业政策的重要作用，保障商业空间遥感的健康和可持续发展。

（本文选自2017年咨询报告）

咨询项目组主要成员名单

专家组

顾逸东	中国科学院院士	中国科学院空间应用工程与技术中心
胡海岩	中国科学院院士	北京理工大学
郭华东	中国科学院院士	中国科学院遥感与数字地球研究所
吕达仁	中国科学院院士	中国科学院大气物理研究所
童庆禧	中国科学院院士	中国科学院遥感与数字地球研究所
杨元喜	中国科学院院士	西安测绘研究所
周成虎	中国科学院院士	中国科学院地理科学与资源研究所
薛永祺	中国科学院院士	中国科学院上海技术物理研究所
吴一戎	中国科学院院士	中国科学院电子学研究所
金亚秋	中国科学院院士	复旦大学
王　越	中国科学院院士	北京理工大学
包为民	中国科学院院士	中国航天科技集团有限公司
吴宏鑫	中国科学院院士	中国空间技术研究院

怀进鹏	中国科学院院士	北京航空航天大学
杨学军	中国科学院院士	国防科技大学
许健民	中国工程院院士	国家卫星气象中心
潘德炉	中国工程院院士	国家海洋局第二海洋研究所

工作组

张 伟	副研究员	中国科学院空间应用工程与技术中心
杨 帆	副研究员	中国科学院科技战略咨询研究院

协调江湖关系，促进长江中游绿色生态廊道建设

孙鸿烈　等

长江经济带横跨我国东中西部三大地区，是我国经济发展最具活力和潜力的区域之一。构建绿色生态廊道既是长江经济带建设的基础工程，也是长江经济带可持续发展的重要保障，国家对此高度重视。统筹考虑生态文明建设全局、长江经济带发展态势和长江水安全形势等因素，构建长江绿色生态廊道至关重要、刻不容缓。

长江中游在长江经济带和绿色生态廊道建设中具有承东启西的关键作用。该区域分布有洞庭湖、鄱阳湖等重要经济和生态功能节点。协调长江与洞庭湖、鄱阳湖的复杂江湖关系是保障长江中游水安全、构建中游绿色生态廊道的关键。

三峡水利枢纽和上游骨干水电工程相继建成后，在防洪、供水、发电和航运等方面发挥了重要作用，但其在汛末即开始蓄水，使得长江中游水位降低，清水下泄引起中游河道长距离沿程冲刷，导致长江对洞庭湖、鄱阳湖出流顶托作用减弱，导致两湖出现枯水期提前、持续时间延长、枯水位降低等情况，两湖地区生态环境保护面临新的形势和挑战。来自水利、地理、环保、生命科学诸领域的 40 余名专家考察了洞庭湖、鄱阳湖湖区和长江水道，针对当前长江中游绿色生态廊道建设面临的问题，凝练对长江中游生态环境特征、现状及未来演化趋势的科学认知，以协调洞庭湖、鄱阳湖两湖与长江的江湖关系为核心，探索充分发挥三峡工程在长江防洪体系的骨干作用、建立

长江中下游防洪和生态环境综合决策体系的可行性，提出本咨询报告。

一、长江经济带水生态、水安全形势

长江经济带覆盖面积205万千米^2，是我国生态屏障重要功能区域之一。随着流域经济社会快速发展和气候变化影响加强，长江流域水安全形势日益严峻，水旱灾害频发等老问题尚未根本解决，部分地区水资源供需矛盾日益突出、水质性和工程性缺水、江湖关系变化、生态系统退化等新问题又不断出现，长江经济带面临严峻挑战。

江湖关系出现新的变化，解决两湖常态枯水问题迫在眉睫。自2003年以来，受气候变化、工程开发和上游经济社会用水增加等因素影响，三峡等控制性水库蓄水期间，长江中下游径流量减少，加之清水下泄引起中下游河道长历时、远距离冲刷，导致洞庭湖、鄱阳湖两湖与长江的江湖关系呈现新情势。两湖在9～11月向长江出流加快，出现枯水期提前、持续时间延长、枯水位降低等问题，影响两湖区域供水及生态安全。洞庭湖2003～2012年与1980～2002年相比，9～10月城陵矶水文站水位平均消落幅度增加了1.2米，洞庭湖枯水期提前了约1个月；鄱阳湖湖区的星子水文站2003～2012年各月平均水位较1956～2002年降低了0.22～2.17米，高程10米以下水位开始时间提前28天，持续时间延长48天。未来50年或更长时间内，在长江上游三峡等控制性水库相继蓄水和长江中游河道持续冲刷的共同作用下，两湖枯水问题将呈常态化，并逐渐恶化。

两湖水环境问题严重，部分地区水质性和工程性缺水问题并存。长江流域目前已初步建立以水功能区为单元的水资源保护管理体系，饮用水水源地保护和入河排污口管理逐步规范，重点水域水污染治理也取得一定成效，水质总体上保持良好状态。但废污水排放量居高不下，陆域污染物减排目标与水域纳污能力未能有效衔接，局部地区排污布局与水域水环境承载能力极不匹配，部分河段和湖（库）水质较差，水环境恶化的趋势尚未得到根本遏制。鄱阳湖、洞庭湖湖区和入湖河流水质恶化问题严重，部分水域发生影响供水安全的“水华”现象，加之地下水铁、锰含量超标，水质性和工程性缺水问题交织并存。

水生态系统受损严重，保护流域生态安全刻不容缓。生物多样性是长江绿色生态廊道的特征指标。长江水系现有鱼类400余种（亚种），其中淡水鱼类350种左右，居全国各水系之首，是我国淡水渔业种质资源库。历史上淡水养殖所需的鱼苗多取自长江及两湖，长江流域的渔业产量约占全国产量的60%。当前，长江中下游渔业资源已受到严重危害，其影响因素主要是酷渔滥捕（是损害资源的最直接、最重要的因素）、围湖造田、水体污染、采砂、航运及阻隔等人类活动。20世纪60年代，长江干流“四大家鱼”鱼苗量在1000亿尾左右，干流36个产卵场中，宜昌产卵场最大，产卵规模占全江的5%～7%，但目前已降至每年仅有数千万粒的产卵量。渔业资源的衰退，使得白鳍豚、江豚、白鲟等珍稀水生动物食物量降低，物种的濒危问题加剧。

二、长江与鄱阳湖江湖关系及对策

正常水位情况下，鄱阳湖水面面积3700千米^2，容积为304亿米^3，是我国第一大淡水湖。鄱阳湖湖区是长江中下游五大平原区之一，湖区土地肥沃，物产丰富，历来是全国重要的粮食生产基地，也是江西省主要粮、油、棉、鱼生产基地。

2003年以来，随着与长江江湖关系发生新的变化，鄱阳湖枯水期提前、持续时间延长和枯水位降低的问题逐渐显现并呈常态化，对湖区城乡供水、农业灌溉和渔业生产造成显著影响，湖区湿地生态安全和生物多样性面临严重威胁。

2008年初，为了解决鄱阳湖枯水常态化的问题，国家批复“鄱阳湖生态经济区”战略部署，其中提出以恢复和科学调整江湖关系为目标的鄱阳湖水利枢纽工程。在此后8年的研究论证工作中，工程方案持续优化，明确为“建闸不建坝，调枯不控洪；拦水不发电，建管不调度”的开放式全闸工程。国家发展和改革委员会就工程项目建议书正式征求外交部、水利部等10个部门和湖南、湖北、安徽、江苏、上海5个省（直辖市）人民政府的意见，委托中国国际工程咨询有限公司进行评估，组织水利、农业、环保、林业四部委深化论证研究，向国务院提交专题报告。2016年2月8日，国家发展和改革委员会会同10个部（委、局）向国务院提交《关于鄱阳湖水利枢纽工程建设有关情况和意见的报告》。报告认为，“总体来看，通过建闸方式科学合理调控枯水期湖区水位是必要的”，“工程功能定位为：提高鄱阳湖枯水期水资源和水环境承载能力，改善供水、灌溉、生态环境、渔业、航运、血吸虫病防治，保护水资源，恢复和科学调整江湖关系”。根据该报告的要求，鄱阳湖水利枢纽工程项目现已进入可行性研究阶段。

参加本咨询项目的专家通过现场考察、仔细研究前期成果和深入讨论，达成以下共识。

鄱阳湖的枯水问题是鄱阳湖湖区生态环境保护和经济社会发展迫切需要解决的问题。近年来，鄱阳湖的枯水问题导致湖区部分取水设施无法正常运行，造成沿湖城乡季节性取水困难，给湖区经济社会发展带来了严重影响。根据有关报告，在江湖关系变化及当地气象干旱等因素的共同作用下，2006年湖区有258万亩农田灌溉困难，2007年湖区农田受灾（旱）面积168万亩，成灾面积91.1万亩，粮食生产损失约达5亿斤，直接经济损失70亿元；2009年湖区受灾面积119万亩，成灾面积81.4万亩，粮食生产损失在3亿斤以上。2007年南昌市各水厂均出现取水困难，造成区域性停水现象，都昌县城停水一天，影响10万居民生活，部分农村水井干涸，沿湖近百万人口饮水受到影响。

鄱阳湖水利枢纽的功能定位是恢复和科学调整江湖关系。为调整长江与鄱阳湖的江湖关系，解决鄱阳湖的枯水问题，计划在鄱阳湖入江水道建设大型水闸，枢纽工程由泄水闸、船闸、鱼道和挡水建筑物等组成。工程采用“调枯不控洪”的调度原则，4～8月汛期枢纽闸门全开，9月至翌年3月枯水期进行适应性调度。工程在汛末调控期（本阶段暂拟定为9月1～15日）多年平均拦蓄约10亿米^{3}水量，占鄱阳湖每年向长江输送水量的0.6%，对长江下游影响小，该部分水量在调控期结束前逐步向下游释放；工程基本不减少调控期鄱阳湖的出湖总水量，最大限度地保持了鄱阳湖与长江连通的自然属性，维持鄱阳湖湿地原有的生态功能。工程远期有可能为应对长江口咸潮上溯和突发性水环境事件提供应急水源保障。建议将鄱阳湖水利枢纽纳入长江流域的统一管理与调度体系。

鄱阳湖水利枢纽可以通过两阶段蓄水降低工程的生态环境影响。前期研究表明，通过采取科学的措施与方法，可以降低或减缓鄱阳湖水利枢纽工程对生态环境可能产生的不利影响。为了优化工程调度运行方式，最大可能降低工程的生态、环境影响，充分发挥工程的综合效益，很多专家建议，工程建成后可分两个阶段运行，第一阶段按照自然水文节律合理调控鄱阳湖枯水期水位，在经过 5～8 年的试验性运行并在全面深入的水文、生态、环境监测基础上，通过工程的生态环境影响评估后转入第二阶段，即逐步提升水位至设计高程，在远期进一步发挥水利枢纽的兴利效益。

亟须进一步加大鄱阳湖湖区综合整治和生态保护的力度。鄱阳湖的无序采砂改变了鄱阳湖的环境条件，影响通航安全，加剧湖区枯水问题。建议合理规划控制湖区采砂量，划定禁采区域，严格禁止鄱阳湖无序的商业采砂活动，必要时实行全湖禁采。继续开展湖区酷渔滥捕的专项整治，坚决取缔定置网、电捕鱼等非法渔业活动，减缓渔业资源的枯竭速度。同时加大湿地保护力度，实施湖区湿地保护与恢复工程，加强动态监测，促进湖区生态环境改善。

三、长江与洞庭湖江湖关系及对策

湘、资、沅、澧四条支流从南面汇入洞庭湖，北侧松滋河、虎渡河、藕池河和调弦河（现已建闸控制）“四口”自长江向洞庭湖分流，洞庭湖来水在城陵矶汇入长江，形成复杂的水网体系。经过长期的自然演变和人类活动影响，长江与洞庭湖形成了复杂且不断变化的江湖关系。近年来，由于上游来沙量减少和径流过程变化（三峡水库在汛期进行中小洪水调度和上游水库群蓄水减少分流）、荆江河段大量航道整治工程和护岸工程改变河道边界条件以及采砂等人类活动影响，长江与洞庭湖的江湖关系产生了新的变化。未来，荆江河段将在较长时期内面对清水下泄的局面，加上荆江分流量的增加，荆江河段河道冲刷加剧，中枯水位将进一步下降，导致长江入湖的三口分流分沙将进一步减少，其中尤以藕池口分流减少幅度最大。四口水系是长江与洞庭湖的纽带，是江湖关系变化影响最为直接的地区，江湖关系的变化对区域水资源利用、防洪及水生态环境保护产生显著影响。

针对洞庭湖四口水系地区存在的水资源短缺、松澧地区防洪矛盾突出、水生态环境恶化等问题，水利部于 2015 年安排长江水利委员会开展了洞庭湖四口水系综合整治工程方案论证工作，对江湖关系变化及原因、工程任务及目标、治理的布局与总体方案、工程规模和效果等开展了深入的研究。对湖南省提出了推进四口水系综合整治、洞庭湖北部水资源配置、河湖连通、重要堤防加固和安全饮水巩固提升等五大水安全工程建设任务。

专家认为，以河道扩挖为主体的四口水系综合整治工程，对于恢复江湖的自然连通、提供区域供水灌溉水源、维持四口河道分洪能力具有重要作用，应加快论证工作，尽早实施。

为实现与澧水洪水错峰及应对扩挖后洪水调控要求，湖南省提出在松滋口建闸的建议。相应的论证工作有待继续深化，包括对蓄滞洪区分洪运行与建闸错峰运行的关系、建闸工程效益、替代方案比较以及充分挖掘澧水流域自身防洪潜力等问题。进一步比选闸址、优化工程布置和调度方式，深入分析工程调度对生态环境的影响。

洞庭湖四口水系综合整治涉及湖南、湖北两省的防洪、水资源开发利用和水生态保护，水事关系复杂，建议在国家水行政主管部门的领导下，加快研究论证工作，提出合理的、各方可接受的综合治理方案。

四、主要建议

（1）将鄱阳湖水利枢纽工程纳入长江流域统一管理与调度体系，进一步优化鄱阳湖水利枢纽工程生态环境监测和调度方案，落实相关基础设施的建设，开展长江江豚、湿地候鸟监测与保护等相关的重大专项研究，相关经费列入工程初步设计。工程建成后应由流域机构统一调度运行，并分两阶段建设运行，在试验性调度的基础上再转入正常调度运行。工程将合理调节枯水期湖泊水位，是修复和保护湖泊生态环境，解决鄱阳湖季节性缺水的一个可行的综合方案，对湿地和候鸟基本没有影响。丰水期枢纽闸门全开，利于鱼类、江豚在江湖间的洄游。

（2）进一步加强长江与洞庭湖江湖关系演变趋势研究，深化以河道疏浚和松滋口建闸为核心的洞庭湖四口水系综合整治方案的研究，加快前期工作。

（3）尽快实施全面休渔，并将鄱阳湖和洞庭湖的江豚保护区升级为国家级保护区。

（4）开展长江上游水库群多目标调度研究，并把今后 10 年以至更长一个时段长江中下游河势演变对江湖关系的影响作为重点研究内容。加强流域水库群调度管理协调机制和管理体制建设，尽快提升水库群调度技术支撑能力，建设长江中上游水资源国家级大数据中心，为水库群多目标联合调度、长江经济带和长江中游绿色生态廊道建设提供决策支持信息系统。优化长江上游水库群联合调度，将为洞庭湖和鄱阳湖的防洪、水资源和水生态保护发挥重要的支撑与保障作用。

（5）对“江湖保护”立法，将长江生态保护、鄱阳湖和洞庭湖保护和综合管理纳入相关部门的工作议程；同时，继续开展专项整治行动，制止湖区超标排污、无序采砂、酷渔滥捕、偷猎候鸟等违法行为。加强长江及其干支流通江湖库生态环境的监测和白鳍豚、江豚、白鲟等珍稀水生动物的保护。

（本文选自 2017 年咨询报告）

咨询项目组主要成员名单

组长：

孙鸿烈　中国科学院院士　中国科学院地理科学与资源研究所
陈祖煜　中国科学院院士　中国水利水电科学研究院

主要成员：

曹文宣　中国科学院院士　中国科学院水生生物研究所
郑守仁　中国工程院院士　水利部长江水利委员会
张楚汉　中国科学院院士　清华大学
陆佑楣　中国工程院院士　中国长江三峡集团公司
王　浩　中国工程院院士　中国水利水电科学研究院
张建云　中国工程院院士　南京水利科学研究院
王　超　中国工程院院士　河海大学
崔　鹏　中国科学院院士　中国科学院·水利部成都山地灾害与环境研究所

胡春宏	中国工程院院士	中国水利水电科学研究院
钮新强	中国工程院院士	长江勘测规划设计研究院
夏　军	中国科学院院士	武汉大学
倪晋仁	中国科学院院士	北京大学
高安泽	教授级高级工程师	水利部
刘之平	教授级高级工程师	中国水利水电科学研究院
杨桂山	研究员	中国科学院南京地理与湖泊研究所
阮本清	教授级高级工程师	中国水利水电科学研究院
彭文启	教授级高级工程师	中国水利水电科学研究院
于秀波	研究员	中国科学院地理科学与资源研究所
戴尔阜	研究员	中国科学院地理科学与资源研究所
谢树成	教　授	中国地质大学（武汉）
徐照明	高级工程师	长江勘测规划设计研究院
刘晓波	高级工程师	中国水利水电科学研究院
王世岩	教授级高级工程师	中国水利水电科学研究院
蒋云钟	教授级高级工程师	中国水利水电科学研究院
张双虎	教授级高级工程师	中国水利水电科学研究院
殷　殷	工程师	中国水利水电科学研究院
冯　杰	教授级高级工程师	中国水利水电科学研究院
宁建贞	职　员	中国科学院地理科学与资源研究所
王　鹏	高级工程师	中国水利水电科学研究院
冯　珺	工程师	中国水利水电科学研究院
曾俊强	助理工程师	中国水利水电科学研究院

关于建设雄安新区水安全保障体系的建议

张楚汉　等

设立雄安新区是以习近平同志为核心的党中央为深入推进京津冀协同发展而做出的一项重大战略决策，旨在集中疏解北京非首都功能，探索人口经济密集地区优化资源配置的发展模式，为拓展区域建设新空间铺就一条新路。新区地处白洋淀流域的东部平原，涵括雄县、容城、安新三县及周边部分区域。水资源是城市的生命线，水安全是新区规划建设的基本安全保障，主要包括水资源供给、生态环境治理与修复、防洪减灾、农业节水与地下水恢复等四个方面。

中国科学院学部于2017年6月启动了“国际大新区水保障模式与雄安新区生态水城建设”咨询项目，由清华大学张楚汉和王光谦院士负责组织实施。项目组邀请了我国40余位水利专家学者（包括24位院士），围绕雄安新区水安全保障体系的四个方面，经过国内外调查研究、现场考察、专题研讨，形成了“水安全是雄安新区规划建设的基本安全保障，只有打造一个白洋（淀）健康生态流域，才能建设雄安美丽智慧水城”的共识，提出如下建设雄安新区水安全保障体系的建议。

一、雄安新区与白洋淀概况

白洋淀位于北京—天津—石家庄三角的中心地带，是太行山东麓冲积扇平原洼地，由140多个大小淀泊组成。上游有潴龙河、唐河、白沟引河等八河汇入，下通津门，淀区总面积约366千米²。历史上的白洋淀“淀水浩淼、势连天际”，是我国著名的“华北明珠”。

白洋淀流域面积3.1万千米²，占大清河流域面积的70%，分属河北、山西、北京三省（直辖市），其中70%在河北保定市辖区内。全流域山区与平原面积比例为6∶4，总人口1510万，其中城乡人口比例为4∶6。

雄安新区基本围绕白洋淀水域周边进行布局。新区起步区规划面积为100千米²，人口100万；中期发展区200千米²，人口250万；远景发展至约2000千米²，人口不超过500万（含原有人口约100万）。在习近平总书记提出的“生态优先、绿色发展”理念指导下，白洋淀流域的生态环境保护是实现“水城共融、绿色生态、智慧美丽”新城规划建设的关键环节。

雄安新区地处我国严重缺水的海河平原，由于气候连续干旱、人类活动对流域下垫面的影响，水资源先天性不足；新区的水生态环境在地域上关联城区、淀区和流域三个尺度，现状是淀区上游无持续性水源补给、下游河道无生态基流、周边与淀区污水排放未能有效控制，水质日趋恶化。此外，新区是历史上天然形成的大清河水系中游缓洪滞沥的大型平原洼淀，受大清河水系南北两支洪水的夹击，洪涝形势严峻，值得高度关注。

二、水安全保障的突出问题

（一）水资源保障

近30年来，海河流域水资源总量较多年平均值减少了25%，其中地表径流减少了40%以上。根据近15年的统计，白洋淀流域年均可用水资源总量约34亿米³；由于农业发展与种植结构的缘由，流域年均用水量43亿米³中75%耗水用于农业灌溉；年均水量缺口约10亿米³，主要靠超采地下水、挤占河道生态用水维持。

截至2015年，雄县、容城、安新三县人口约100万，年用水量2.5亿米³，98%采自地下水。在连续干淀情势下，白洋淀淀区生态需水由引黄济淀和上游水库应急补水，过去30年间共向淀区补水12亿米³，平均每年仅0.4

亿米^3。

雄安新区未来水资源保障包括雄安新区城市用水、白洋淀淀区生态需水以及流域农业节水与地下水恢复等三个方面。

（二）水生态环境保护

白洋淀流域的上游山区河流水量充沛，植被覆盖率达50%～70%，水土流失较轻。山区河道与主要水库王快、西大洋、安各庄等库区水质总体优良，2016年监测评价水质达Ⅰ～Ⅱ类标准。由于用水过度，各水库至白洋淀区间的平原河段包括唐河、潴龙河等常年断流，水生态环境恶化；孝义河与府河主要接纳城市污水，水质严重超标，属Ⅴ类或劣Ⅴ类。水体主要污染物为氨氮、总磷、化学需氧量（COD），点源主要来自保定市污水，面源主要来自农村生活污水、农药化肥、禽畜养殖和城镇地表径流等，其中面源污染为点源的4.4倍，禽畜养殖污染占面源负荷的40%以上。近年来，华北地区霾污染严重，大气沉降对水体的污染也不容忽视。

白洋淀淀区由于上游无持续水源补给，生态水量长期不能保证，淀区大部分水体处于Ⅴ类或劣Ⅴ类水平。主要污染源包括外源（上游府河污水）和内源（生活污水、水产禽畜养殖、底泥释放等），污染负荷严重超过环境容量。府河入淀污水是白洋淀的主要污染来源，化学需氧量、氨氮、总氮、总磷分别占总负荷的30%、78%、60%和50%；其次是淀中村生活污染和水产养殖污染，其上述指标分别占总负荷的40%、12%、24%和42%。此外，芦苇等水生植物生长过于茂密，缺乏有效收割和管理，淀区沼泽化日益加剧。

区域地下水严重超采导致水位持续下降。由于农业面源污染回灌，地下水也存在一定污染。根据监测，雄安新区容城、安新、雄县地下水质分别属Ⅲ、Ⅳ、Ⅴ类。

（三）防洪减灾

白洋淀所处的大清河水系，上游有阜平、司仓、紫荆关等多个暴雨中心，洪涝灾害频繁，历史上是海河流域洪水泛滥的主要河系。据史料记载，海河流域近300年来就有8次洪水淹及天津，造成严重损失。在1949～1979年的30年间，年均受洪灾面积265万亩。其中，1963年8月上旬发生的洪水最为严重：7 天最大降雨量 2050 毫米，洪水总量达 300 亿米³，其中大清河流域洪量约 80 亿米³。洪水导致中下游堤防相继溃决，在白洋淀、文安洼等充分滞洪的情势下，仍造成 34 个县市受灾，受灾农田 1500 万亩，坍塌房屋 328 万间，京广铁路中断通车近半个月，是中华人民共和国成立以来海河流域最大的一次洪灾。

大清河流域在历经“63·8”洪灾后，经过 50 多年大规模整治，目前已形成了以白洋淀为中枢，上游有王快、西大洋、安各庄等六大水库拦洪，中游有东淀、文安洼、贾口洼（西三洼）和团泊洼、唐家洼、北大港（东三洼）滞缓洪水，下游有尾闾泄洪/入海通道的防洪体系。总体方略形成了“上蓄、中疏、下排、适当地滞”“六库六洼，分区防守，分流入海”的格局。

雄安新区位于大清河水系南北两支汇合口的上游，是海河流域的最低洼地。新区所处位置正是“63·8”洪灾中决堤导致洪水泛滥的地域，防洪形势复杂而严峻。雄安新区的建设，提高了原有防洪工程体系的安全标准。周边堤防，特别是与雄安新区毗连的安新北堤、萍河、南拒马河与新盖房分洪道主堤等，以及河道、滞蓄洪区等防洪工程，需按新标准进行整治。除此之外，还有以下突出问题。

（1）上游六大水库均为大型土坝，且经过近 60 年的运用，拦洪泄洪工程存在一定的安全隐患。近年加大了除险加固工程力度，仍需要全面检查复核，确保拦洪泄洪安全。

（2）中游河道经历多年淤积，堤防失修，河道行洪能力与设计标准差距在 30%～70%，急需疏浚整治。

（3）淀区围埝众多，引洪通道严重受阻，下泄不畅，易造成“小水大灾”局面。

（4）东淀、文安洼等滞蓄洪区水流受阻严重，下游泄洪河道行洪能力不足，需综合整治。

（5）新区地面高程低于白洋淀水面高程，城市内涝问题突出。

（四）农业节水与地下水恢复

白洋淀流域农业人口 823 万，约占总人口的 55%，耕地面积 1450 万亩，其中有效灌溉面积1230万亩，占总耕地面积85%，播种面积2318万亩，复种指数1.6。其中粮食作物以冬小麦和夏玉米为主。据统计，白洋淀流域总用水量43亿米^3，其中地下水35.1亿米^3，占83%；农业用水是全流域用水大户，占总用水量的75%，农业灌溉用水的90%采自地下水。根据降雨-径流分析，白洋淀流域本区地下水可开采量为23.6亿米^3，年均超采约10亿米^3。

雄安新区三县现有耕地126万亩，年均总用水量2.5亿米^3，98%采自地下水，年均超采0.7亿米^3，导致水位逐年下降。据监测，1996～2014年的18年间浅层和深层地下水分别累计下降15米和20米，形成地下漏斗。超采地下水还使地表与地下径流的互补关系失衡，导致河道干涸、水质恶化、盐分增加、地表沉裂。白洋淀流域农业节水的首要任务是种植结构调整以压采地下水，遏制水位下降趋势，逐步恢复到合理的稳定平衡状态，这是流域生态环境修复治理的重要环节。

三、水安全保障的对策与建议

（一）水资源保障和多源途径

新区水资源必须是“多源优化、农业节水、非常（规水）利用、严格管理”，才能从根本上实现水资源安全保障。

1. 雄安新区水资源供给保障

新区按北京市用水标准：北京2170万人口年用水量38.8亿米^3，其中生活、环境、农业、工业用水比例分别为46%、27%、17%、10%，城镇人口人均年综合用水量170米^3；考虑供水构成中约30%的中水回用，实际人均供水定额为130米^3。

考虑到起步区与中期发展区基本上是城市用水，按此计算起步区100万人口需水量为1.3亿米^3，中期发展区250万人口需水量为3.25亿米^3。建议由南水北调中线天津段容城以北20千米处分水闸集中向新区供水，按需求量的增加逐步扩大引用流量，主要由河北省中线指标供给。

远景规划区500万人口（含原有人口100万）总需水量约6.5亿米^3，在本区地下水资源压采条件下供给 1.8 亿米^3，以及新区中期供水 3.2 亿米^{3}基础上，还需补充供水 1.5 亿米^3，建议在南水北调东线后续工程完成后，进行中、东两线与京津冀三地联调互补，优化配置，保障供给。

此外，未来新区用水应按分质利用、优水优用的原则，尽量利用中水、雨洪等非常规水资源，以节省外调水量。

2. 白洋淀淀区生态需水保障

白洋淀维持良好生态环境的水位高程为 6.5～6.8 米（1985 国家高程基准），相应水面面积约 300 千米^2。按区域年蒸发量和渗透量计算，需年补水 2.2 亿～2.5 亿米^3。建议由引黄济淀、内源调剂和新区污水处理后中水回用综合解决。考虑到黄河未来水资源总量下降趋势，引黄济淀供水风险增加，需将白洋淀上游水库作为重要调剂水源。上游六大水库多年平均出库水量约 5 亿米^3，建议每年向淀区调剂补水 1 亿米^{3}左右。由黄河引水补淀保障年供水量 1 亿米^{3}以上，新区未来污水处理中水回用 5000 万米^{3}以上。为考虑淀区恢复下游生态流量，远期还需补充 1.5 亿～2 亿米^3（以下游流量 5～6 米^3/秒计），则主要依靠南水北调东线后期供水与中水回用统筹解决。

建议南水北调东线二、三期调水工程合并，适当增加抽江流量，适时提前实施，以缓解京津冀协同发展中的水资源问题。此外，还应考虑雨洪利用以及未来海水淡化的潜力，以减轻对外源供水的依赖。

（二）水生态环境保护

1. 建立稳定多源补水机制，保障淀区与上游河道生态需水

淀区生态水量不足和上游平原河道断流是流域水环境的首要问题，多源保障与内源调剂是解决生态需水的主要途径。南水北调中线实现向保定市供水 5.5 亿米^3/年的目标后，流域上游各大水库可置换 1.0 亿～1.5 亿米^3/年，作为平原河道生态用水。同时沟通王快、西大洋、安各庄、龙门、瀑河等水库，通过科学调度，解决唐河、潴龙河、漕河、府河、孝义河的断流问题，改善沿河生态环境，最后保证 1 亿米^{3}水汇入白洋淀。通过引黄济淀，每年引水 1 亿米^{3}以上向白洋淀补水。此外，上游保定市与雄安新区未来的污水处理率达到 100%，处理水平达到地表Ⅳ类水标准，则估计可利用中水补淀 0.5 亿～

1.0 亿米^3/年以上。未来南水北调东线后期完成后将进一步改善流域与淀区的生态环境，恢复淀区下游的生态基流。

2. 全面控制流域污染排放，改善流域-淀区水环境

科学规划保定市工业园区，扭转布局上的“小、散、乱”，严格隔离工业废水与生活污水，根据产业特点，提高工业废水处理水平。借鉴北京、厦门和国外先进经验，加强分布式生态型污水处理体系建设，深化生活污水处理工艺，达到Ⅳ类标准，并辅以人工湿地等措施进一步提升水质。发展生态农业和循环经济，推广庭院经济、生态养殖等综合生态示范区，提高经济效益，控制面源污染。

3. 建立白洋淀国家公园，创新淀区管理模式

建议成立“白洋淀国家公园”，实现统一管理。对国家公园实行“保护第一、开发第二”的原则，可参照北京市河湖库水质标准，调整淀区水环境功能区划，统一为Ⅲ类；取缔淀内“三网养殖”产业，发展“人放天养”模式；构建良好的水生态系统，恢复野生鱼类与水生动植物种群。对淀中村应秉承人和自然和谐的理念，有序疏解淀区人口，严格控制生活污染，发展芦苇生产新的经济模式，加强对芦苇的科学管理，遏制淀区沼泽化。

4. 构建雄安新区人工水系，保障新区健康的生态环境

新区起步区位于安新县大王镇，目前该区生产、生活污水也带来严重污染。为保障新区环境，要建设充足的污水、雨水、再生水管网，实现污水收集、深度处理两个 100%，再生水利用规模要达到先进国家的水平（利用率 50%以上），保护新区的水环境。

核心城区地势平坦，自然水系不发育，周边水系包括萍河和白沟引河，但这两条河常年干涸。为构造新区优良的生态环境，首先要沟通萍河与北拒马河，解决断流问题。其次加强涿州等地的污水处理强度，解决北拒马河的水质问题，同时由安各庄水库（以及未来张坊水库）向白沟引河补给一定水量，保证清水通过萍河、白沟引河进入白洋淀。将白沟引河建设成为城区主景观河道，沿河建湿地公园，留足城市建筑与生态环境的缓冲区，接纳中水和地表径流。结合防洪要求，构建人工湖泊和河网，保证城区河湖水面率。

核心城区局部垫高约3米，形成水塘散布、局部筑台的格局，实现“水城共融”的愿景。

（三）防洪减灾方略与对策

防洪减灾方略可概括为“南北分洪、强固堤坝、疏通洪道、科学调度”等四策。

1. 实施南北分洪方略，减轻南北两支洪水对新区的威胁

大清河南支和北支均可能发生致灾洪水，且存在较大的遭遇叠加概率。为降低新区洪水风险，需继续实施南北分洪的总体方略。北支洪水通过新盖房分洪道向下游分洪；南支洪水在进入白洋淀调蓄后经由赵王新河向下游分洪，超标洪水则通过小关向下游分洪。为在新标准下实施南北分洪，建议在南支增强白洋淀下游赵王新河的行洪能力，经分析，需从现在的2700米^3/秒提高到约3900米^3/秒。研究修建张坊水库的可行性，以增加北支调洪容量。规划中的张坊水库控制流域面积4820千米^2，总库容7.9亿米^3，防洪库容3.1亿米^3，可将拒马河百年一遇洪水10 500米^3/秒削减1/2，有效减轻大清河北支洪水对雄安新区的威胁，张坊水库水源还可作为新区的补充水源。

2. 强固上游水库大坝与泄洪设施，确保水库拦洪安全

白洋淀上游六大水库控制流域面积9719千米^2，总库容34.3亿米^3，其中防洪库容约23亿米^3，是流域防洪体系的重要组成部分。上述六大水库均为1958年动工修建的大型土坝，存在一定的安全隐患，防洪安全风险较高，近年加大了其除险加固工程的力度。建议对上述水库进行全面检查，复核防洪安全现状，确保拦洪泄洪安全。

3. 提高新区防洪排涝标准，疏通洪道，加固堤防

雄安新区的防洪体系建设应围绕以下目标：①对200年一遇的洪水，要确保新区核心城区的安全。为此，要重点加高加固环绕新区周边的堤防，达到新的设计标准，其余白洋淀周边各堤目前暂按原有的防洪标准复核，远期逐步达到50年一遇的防洪标准。白洋淀淀区目前违法阻水障碍385处，面积65千米^2，占淀区总面积的1/3，需要开卡除埝、退耕还湖、疏通洪道。②对10年一遇以下的城市暴雨主要是应对城市排涝问题。由于新区建设占

了原有的雨洪排泄空间，因此必须在城区与周边适度开挖人工河道、湖泊、湿地，建扬水站，形成河湖淀连通的海绵城市体系，充分利用雨洪资源。③城区河湖与白洋淀连通，可对“自流＋抽排”和“全抽排”两种方案进行比选确定。“自流＋抽排”方案可结合淀区疏浚、新区人工河湖开挖，局部筑台，垫高 3 米左右，既有利于防洪除涝，也可改善新区地貌景观。建议对淀区土质污染情形开展研究以及对挖填工程方案进行勘测、规划，以做出优化设计。

4. 利用物联网技术，构建新区智慧水务和防洪信息管理平台

充分利用天空地一体化数据采集技术和移动互联网，实时监测雨情、水情、工情、灾情，以提供智慧决策方案，科学调度，减少洪水灾害的风险与损失，并在常遇洪水条件下尽可能利用雨洪资源。

（四）农业节水和种植结构调整

综合考虑农业节水和种植结构调整，实现地下水采补平衡，使地下水位恢复到生态健康的范围。

1. 结合新区建设和产业结构调整，试验都市农业规模化生产

在新区范围内建立适度规模的家庭农场（如 100 亩/户），实现农业适度规模化、专业化、现代化。发展无公害蔬菜种植、花卉、园艺等特色都市农业，实现种植、养殖、加工、服务的融合。提高农业生产效益，增加农民收入，也为新区服务业的发展提供人力资源。

2. 调整农业种植结构，实施轮作休耕试点

在流域地下水严重超采的地区分别实施冬小麦季节性休耕试点；发展雨养农业；压缩籽粒玉米种植面积，改种青贮玉米、大豆；发展设施蔬菜生产，实现蔬菜面积零增长或负增长。争取初期实现节水 3 亿～4 亿米^3，延缓地下水下降速率。

3. 节水灌溉，实现农业水资源高效利用

“十三五”期间实现流域内高效节水灌溉面积 200 万亩，其中管道输水面积 100 万亩，喷灌、微灌面积各 50 万亩，预计可节水 1.0 亿米^3，建议首

先在雄安新区三县试点。

通过上述试点示范，逐步探索白洋淀流域适水农业发展模式，并推广应用。在此基础上，辅以恢复河道基流、现代化农灌回补、大型湿地自然补给、中水直接补给地下水等策略，逐步实现地下水采补平衡，建立华北地区地下水位恢复示范区。

四、结语

雄安新区水安全保障体系建设必须以“世界眼光、国际标准、中国特色、高点定位”为指导思想，以“打造白洋（淀）健康生态流域，建设雄安美丽智慧水城”为目标，调查总结国内外新区水安全体系建设的经验，结合华北地区水安全情势，树立雄安新区作为我国21世纪生态流域建设与城市发展的典范。

1. 新区水资源体系建设应贯彻“多源优化、农业节水、非常（规水）利用、科学管理”的思路

将流域水资源保障与南水北调供水规划，引黄济冀补淀，农业种植结构调整，节水压采，再生水、雨洪资源利用，未来海水淡化规划等统筹考虑，优化配置，实现现代城市水资源的分质利用。考虑到京津冀缺水情势严峻及南水北调东线水源相对丰富，建议将东线后续二、三期规划合并，适当增加抽江流量，适时提前实施。结合未来京杭大运河恢复通航的可行性研究做长远统筹规划。同时，开展研究东线最终调水规模对长江河口生态环境的影响。

2. 新区的水安全保障体系建设与白洋淀流域治理密不可分，必须综合考虑

建立流域全面的污染控制体系、严格的地下水压采制度和稳定的多源供水机制。建议将白洋淀流域列为海河流域治理的先行示范区，率先打造一个健康、安全、绿色的生态流域，支撑雄安新区成为美丽、宜居、智慧之城。并逐步向海河流域推广，实现京津冀协同发展。

3. 建议将白洋淀列为国家公园进行规划建设，打造雄安新区绿色生态屏障

建设白洋淀国家公园，在管理上实行“保护第一，开发第二”的原则，

调整淀区水环境功能区划，统一为Ⅲ类。取缔淀内“三网养殖”，发展“人放天养”。构建良好的水生态系统，恢复野生鱼类与水生动植物种群。发展芦苇新的经济模式，遏制淀区沼泽化。秉持人与自然和谐理念，有序疏解淀区人口。在雄安新区建成后，实现白洋淀成为国内外著名旅游胜地的目标。

4. 新区与流域防洪方略建议实行“南北分洪、强固堤坝、疏通洪道、科学调度”四策

目标是减轻对新区的洪水威胁，有效实现“上拦、中疏、下排、适当地滞”的理念。提高新区防洪标准至200年一遇，加高加固新区周边主堤，适当垫高城区，确保新区防洪排涝能力。构建雄安新区韧性应对洪灾的理念，将罕遇洪水灾害风险减至最小，通过建设海绵城市充分利用雨洪资源。

5. 雄安新区水城建设，应将河湖连通、生态修复、景观设计、城区空间规划相结合

规划建设白沟引河为城市景观河道，使其连接新区河网与白洋淀。沿白沟引河建湿地公园，利用自然体系进一步净化及保持城市水系水质，结合上游水库引水入河，最终汇入白洋淀。通过流域-淀区-新区综合规划，使西水汇淀、东水畅流、北水穿越、南水拥城，真正实现人文与生态融合、河湖连通、水城交融的愿景。

（本文选自2017年咨询报告）

咨询项目组主要成员名单

专家组

组长：

张楚汉　中国科学院院士　清华大学

王光谦　中国科学院院士　清华大学、青海大学

成员：

陈云敏　中国科学院院士　浙江大学

陈祖煜　中国科学院院士　中国水利水电科学研究院

丁仲礼	中国科学院院士	中国科学院
龚晓南	中国工程院院士	浙江大学
胡春宏	中国工程院院士	中国水利水电科学研究院
江欢成	中国工程院院士	华东建筑设计研究院
康绍忠	中国工程院院士	中国农业大学
刘昌明	中国科学院院士	中国科学院地理科学与资源研究所
马洪琪	中国工程院院士	云南澜沧江水电开发有限公司
倪晋仁	中国科学院院士	北京大学
聂建国	中国工程院院士	清华大学
钮新强	中国工程院院士	长江勘测规划设计研究院
钱　易	中国工程院院士	清华大学
邱大洪	中国科学院院士	大连理工大学
任南琪	中国工程院院士	哈尔滨工业大学
王　超	中国工程院院士	河海大学
王　浩	中国工程院院士	中国水利水电科学研究院
王思敬	中国工程院院士	中国科学院地质与地球物理研究所
夏　军	中国科学院院士	武汉大学
杨志峰	中国工程院院士	北京师范大学
张建云	中国工程院院士	南京水利科学研究院
张勇传	中国工程院院士	华中科技大学
郑时龄	中国科学院院士	同济大学
钟登华	中国工程院院士	天津大学
方东平	教　授	清华大学
张建民	教　授	清华大学
陈永灿	教　授	清华大学、西南科技大学
黄　霞	教　授	清华大学
方红卫	教　授	清华大学
李庆斌	教　授	清华大学
杨大文	教　授	清华大学

程伍群　教　授　　　　河北农业大学
王文林　总工程师　　　河北省大清河河务管理处
张栓堂　院　长　　　　河北省水利科学研究院

编写组（清华大学）

赵建世　刘昭伟　田富强　尚松浩　黄跃飞　傅旭东　王忠静
倪广恒　王恩志　吴保生　雷慧闽　李铁键　胡黎明　陈　敏
温　洁　江　汇

大力推广绿色控草技术，科学防治我国农田杂草危害

陈晓亚　等

农田杂草是作物生产最重要的有害生物之一。杂草与作物共生，影响作物生长，导致产量和品质降低，给农业生产造成危害。在农业转型发展的今天，农田草害防治过度依赖化学除草剂导致的杂草失控及环境问题，已威胁到农业可持续发展和国家粮食生产安全。为此，本报告梳理了面临的挑战，提出了应对策略。

一、我国农田杂草危害现状

我国是受杂草危害最严重的国家之一。我国有田园杂草 1430 种（变种），隶属 106 科，分布广、发生量大、危害严重的恶性杂草有 37 种。农田受害面积约 5100 万公顷，其中严重受害面积约 1500 万公顷，平均造成约 9.7% 的作物产量损失。

由于受不同连作种植制度的影响，我国农田杂草群落结构复杂，一个作物田发生的显杂草群落与地下土壤中存在的 1～3 个休眠潜杂草群落种子库共同构成杂草群落复合体。依此，我国杂草草害发生分布可划分为 5 个杂草区：东北一年一熟作物杂草区、华北一年两熟作物杂草区、西北一年一熟作物杂草区、中南亚热带一年两熟作物杂草区、华南热带亚热带一年三熟作物

杂草区。杂草群落复合体是杂草防除的主要目标。

与30年前相比，虽然大范围采用化学除草技术，稻田总草害指数从491.6略降低到415.95，但杂草总体危害状况没有明显改变；小麦、油菜和玉米田总草害指数甚至分别从328.1、99.4和85.9上升到535.71、237.8和275，至少加重63%甚至2倍以上。农田杂草群落发生了明显演替，除草剂的大量使用、外来杂草入侵、轻型栽培技术和农业种植业的社会化服务，导致水田杂草群落旱田化，加速恶性或抗药性杂草成灾。杂草群落复合体更趋复杂多样。

二、我国农田杂草防治技术现状

20世纪80年代开始，随着我国农业生产的集约化和规模化发展，以及农村劳动力的转移和用工成本增加，化学除草逐渐成为我国农田草害防除的主要技术方式。据农业部全国农业技术推广服务中心调查统计，2015年我国化学除草剂产量177.4万吨，占到农药总产量的47.4%；化学除草剂使用原药量10.7万吨，占我国总农药使用量的35.7%。根据发达国家的经验，随着农业发展水平的提高，除草剂占比还将进一步提高。目前，我国已有超过1亿公顷的农田使用除草剂，占作物种植总面积的60%以上；小麦、玉米、大豆和水稻田是化学除草剂的主要市场。

杂草综合治理技术模式的基本原理是，基于杂草生物学、生态学规律，针对杂草繁殖和传播环节中可以集中利用技术处理的关键节点，实施生态、机械、生物、工程等综合的绿色技术措施，从而将杂草有效地控制在生态经济阈值水平之下。在长江中下游部分地区实施的“降草”“减药”稻-麦（油）连作田可持续洁净控草技术是该模式应用的代表。

杂草之所以一直灭除不尽的根本原因是土壤中存在的杂草种子库。因此，针对杂草群落综合体，基于“断源”“截流”“竭库”技术理念，减少种子库的输入量，降低直至耗竭种子库，洁净土壤，就可以减轻或免除草害。主要技术抓手是，针对杂草种子适应长期的水稻种植灌水管理环境而随水流传播的特点，应用灌溉期进水口拦网截流及蓄水期漂浮草籽捞除技术，阻断外源杂草种子的传入及减少种子的回馈，加快种子库的耗竭。

经过在长江中下游地区稻-麦（油）连作田17年的试验、示范和推广，发现该技术年降低杂草发生量20%，持续3年后可使种子库规模下降到50%以下、杂草发生量减少60%以上、减少化学除草至少1次；持续进行每季作物仅需依靠一次常规土壤处理就可以解决草害问题。综合估算，免除茎叶处理2～4次，年均可减少杂草防除费用993元/公顷，减少40%以上的化学除草剂使用量，节约成本30%以上。同时，该技术还降低了药害产生的风险、环境污染的压力以及延缓杂草抗药性的产生，实现了杂草的可持续防治，方法简便易行，省工节本，具有显著的综合经济、社会及生态效益。

稻鸭共作杂草防控体系，利用稻田圈养鸭子进行觅食活动，减少了草籽并抑制幼苗而控制杂草，相应地稀植可增强作物抗病，鸭子啄食昆虫，可减少或免除使用除草剂等化学农药，与常规种植水稻相比，收益增加74%～95%，已成为有机大米田主要的控草方法之一。

三、我国草害及防治存在的主要问题

目前，我国农田杂草防除以化学除草剂除草为主导，且日趋加剧，人工防除、生态控草、耕作和栽培措施控草等技术由于农业管理粗放化而被削弱，所采用的技术方式已不能适应处于农业转型期的生产对杂草防治技术的实际需要。

（一）我国草害问题突出，损失巨大

我国杂草多样复杂、草害严重、多因素致草害恶化和问题复杂化，已威胁到我国粮食生产安全，影响农民增收。

调研数据估计，每年由于草害减产粮食3700万吨，其中，小麦受害面积约1210万公顷，减产约880万吨；水稻受害面积约1250万公顷，减产约950万吨；油菜受害面积约470万公顷，减产约60万吨；玉米受害面积约1460万公顷，减产约1330万吨；其他粮食作物受害面积约710万公顷，减产约480万吨；总计经济损失约874亿元。每年用于农田除草约耗费10.5亿个工日，成本费用1050亿元。因此，每年由于草害造成的经济损失加除草剂费用高达1924亿元。

（二）过度依赖化学除草

我国已成为世界第一大化学除草剂生产国，第五大除草剂消费国，化学除草剂使用原药量 10.7 万吨，除草剂费用 310 亿元，占我国总农药使用量的 35.7%。60%以上的种植面积依赖化学防除，在长江流域稻-麦（油）连作区年均使用除草剂 4～6 次，而华北玉米-麦连作区则使用除草剂 4 次。据世界发达国家的经验，这是我国农业现代化发展水平的反映，并随着我国城市化进程加快，劳动力向城市转移以及农业的集约化、规模化发展，农业生产对化学除草剂的依赖性将进一步加剧。

我国已经开发出农业、生态、生物防治技术以及降草减药的杂草可持续防治技术、稻鸭共作综合防治技术等多样化的绿色除草技术，但没有得到广泛的推广应用。主要有两方面原因：一是劳动力成本以及农业生产成本提高，农业生产的管理粗放化；二是随着市场经济在农业生产中的发展，植保科技推广主体由农药公司主导，公司逐利本性加剧对有利可图的化学除草技术的依赖。

（三）化学除草剂药害和杂草抗药性发生严重

化学除草剂的长期大量使用引起杂草产生抗药性，已经导致局部杂草失控，并将进一步加剧。迄今，我国已发现农田 41 种杂草对 9 类除草剂中的 31 种产生抗药性，居全球第 6 位，抗药性发生率普遍在 50%以上，最高抗药性可达 1500 余倍。抗药性杂草由单一抗药性向交互、多抗药性方向发展，其中 ALS 抑制剂和 ACCase 抑制剂类除草剂的抗药性形势最为严峻。农田抗药性杂草种群的形成，使得药效降低、用药量增加（多数常规除草剂的用量均增加 1 倍以上）、用药成本提高，进一步加重了污染。局部地区因杂草失控，直接威胁到除草剂的继续使用和农业生产安全。

化学除草剂药害导致绝收和农田暂时性荒废的情况时有发生。除草剂应用的技术性较强，经常由于品种选择不合理、长残效除草剂连年使用，加上使用方法不科学，肆意加大施药剂量、施药机械性能落后、施药时期把握不准确，以及气候、土壤环境等因素的影响，导致我国除草剂药害发生普遍。仅东北地区作物田每年发生的药害就超过 330 万公顷，造成的粮食减产在

10%以上。

四、解决我国农田杂草问题的策略

我国杂草防治领域面临的问题集中表现在由于农业转型所造成的过度依赖单一化学除草技术。我国在农业“十三五”规划中提出了“农药零增长”目标。2017 年中央一号文件进一步强调“推行绿色生产方式，增强农业可持续发展能力”。这实际上是对我国杂草防治技术的发展提出了更高的要求，也为我国杂草科学研究指明了方向。技术措施是保证战略实施的前提。因此，本报告提出发展绿色控草技术以及构建全国农田草害监测预警系统两项技术措施。

（一）大力推广绿色控草技术

建议在长江中下游地区稻-麦（油）连作田大力应用推广“降草”“减药”等可持续洁净控草技术。该区是我国最主要的水稻主产区，水稻种植面积 1800 万公顷（约占全国水稻总面积的 67%），连作小麦种植面积 280 万公顷，油菜种植面积 740 万公顷。该技术通过降低杂草发生基数，周年减少使用除草剂次数 2～3 次。如果能够在该地区推广应用 50%的种植面积，可减少除草剂使用量 2.2 万吨（纯药），制剂 7 万吨，全国除草剂用量将减少 20%。如果在该地区全面推广并持续应用，可以减少农药使用量 15%（按当前除草剂农药占比），还可以减少除草剂污染和残留药害的发生概率，降低甚至完全消除杂草抗药性形成的风险。该技术特别适合大户甚至整个流域农田的统一管理，结合远程监控技术，实现杂草治理的定量化、信息化和现代化，顺应当今土地流转的农村发展趋势。

由于定量“降草”“减药”等可持续洁净控草技术是针对下茬或下年作物田的杂草绿色防控长效技术措施，需持续实施才能显现良好的除草效果、生态和社会效益，单靠市场行为是难以推广的。因此，建议将该技术纳入国家农业防灾减灾补贴、植保统防统治及农机补贴等农业扶持政策框架，这也符合农业部 2017 年开始实施的专业化统防统治与绿色防控融合的方针政策。通过政策引导、技术培训，重点培育种植农场或大户，点面结合、多管齐下进行示范推广，为长江中下游稻-麦（油）连作田绿色生产和农民增收发挥积极作用。

在华北、东北和西北旱作区，应积极试验推广应用杂草种子碾碎机，配合社会化服务收割机在作物收获时使用，实现杂草的绿色防控。杂草种子碾碎机是澳大利亚研制发明的技术，通过加装在联合收割机上，将混杂在收获秸秆中的杂草种子分离并碾碎，再还田，控制效果达95%，可以减轻下年杂草发生基数，减轻草害压力，减少除草剂使用次数。目前，该技术已被澳大利亚广泛采用，美国农业部（USDA）已将此作为杂草防除新技术纳入政府主导的推广应用计划。我国也应当加强研发和推广应用。

此外，大力倡导发展稻田养鸭、养鱼、养蟹、养鳖等生态农业、有机农业，统一纳入杂草可持续治理技术体系。两项相加，可以保证全国近80%的作物种植面积实施绿色除草，以绿色控草技术为主导，配合应用化学除草技术，确保粮食生产安全。

（二）构建全国农田草害监测预警系统

农业有害生物的预测预报是我国农业生产安全体系中最重要的技术环节之一，对预防重大病虫害的发生发挥着关键作用。在农业生产、环境保护、国际交往和公众认知领域对杂草标本和种子、种类、分布、危害、杂草抗药性预测、预报等信息的社会需求十分迫切。但是，由于传统植保观念一直轻视草害，我国还没有完善的杂草种子和标本信息库、系统的杂草危害发生动态资料，严重缺乏进行草害预测预报的技术基础和能力。

因此，建议在东北、华北、长江流域、华南以及西北干旱农业区建立区域性杂草草害长期定位站，并将其纳入现代农业产业技术体系建设中；针对主要种植制度和主要农作物，开展杂草群落及恶性杂草、重要抗药性杂草的发生动态长期定位观察和监测，开展预测预报模型的研究，建立草害监测预报信息服务系统，结合精确农业技术体系发展杂草草害的远程监控技术，实现杂草治理的定量化、信息化和现代化。为科学制定杂草防除技术措施及管理策略、广泛推广应用绿色防控技术提供理论依据。

另外，杂草标本和种子是杂草发生分布以及演替的携带遗传信息的实物资料，长期积累也会成为杂草动态预测和预警的重要信息来源。但是，长期以来我国既没有设立专门的机构，也没有专门的经费或机制委托和支持相关机构开展此方面的工作。因此，建议建立中国国家杂草标本馆、杂草种子资源库，系统收集保存杂草标本和种子，提供外来入侵植物风险评价、预警预报、杂草样品鉴定、杂草防除技术咨询及信息服务，并纳入全国农田草害监测预警系统。

（本文选自2017年咨询报告）

咨询项目组主要成员名单

组长：

陈晓亚　中国科学院院士　中国科学院上海生命科学研究院

成员：

方精云　中国科学院院士　中国科学院植物研究所
韩　斌　中国科学院院士　中国科学院上海生命科学研究院
方荣祥　中国科学院院士　中国科学院微生物研究所
康　乐　中国科学院院士　中国科学院动物研究所
吴孔明　中国工程院院士　中国农业科学院植物保护研究所
陈剑平　中国工程院院士　浙江省农业科学院
钱旭红　中国工程院院士　华东理工大学
朱有勇　中国工程院院士　云南农业大学
李召虎　教　授　中国农业大学
马金双　研究员　中国科学院上海辰山植物科学研究中心
冯玉龙　教　授　沈阳农业大学
纪明山　教　授　沈阳农业大学
柏连阳　研究员　湖南省农业科学院植物保护研究所
鲁传涛　研究员　河南省农业科学院植物保护研究所
丁建清　研究员　河南大学

卢宝荣	教　授	复旦大学
李香菊	研究员	中国农业科学院植物保护研究所
张朝贤	研究员	中国农业科学院植物保护研究所
梁帝允	研究员	全国农业技术推广服务中心
刘长令	研究员	中化集团沈阳化工研究院
王金信	教　授	山东农业大学
范志伟	研究员	中国热带农业科学院环境与植物保护研究所
黄春艳	研究员	黑龙江省农业科学院植物保护研究所
黄元炬	研究员	黑龙江省农业科学院植物保护研究所
强　胜	教　授	南京农业大学
宋小玲	教　授	南京农业大学
陈世国	教　授	南京农业大学
戴伟民	副教授	南京农业大学
张　峥	讲　师	南京农业大学

加强三江源暖干化趋势下水文–生态系统相关研究的建议

王光谦　等

一、三江源地区的水源涵养和生态屏障作用极为突出，对我国乃至全球具有深远而重要的意义

三江源地区位于我国青藏高原，总面积约36万千米^2，是长江、黄河和澜沧江（国外称湄公河）的发源地，是三条江河的重要水源区，每年向中下游供水近400亿米^3，素有“江河之源”“中华水塔”之称。其中，黄河源区为黄河流域提供了40%的水量，对黄河流域九省（自治区）社会经济发展影响尤为重大。

三江源地区历史上曾是水草丰美、湖泊星罗棋布的高原草原草甸区，被称为生态“处女地”。三江源的高原草原草甸生态系统孕育了我国乃至世界上最重要的高寒生物自然种质资源库和生物基因库，这里拥有数量众多、种类独特的高原珍稀和濒危动植物及其生物群落，是世界上高海拔地区生物多样性最为丰富的地区。

三江源所处的青藏高原被喻为“世界第三极”，是除南北极外全球气候变化的高度敏感区和早期启动区。近些年来，随着气温升高，三江源地区的冰川、雪山逐年萎缩，直接影响高原湖泊和湿地的水源补给；加之人类活动

影响，众多湖泊、湿地面积缩小甚至干涸，生态系统变得十分脆弱。同时，青藏高原在全球气候系统中具有重要地位，冰雪覆盖、冻土、植被、湿地等下垫面因素的改变引起热力作用变化，可能对局部乃至全球水文循环和气候变化形成不容忽视的反馈作用。

保护三江源的首要任务是生态保护与水源涵养。三江源地区植被与湿地生态系统破坏，水源涵养能力退化，产流量减少，已对我国水资源安全和生态安全构成巨大威胁，引起社会各界高度关注。三江源地区生物群落的健康繁育和演替也与区内气候、水文、生态状况息息相关，水源涵养能力和生态系统的退化引起高原生物生境的剧烈变化，加之人类活动的增多，对高原珍稀和濒危物种安全也产生了实质性影响。

总之，三江源的高原生态系统是位于青藏高原的重要生态屏障和物种资源库，是西部社会经济健康发展和人民生活水平提高的基本保障；三江源提供的水资源直接关系到我国中东部江河下游地区的供水安全和可持续发展，是国家水资源战略的压舱石；三江源的气象-水文-生态系统具有深刻影响全球气候变化的潜在作用，并可能由此广泛影响到人类的生存与发展。

因此，为对三江源地区予以重点保护，国家已完成了三江源生态保护和建设一期工程，正在开展三江源生态保护和建设二期工程和三江源国家公园建设。但是现有保护工作仍缺少充足的科学基础与关键技术支撑，在全球气候变化的背景下和三江源水文-生态系统高度脆弱的现实下，必须继续从全球战略的高度对三江源暖干化趋势下水文-生态系统的未来演变开展基本科学问题与关键应对技术研究。

二、三江源暖干化趋势带来的水文-生态系统变化形势严峻，应从战略高度予以重视

在政府间气候变化专门委员会第五次评估报告采用 RCP4.5 及更高排放情景下，未来百年三江源地区气温具有明显的上升趋势，21 世纪末气温将突破 6000 年以来的最高值；但降水量基本保持不变。在未来降水无明确变化趋势的情况下，水文系统对气温升高的响应主要表现在蒸散发增加、径流量减少，呈暖干化趋势，三江源植被生态系统和动植物种群将受到较大影响。

在相同的排放情景下，从 1956 年至 2045 年总序列看，历史和未来黄河源区汛期径流量均呈下降趋势，且未来的下降趋势更加明显。预计 2005～2045 年黄河源区汛期径流量将减少 30 亿米³，黄河流域的现状用水需求可能难以得到保障。

（一）三江源地区的暖干化趋势显著

1. 三江源地区气温升高特征及未来趋势

采用植物孢粉数据重构 6000 年来的历史气温，采用 WCRP 的耦合模式比较计划第五阶段（CMIP5）中 CMCC-CM 气候模式在 RCP4.5 中等排放情景下的模拟结果代表未来气温，将三江源地区 6000 年来的历史气温和现代实测与未来预测气温序列绘制在一起，可以得到三江源地区的气温演变历史与趋势，如图 1 所示。结果显示，未来百年三江源地区气温有明显的上升趋势，显著性水平 $p<0.05$。虽然三江源地区 6000 年来的历史气温估计值偏低，但仍然可以确定，在 RCP4.5 情景下三江源地区未来气温升高幅度可达历史波动幅度的 2 倍，21 世纪末气温将突破历史最高值。

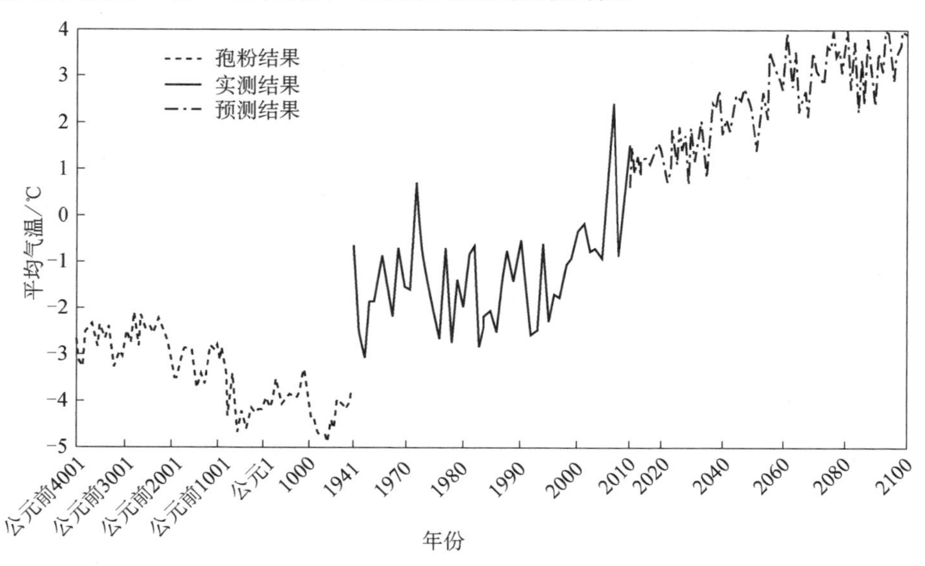

图 1　三江源地区的气温演变历史与趋势

2. 三江源地区降水变化特征及未来趋势

采用 CMIP5 中 CMC-CM 气候模式在 RCP4.5 中等排放情景下的模拟结

果，经修正后代表未来降水。结合地面实测降水数据，构建三江源地区年降水量的时间序列，如图 2 所示。结果显示，三江源地区降水量波动较为稳定，未来降水基本保持不变。

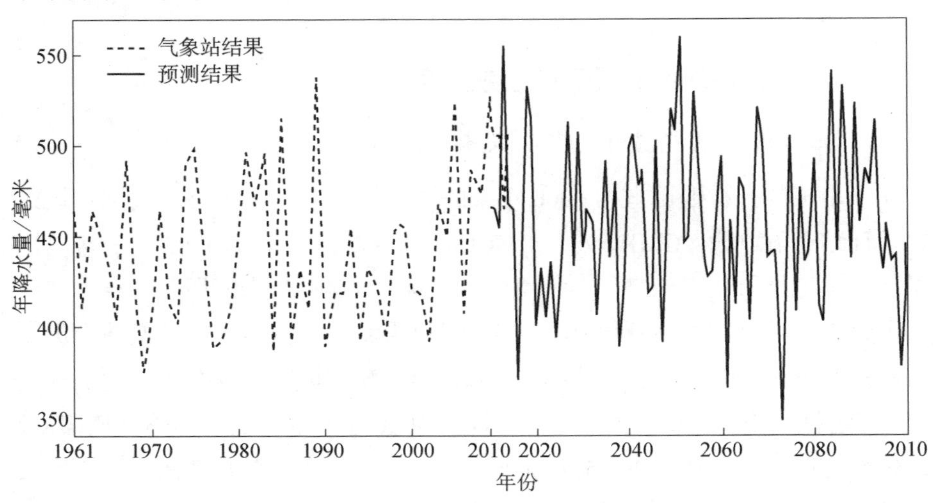

图 2　三江源地区的降水变化历史与趋势

3. 黄河源区未来径流呈持续减少趋势

采用地面雨量站观测数据和卫星遥感降水观测数据对 CMIP5 CMCC-CM 模式 RCP4.5 输出降水量进行修正处理，驱动清华大学数字流域模型进行黄河源区汛期降水径流模拟，在日尺度分辨率下预测了未来黄河源区的径流变化趋势。结果如图 3 所示，1956～2045 年，黄河源区汛期径流量呈总体下降趋势，未来汛期径流量下降趋势更加明显。预计在 RCP4.5 情景下，2005～2045 年黄河源区平均汛期径流量为 152 亿米^3/年，减少速率约为 0.7 亿米^3/年。

（二）暖干化驱动三江源地区的植被生物群类型降级

1. 三江源地区植被生物群的演变历史与未来压力

采用气候-植被生物群关系模型，利用不同植被生物群对气候条件忍受力的差异，根据前述植物孢粉数据反演的历史气温、降水等参量推断三江源地区历史植被生物群类型。结果显示，三江源地区 6000 年来主要分布着半荒漠（semidesert）、苔原（tundra）、冷温带草原/灌木（cool grass/shrub）、寒温带落叶林（cold deciduous forest）、北方针叶林（taiga）等植被生物群类型。其中，苔原、半荒漠及冷温带草原/灌木构成的非树生物群集合在历史上覆盖面积最广，是三江源的主要生物群类型。非树生物群内部的相互转化最为剧烈，是三江源生物群演化的主要部分。

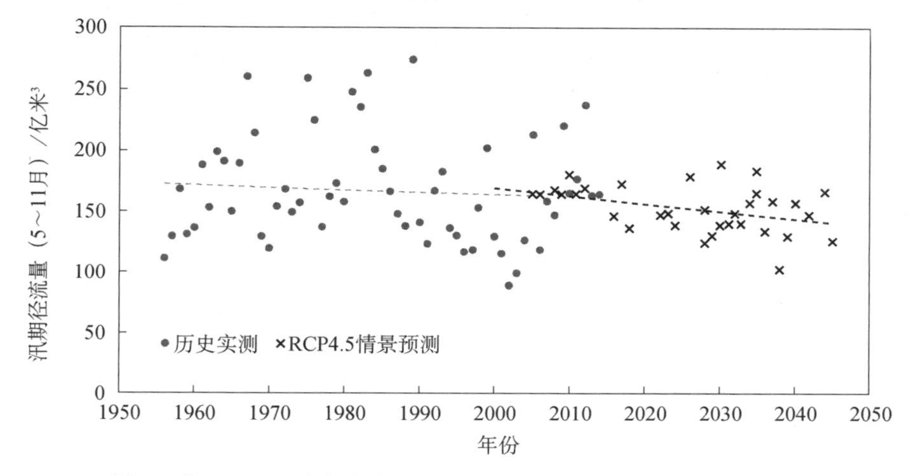

图 3　黄河源区历史与未来汛期径流量变化趋势（唐乃亥水文站）

图 4 显示了三江源地区主要植被生物群类型的分布规律与演替足迹，若某生物群类型曾在某网格存在，则该网格会被标记上该生物群的图标，如果有超过一种生物群曾在不同时期存在于同一个网格，则该网格会被标记上重叠的生物群图标。由图 4 可知，苔原和半荒漠占据了三江源地区超过 90%的面积。其中，苔原主要分布于两个区域，其一为东南部的大部分地区，其二为三江源西北部的小部分地区；半荒漠则主要分布于三江源的中部和北部。

6000 年来三江源地区主要植被生物群类型的演化方向如图 5 所示。按占三江源总面积的比例看，苔原和冷温带草原/灌木所占面积分别收缩了约 13 个百分点和约 2 个百分点，半荒漠所占面积则增加了约 16 个百分点。虽然半荒漠向冷温带草原/灌木转化了约 3 个百分点，但苔原向半荒漠转化的面积高达约 19 个百分点，是历史上最主要的生物群类型演化。

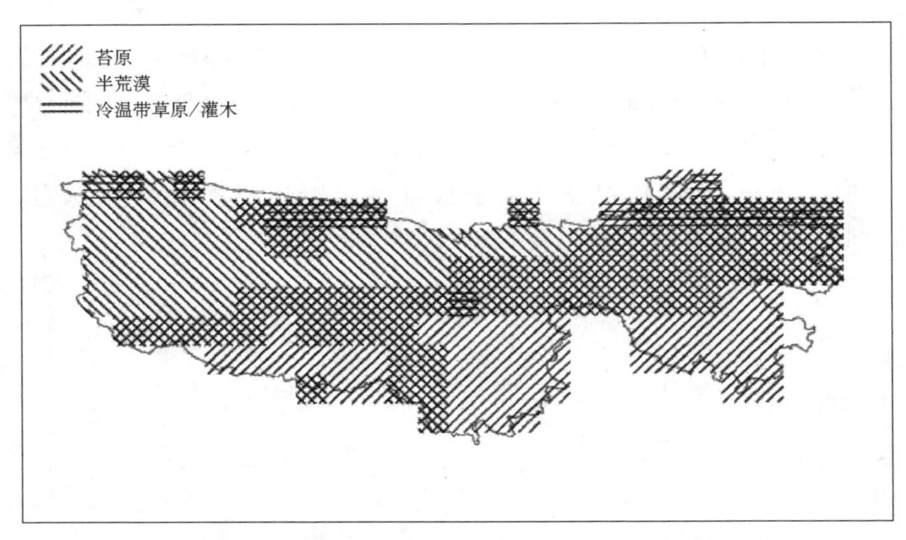

图4　三江源地区主要植被生物群类型的分布规律与演替足迹

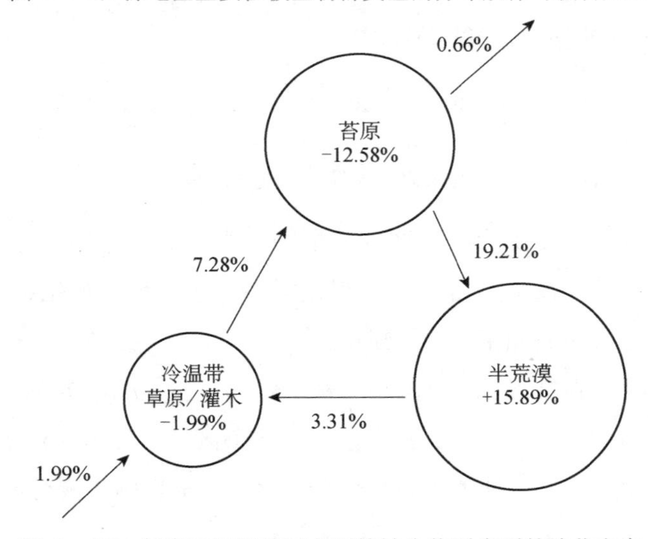

图5　6000年来三江源地区主要植被生物群类型的演化方向

从生物群类型的演化规律看，苔原和冷温带草原/灌木的相互转化主要受气温的控制，冷温带草原/灌木所需有效积温更高；半荒漠和苔原、半荒漠和冷温带草原/灌木的相互转化则受干旱指数的控制，干旱指数超出一定阈值后，苔原和冷温带草原/灌木均转化为半荒漠。干旱指数的升高可由温度上升或降水减少两条路径实现。对三江源地区而言，未来明确的升温趋势和基本不变的降水量将使干旱指数升高，继续促进苔原向半荒漠转化的植被生物群演化趋势。这种演化是植被生物群类型的降级，引起植被生产力的降低和水源涵养能力的下降，需要高度注意。

2. 三江源植被生态系统仍承受较大的畜牧压力

植被生态系统受自然因素（水、光、热）和人为因素（畜牧等）的制约。畜牧业是三江源地区居民的主要经济来源，畜牧业饲养方式为放牧，直接作用于三江源植被生态系统。根据《青海统计年鉴》，三江源地区牛羊肉产量呈持续增加趋势（图 6），1995～2013 年牛羊肉产量从 8.74 万吨增加至 15.51 万吨，几乎增加了近 1 倍。同时，三江源地区生长期归一化植被指数（NDVI）呈较稳定的波动趋势。在全球二氧化碳浓度升高和气温升高的背景下，北半球生长期归一化植被指数近年来一般呈增长趋势，三江源地区生长期归一化植被指数未呈现增长趋势与畜牧量的持续增加有关。

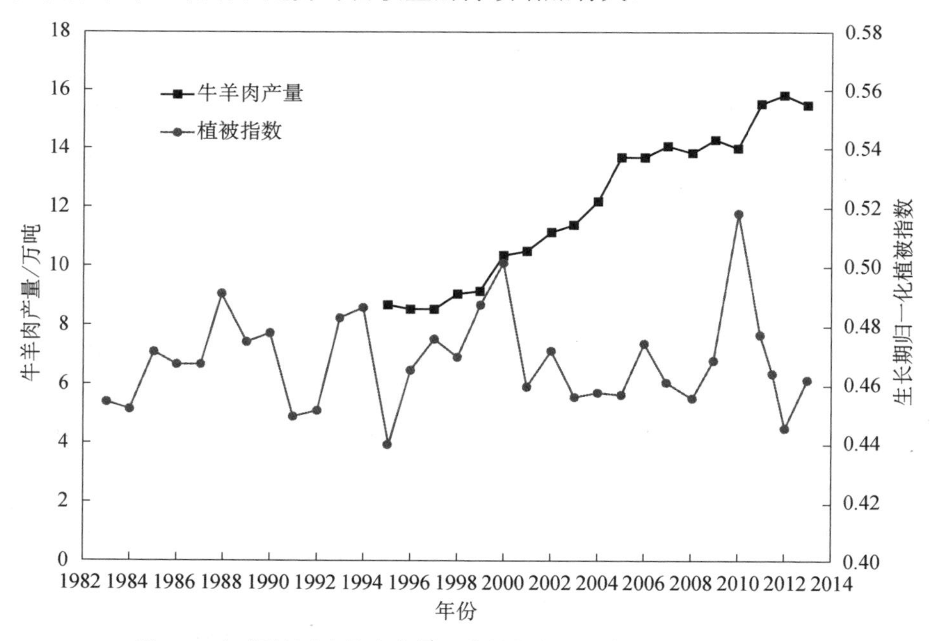

图 6　三江源地区牛羊肉产量及生长期归一化植被指数变化趋势

考虑三江源地区未来的暖干化趋势，三江源植被生态系统将从目前二氧化碳浓度升高和气温升高为主的有利气候条件，转向以干旱约束为主的不利气候条件，在局部地区和少数干旱年份具有较高的荒漠化风险。在气候压力的背景下，三江源植被生态系统对人类活动的敏感度将显著提高，未来将承受较大的畜牧压力，对三江源地区的畜牧量和畜牧方式管理提出新的要求。

三、三江源地区气候、水文、生态等科学基础数据极为短缺的现状，严重阻碍了应对三江源暖干化趋势相关科学研究的开展

以上认识建立在较短期的观测数据、较稀疏的历史样本和用于全球尺度的未来预测数据基础上，仍有不断修正数据与改进结论的空间。正确定量认识三江源是研究和保护的前提。开展三江源地区基础科学研究，认清三江源地区气候-水文-生态系统历史、现状和演变趋势，提高对三江源地区水与生态系统变化的科学认知和判断水平，找准变化机理，提出切实可行的保护措施，都离不开基础科学数据的支持。

（一）三江源地区的科学数据需求与现存问题

三江源气候-水文-生态系统综合研究对数据提出了较高要求。第一，数据内容应全面综合，涵盖气象、水文、生态等多方面信息；第二，在时间维度上，要具备一定的长期观测记录，要掌握大量能恢复历史信息的科学样本，还要合理推演气候变化条件下主要参量的未来变化，才能对三江源的历史、现状与演变趋势有客观认识；第三，在空间维度上，要求数据在研究区内具备足够的覆盖度和观测密度，才能对三江源地区做整体的和区内对比分析。

由于三江源地区特殊的地理位置以及数据本身的质量问题，三江源研究相关的科学数据仍存在许多不足，主要表现为以下几点。

第一，三江源地区的地面观测站点空间分布十分稀疏。由于三江源地处高原腹地，气候条件恶劣，人迹罕至，地面观测网建设相对于我国其他地区还十分薄弱。以气象站建设为例，约 30 万千米^{2}的三江源范围内只有 23 个国家级气象站具有长序列观测数据，这些数据用于流域尺度研究是远远不够的。

第二，数据的观测时序短，尤其是遥感数据，通常只有数十年的观测历史。对于研究三江源气象-水文-生态系统演变趋势而言，过短的数据序列不

足以涵盖一个演变周期，影响结论的正确性。

第三，气候模式和遥感反演算法生产的三江源地区数据精度低于其他地区。三江源位于中纬度地区，海拔高，下垫面条件变异性强，高原地区天气过程特殊，加之数据的实地定标困难，使得气候模式和遥感数据的质量相对其他地区偏低。在使用这类数据前必须评估数据精度，对低质量数据进行比对修正、去噪重建等处理。

（二）三江源地区星空地一体化监测是未来发展的必然趋势

三江源地区属于高海拔寒冷地区，传统的地面观测手段不但资金投入大、效率低、设备稳定性和可靠性低，同时，传统地面站点的控制空间范围有限，在数据完整性、空间分辨率等方面难以满足三江源水文–生态系统研究基础数据的高要求。

随着遥感技术的进步，遥感探测的参量类型不断增加，遥感影像的分辨率和数据精度也得到显著改善，遥感技术在气象、水文、生态、环境、减灾等诸多领域得到广泛应用。其中航空遥感相比地面站监测，具有空间覆盖面广的特点，且观测精度相对较高，但时间重访次数一般不多；航天遥感具有大空间尺度固定周期重访观测的优点，覆盖面广，能够反映全局特征，但是单点精度相比地面观测和航空遥感明显不足。

因此，为满足三江源地区水文-生态系统的大尺度、高时效、高精度的监测需求，亟须建立星空地一体的三江源观测技术体系，通过高效的遥感数据反演手段获取可靠的空间数据，并与地面观测数据插补融合，为三江源科学研究和保护管理决策提供基础数据产品。

四、三江源空中水资源量利用潜力巨大，天然降水转化率低，开展三江源空中水资源的主动利用，对保护青藏高原生态屏障、充盈“中华水塔”、缓解黄河流域水资源短缺具有深远意义

（一）空中水资源的定义

水循环是最重要的地球表层物质循环，海陆间水循环给陆地带来了源源不断的水汽，水汽在特定天气条件下成云，通过降水转化为地表水资源供人

类利用。作为降水和地表水资源的来源，向上溯源开展空中水资源评价分析具有重要意义。

将在一定时段内（如年）某一流域或区域内具有降水潜力的空中水汽的更新量定义为该流域或区域的空中水资源量。从更新通量角度看，与地表河流的天然径流量具有相同的内涵。

大量的晴空背景水汽对降水量的贡献可以忽略，因此只考虑水汽含量高出晴空背景水汽含量的部分，将高出的这部分水汽量计入流域的空中水资源量。进一步，可以将流域降水量与空中水资源量之比定义为空中水资源的降水转化率。

（二）三江源地区的空中水资源量及降水转化率

我国大陆每年水汽输入约 21 万亿米^3，其中空中水资源量 10 万亿米^3，空中水资源占水汽输入量的 48%。我国大陆年降水量约为 6 万亿米^3，考虑蒸发回补 4 万亿米^3，则有我国大陆水汽的平均降水转化率为 24%，空中水资源的降水转化率为 43%。

三江源地区每年水汽输入约 14 900 亿米^3，其中空中水资源量 6350 亿米^3，空中水资源占水汽输入量的 43%。三江源地区年降水量 1440 亿米^3，考虑蒸发回补 940 亿米^3，则有三江源地区水汽的平均降水转化率为 9.1%，空中水资源的降水转化率为 20%。

（三）空中水资源利用的基础科学问题与关键技术支撑

三江源地区在剧烈升温气候背景下具有暖干化趋势，从未来气候变化趋势和生态保护需求看，需要具备利用空中水资源保护植被生态系统和高原物种资源、遏制荒漠化风险的能力。从社会发展角度看，随着社会经济的不断发展，以黄河流域为代表的北方将会面临更严峻的水资源短缺问题，空中水资源利用有望成为水资源开源的一种方式。

三江源地区具备良好的空中水资源条件，在三江源特别是黄河源区开展空中水资源利用的科学试验可成为保障三江源生态屏障安全和我国北方水资源总量安全的突破点。大规模实施后，若黄河源区空中水资源的降水转化率提高 1 个百分点，则可增加黄河源区降水量 33 亿米^3，相应增加径流量约

10亿米^3，暖干化趋势带来的不利影响可得到一定程度的缓解。

为此，空中水资源利用将涉及一系列基础科学问题与关键技术支撑。主要包括空中水资源的时空分布规律及其驱动机制、空中-地面水资源的耦合作用与转化机制等科学问题，以及空中-地面水资源的耦合利用模式与关键技术等技术支撑。而从水资源管理角度看，随着我国水权制度和水资源配置体系的不断完善，空中水资源必将逐步纳入水资源评价与管理的范畴内。

五、关于开展应对三江源暖干化趋势下水文-生态系统脆弱性加剧的基础科学与关键技术研究的相关建议

目前三江源地区处于气温升高初期和降水量短期相对充沛的时期，在三江源保护工程的实施下，三江源植被生态系统总体良好，草场载畜量基本平衡，不存在严重的过度放牧现象。但从未来百年尺度看，在RCP4.5中等排放及更高排放情景下，21世纪三江源地区气温将超过6000年来历史最高气温，降水量基本不变。水文-生态系统对气候趋势的响应主要表现为蒸散发增加、径流量减少，具有暖干化趋势，尤其在未来干旱周期内，流域水资源和植被生态系统将受到较大影响。

为应对三江源暖干化趋势下水文-生态系统脆弱性加剧的严峻形势，提出开展以下基础科学与关键技术研究的相关建议。

（1）加强三江源基础科学数据的观测积累、质量评价和公开共享工作，适当加密艰苦地区地面观测频次，建设三江源科学数据中心；积极推进三江源地区星空地一体化观测专项，研发有针对性的三江源遥感卫星，加强遥感数据标定，提高数据解译精度，系统提升三江源数据覆盖度和数据精度。

（2）高度重视青藏高原在全球气候变化研究和评估中的地位，加大以三江源为代表的青藏高原基础科学投入，结合本地数据和自主模型提高三江源地区气候变化及其对全国、全球气候影响的模拟精度，科学回答三江源地区

气候-水文-生态系统演替机理，有效预测未来气候-水文变化趋势，合理评估植被生态系统和高原物种的变化响应。

（3）深入探索三江源地区空中水资源输移规律及分布特征，加大空中水资源调控关键技术研究投入，尽快实施空中水资源利用科学试验，为三江源地区空中水资源利用工程的全面实施开展应用示范，并提出针对三江源暖干化趋势的空-地耦合、水-生态耦合的空中水资源利用总体方案。

（4）结合三江源国家公园建设，尽快实施应对暖干化趋势的适应性技术研究和示范工程建设。建议包括：气候变化条件下牧区人居环境适应性研究和示范工程、国家公园“无损观光”技术与示范工程、草地生态恢复示范工程、现代绿色畜牧业管理示范工程等。

（5）实施三江源大科学计划，凝聚全国范围的优秀研究团队，打破学科界限，在基础科学研究和区域保护发展两条路径上开展系统研究，形成“三江源学”学术高地与西部人才和科学研究的聚集地，引领青藏高原“世界第三极”上的“水科学与高原生态学”国际学术研究。

（本文选自2017年咨询报告）

咨询项目组主要成员名单

王光谦	中国科学院院士	青海大学、清华大学
张楚汉	中国科学院院士	清华大学
陈祖煜	中国科学院院士	中国水利水电科学研究院
倪晋仁	中国科学院院士	北京大学
王　浩	中国工程院院士	中国水利水电科学研究院
胡春宏	中国工程院院士	中国水利水电科学研究院
王兆印	教　授	清华大学、青海大学
陈　刚	教　授	青海大学
毛学荣	研究员	青海大学
解宏伟	教　授	青海大学

魏加华	教　授	青海大学、清华大学
胡夏嵩	教　授	青海大学
傅旭东	教　授	清华大学
黄跃飞	教　授	清华大学
李铁键	副研究员	清华大学
胡春晖	讲　师	青海大学

关于加速成立中国生物信息学学会的建议

陈润生　等

生物信息学是利用计算机、统计等方法解析生命科学与医学相关大数据，从而发现调控生长发育和疾病发生的分子机制的学科，对现代生命科学的发展具有重要的推动作用，也是实现精准医疗目标不可或缺的支撑学科。

我国生物信息学的产生与国际上几乎同步，早期在“人类基因组计划”等具有重大影响的国际合作项目中均做出了突出贡献，近年来也涌现出一系列出色的成果，形成了老中青三代有一定规模的研究队伍。为更好地发挥我国生物信息学领域研究人员的作用，使生物信息学为推动我们生命科学与医学研究从“国际并行”进入“国际领跑”做出更大的贡献，自 2014 年起，我们发起筹建“中国生物信息学学会”，于 2014 年 11 月向中国科学技术协会提交了学会筹建申请，并且于 2016 年 8 月 2 日得到“中国科协同意作为中国生物信息学学会的业务主管单位”的批示。但由于近几年国家对行业协会商会的审批制度进行了调整，而相关政策一直没有落地，我们的学会申请没有办法进一步推进，自 2016 年 8 月起一直处于停滞状态，并且民政部等主管部门也没有办法给出学会申请能够通过审批的时间表。据了解还有多个全国学术性学会的申请都面临与我们相似的困境。

鉴于当前生命科学研究的诸多领域和精准医学研究的发展在很大程度上都需要依靠生物信息学，没有一个全国性的生物信息学学会已经对上述学科的发展产生了很大的制约，并且使得中国生物信息学家无法作为一个整体参与到一些国际学术组织或研究计划中，丧失了很多在国际同行中的话语权和起引领作用的机会。此外，从事基于基因检测进行疾病诊断业务的公司不断涌现，鉴于目前科学家对人类基因组中功能元件的解读能力还很有限，很多做基因检测的公司虽然收取了昂贵的费用，却并不能给客户提供有价值的指导报告，甚至可能产生误导，存在很大的社会矛盾隐患。国家号召行业学会要充分发挥社会职能，成立全国性的生物信息学学会后，学会就可以与科技和企业专家研讨与出台基因诊断相关的规范与准则，对企业和大众给予指导，从而减少相关的矛盾和隐患，为政府分忧。

因此，鉴于科研和社会发展对生物信息学的迫切需求，我们强烈建议相关部门能够尽快理顺全国性学术学会的审批制度，早日批复中国生物信息学学会成立的申请，这将对我国生命科学、精准医学以及相关产业的发展均具有重要意义。

（本文选自 2017 年院士建议）

建议成员名单

陈润生	中国科学院院士	中国科学院生物物理研究所
李衍达	中国科学院院士	清华大学
欧阳颀	中国科学院院士	北京大学
欧阳钟灿	中国科学院院士	中国科学院理论物理研究所
沈　岩	中国科学院院士	中国医学科学院基础医学研究所
张春霆	中国科学院院士	天津大学
杨焕明	中国科学院院士	华大基因研究院
孙之荣	教　授	清华大学

关于开展中国大陆地质源温室气体监测的建议

李曙光　等

“温室气体与碳排放”是世界各国政府和科技界共同关注的问题。温室气体减排与碳排放清单一直都是全球气候变化大会的核心议题，涉及国家间政治经济利益的博弈。日本（2009 年）、美国（2014 年）、中国（2016 年）先后发射了碳卫星，希望通过快速测量二氧化碳含量及其分布，提高人类对全球碳循环通量的认识和应对国际气候谈判。然而卫星探测的大气二氧化碳含量及分布是地球自然碳排放和人类活动排放的混合结果，进一步区分地球自然排放与人类活动排放量对国际气候谈判至关重要。发达国家为了在国际气候谈判中实现利益最大化，先于发展中国家提供了所在国地球自然碳排放数据。我国就是在缺乏地球自然碳排放数据的情况下，被认定为全球第一碳排放大国。为了从科学的角度准确厘定我国实际人为碳排放量，亟待建立中国大陆地质源温室气体排放观测体系，这将为保障我国在国际碳排放谈判中的权益提供重要的科学依据，提升我国在国际谈判中的话语权。

地质源温室气体是指伴随各种地质作用并通过自然过程向大气圈释放的温室气体。例如，火山爆发和休眠火山及地热活动、泥火山系统、地震-断裂带气体逸出、油气盆地与天然气水合物分解释放等地质过程，是导致大气圈温室气体含量增加的重要自然因素。我国境内的温室气体地质源有火山-地热区、深大断裂带、构造沉积盆地边缘、海底渗漏、煤自燃、碳酸盐岩风化等。特别是我国东部毗邻太平洋俯冲带，西南部是青藏高原大陆碰撞带，从而形成世界瞩目的两大新生代火山分布区和地质源温室气体排放区。我国科学家最近已经用镁同位素示踪研究方法，发现了自 1.65 亿年以来，由于西太平洋板块持续向中国东部大陆下俯冲，输送了大量碳酸盐沉积物进入地幔，使得中国东部大陆下形成了巨大的碳库；2300 万年以来，这个巨大的自然碳库向大气释放二氧化碳。这项最新研究结果证明，现今各国碳卫星观测到的我国东部碳排放总量中，有相当的比例来自地球自然碳排放。过去我们缺乏对地球自然碳排放重要性的认识，至今全国尚未建立地质源温室气体排放观测站。由于缺乏大面积区域的地质源温室气体排放观测数据，我们制定的温室气体减排政策往往会面临基础研究数据和证据不足的困境，甚至可能影响社会经济的合理布局。

在《巴黎协定》正式生效的国际背景下，为保障我国在国际气候变化谈判中的主动性和话语权，我们提出以下建议。

一、建立覆盖重点地质源温室气体排放区的监测网

作为监测网建设的第一步，首先建立中国东部监测网，包括东北、华北、华东和华南 4 个区，在不同地质与地貌单元开展地质源温室气体排放连续监测，重点监测我国东部火山-地热-断裂活动释放的二氧化碳和甲烷通量。通过综合研究我国东部地质源监测网的实时、连续观测数据，以及碳卫星观测到的碳排放总通量，我们能够科学地确定我国东部发达地区人类活动究竟排放多少温室气体。在积累经验的基础上，在全国范围内不同地质与地貌单元建立地质源温室气体排放监测网，实现中国境内全覆盖。

有关上述的温室气体的连续观测站及监测网的建立，建议由环境保护部牵头，会同中国科学院、教育部、中国地震局和中国气象局等部门共同建设实施。

二、建议科技部布局“地质源碳排放观测和深部碳循环过程”重点研发专项

开展我国大陆地质源温室气体类型、来源和排放通量的研究，以及我国

大陆地质源深部碳库分布及再循环过程和机理等方面的研究。通过该项研究工作，我们可充分利用和解读观测所获得的宝贵数据，改进人类对全球碳储库、它们之间的碳循环过程与机制，以及地质源温室气体来源和排放规律的认识。

（本文选自 2017 年院士建议）

建议成员名单

李曙光	中国科学院院士	中国地质大学（北京）
刘嘉麒	中国科学院院士	中国科学院地质与地球物理研究所
朱日祥	中国科学院院士	中国科学院地质与地球物理研究所
吴国雄	中国科学院院士	中国科学院大气物理研究所
张国伟	中国科学院院士	西北大学
莫宣学	中国科学院院士	中国地质大学（北京）
吴福元	中国科学院院士	中国科学院地质与地球物理研究所
任阵海	中国工程院院士	中国环境科学研究院
郭正府	研究员	中国科学院地质与地球物理研究所
吴丰昌	研究员	中国环境科学研究院

关于黑河流域水资源保护与生态需水的建议

傅伯杰　等

水是制约西北地区环境和发展的主要因素，作为典型内陆河，黑河水-生态问题还涉及国防、航天和民族等相关问题，所以黑河流域水资源供需平衡问题历来受到政府和学界的高度关注。为此，中国科学院地学部于 2016 年 2 月设立了“黑河流域水资源合理利用”咨询项目组，30 多位来自地理、生态、水文、农业等方面的专家经过一年来的野外考察和座谈，对黑河流域水资源与生态需水现状及存在的问题进行了评估，并提出了建议。

一、黑河流域水资源现状

黑河特殊的山盆结构决定了其流域独特的水循环特征，即上游山区产水，中游绿洲用水，直到耗散于下游荒漠绿洲。20 世纪 50 年代以来，由于中上游地区对水资源的大规模开发利用，下游生态环境持续恶化，河道断流，胡杨枯死，居延海干涸。1992 年以来，国家实施一系列分水方案及生态工程进行抢救性恢复。特别是 2000 年国家开始实施黑河甘蒙跨省级调水，至 2014 年累计向下输水 156.27 亿米^3，占黑河来水 57.33%，这使得东居延海自 2004 年以来连续多年不干涸，水域面积近年来能达到 50 多千米^2。额济纳旗核心绿洲生态恶化状况初步得到缓解，地下水位有所回升，国防科研用水得到保障。金色胡杨节已成为额济纳旗的闪亮名片，规模不断增加，经济和社会效益明显，旅游业已升级为当地支柱产业。

二、存在的问题

1. 水资源分配不协调

黑河调水虽然取得了明显成效，但也引发了一些不容忽视的问题。即使在分水前，中游绿洲已经存在水资源供需矛盾，分水后无疑会给中游绿洲农业、地下水循环和生态环境等方面带来一定风险。尽管张掖市在产业结构、节水措施和制度创新方面已经取得显著进展，但遍地开花式的地下水开采增加已使区域性地下水位持续下降，并导致了溢出带泉水大幅度削减，以及植被退化、水质恶化和沙漠化等一系列环境问题，使黑河水资源和生态安全问题更加复杂。

黑河的尾闾湖居延海是著名的内陆湖，具有重要的环境和文化指示意义。近年来，由于输水获得重生并且水域面积不断扩大。其中，衬砌渠道凭借输水快速和渗流量小的优势发挥了重要作用。但是，坚硬的混凝土衬砌材料不仅要防冻害，而且切断了地下水的补给途径，给沿河两岸的绿洲植被造成危害。因此，分水后下游绿洲虽然基本恢复至 1990 年之前的平均水平，但在空间上异质性较大，仅在额济纳东河上段和西河下段生长状况较好，而未恢复区域主要集中于东河中下段。居延海地势低洼，入湖水量很难补给到绿洲和再进行提升利用，水面蒸散损耗较大。

2. 区域水安全存在潜在风险

黑河分水连续十多年的成功执行一方面依赖于行政指令，另一方面也巧遇充足的来水条件。莺落峡多年平均径流量 15.8 亿米^3，2002 年以来平均径流量达到 18.86 亿米^3，属于连续偏丰。即使在这样的水源条件下，也没有充分完成分水曲线确定的指标，造成历史欠账越积越多，中下游矛盾逐渐增加。黑河具有连续丰水和连续枯水的特点，如果进入枯水期，中下游的分水矛盾将会更加激化。因此，当时作为一种抢救性措施的应急分水方案具有一定局限性和不可持续性，在未来气候变化的背景下，急需逐渐进行优化和调整分水曲线以适应中下游的社会经济发展新常态。

3. 区域经济发展与水资源现状矛盾突出

连年的分水成功也有效促进了下游额济纳旗的经济发展，农牧民生产生活环境得到明显改善。旅游业的兴起吸引了大量外地从业人员，耕地面积也有所增加，由2000年的2.31万亩扩张至2014年的7.32万亩，特别是额济纳蜜瓜已发展成为当地品牌被广泛推广，挤占了生态用水。同时，额济纳旗启动了百万亩梭梭种植基地建设项目，计划在包括主要交通沿线的“五带三区”营造人工梭梭林300余万亩。这些生态恢复措施不仅耗水，而且整地、打坑等工程措施也极大地扰动了长期演化形成的戈壁生态系统的稳定性，造成新的沙源，形成风沙等威胁。

三、政策建议

针对以上存在或潜在的问题，为保持黑河调水取得的成果，确保黑河流域的生态安全和社会经济可持续发展，提出如下政策建议。

首先，加强地下水-地表水联合调度。为解决中下游地下水补排失衡的“跷跷板”现象，需综合考虑地下水与地表水之间的相互转换特点。地下水-地表水联合调度可以提供稳定的可供水量并控制地下水位，从而减少干旱区水资源的时空差异。需要抓紧开发综合水循环过程和生态安全的集成模型以及联合调度信息系统和管理模式，科学评估丰枯年份流域水资源变化及调控途径。争取使中游实现“细水长流”，促进地下水-地表水相互转换，提高水资源重复利用率，并进行地下水系统更新和利用强度分区，制定区域、季节和年际地下水人工回补制度，实现地下水采补平衡。

其次，严格按照以水定发展进行规划和执行。未来的水资源状况不足以支持平均状况下分配给下游的9.5亿米^{3}水量和依然持续扩张的中游绿洲。因此，中游和下游都要严格按照以水定发展的原则进行规划和执行，遵循天然河道水分补给与植被景观格局关系确定适宜的配水区域。中游绿洲农业仍然是用水大户，需要进一步根据可用水量确定规模并提高用水效率。下游要充分发挥来水的生态效益，避免盲目发展，特别是限制农业发展规模，生态恢复也要因地制宜地采取措施，避免耗水和扰乱当地稳定生态系统的项目。

最后，创新调水方案并进行精细化综合管理。根据未来上游来水条件以及黄藏寺水利枢纽工程的实施情况，调整优化分水方案，形成根据植被生态需水特点和恢复生态地下水位进行调水的精细化水资源配置模式，在生态关键期保障输送必要的水量，合理调节水库出水量与河道径流量。综合发挥行政手段、市场激励和大众参与等多种手段，以流域全局视野加强流域区域间、部门间调度协调，形成整体联动机制。统筹上、中、下游关系，协调经济、社会以及生态系统间的关系，保持系统之间的动态平衡协调，使水资源系统实现良性循环。

（本文选自 2017 年院士建议）

建议成员名单

傅伯杰	中国科学院院士	中国科学院生态环境研究中心
康绍忠	中国工程院院士	中国农业大学
李小雁	教　授	北京师范大学
李秀彬	研究员	中国科学院地理科学与资源研究所
赵文智	研究员	中国科学院西北生态环境资源研究院
邓祥征	研究员	中国科学院地理科学与资源研究所
李　新	研究员	中国科学院西北生态环境资源研究院
蒋晓辉	高级工程师	黄河水利科学研究院
王　帅	副教授	北京师范大学
郑　一	副教授	南方科技大学
谈明洪	副研究员	中国科学院地理科学与资源研究所

关于2017年1～2月京津冀霾污染趋势预测展望

王会军　等

一、预测科学依据和预测意见

根据京津冀区域冬季三个月霾污染的季节-年际变化规律研究发现：前期秋季的海温、海冰、地面气温、地面湿度和南极涛动对冬季霾污染影响显著。据此，分别针对每个月霾污染选定不同的预测因子，并分别建立预测模型。预测结果如图1所示。

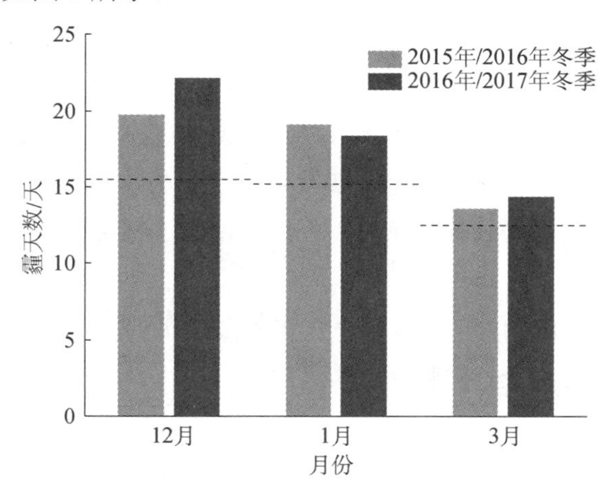

图1　京津冀区域2015年/2016年监测和2016年/2017年预测的冬季逐月霾天数

虚线为常年平均值

（1）2016 年 12 月京津冀区域霾污染天数多于 2015 年 12 月，也明显多于常年平均。

（2）2017 年 1 月京津冀区域霾污染天数少于 2016 年 12 月，也少于 2016 年 1 月，但多于常年平均。

（3）2017 年 2 月京津冀区域霾污染天数少于 2016 年 12 月，略多于 2016 年 2 月，也多于常年平均。

二、预测模型的基本性能检验

对预测模型进行了初步检验（交叉检验），检验的结果如下：

相比而言，12 月霾污染预测模型的性能最好，能够解释年际变率的 49%，均方根误差仅有 1.55 天，年际变化同号率能达到 83.3%。2 月霾污染的预测模型性能次之，能够解释年际变率的 56%，均方根误差仅有 1.75 天，年际变化距平同号率为 75%。1 月霾污染的模型性能仅能解释年际变率的 37%，均方根误差为 2.24 天，年际变化同号率保持在 77%以上。

将 3 个月份的预测结果相加后，还可得到冬季平均的预测结果，而且要优于 3 个分月的预测性能。冬季预测结果能够解释年际变率 66%的方差，年际变化距平同号率能达到 91.7%，对长期趋势和年际变化的把握也是最好的。

三、对策建议

（1）加强科学研究，定量评估气候变化因素和人为排放因素。加强对京津冀区域霾污染过程研究，定量评估北京市（以及其他若干超大城市）外来污染物输送和本地污染物排放的相对贡献，为科学制定大气污染控制对策提供定量的科学依据。

（2）重视 1～2 周以上的预测研究和预测结果的应用。目前对 1 周以内的霾污染天气预报技术已经比较成熟，在进一步提高准确性和应用服务的基础上，要特别重视 1～2 周以上（延伸期）和跨季节霾污染预测研究和应用，为政府和社会提前制订有关计划、安排减排措施提供科学依据。

（本文选自 2017 年院士建议）

建议成员名单

王会军	中国科学院院士	南京信息工程大学
尹志聪	讲　师	南京信息工程大学
孙建奇	研究员	中国科学院大气物理研究所
段明铿	副教授	南京信息工程大学
高　雅	助　研	中国科学院大气物理研究所
鲍艳松	教　授	南京信息工程大学

关于“建设2022年冬奥会赛区雪务保障基础设施若干紧要问题”的建议

秦大河　等

第24届冬季奥林匹克运动会（简称北京冬奥会）和第13届冬季残疾人奥林匹克运动会（简称冬残奥会）将分别于2022年2月4～20日及3月4～13日在北京市延庆区和河北省张家口市共同举行。习近平总书记2017年1月23～24日在张家口市考察北京冬奥会筹办工作时提出，要将本届冬奥会办成精彩、非凡、卓越的奥运盛会。

中国科学院地学部“2022年北京冬奥会雪冰条件保障的科学、技术问题及风险管理”院士咨询项目组继报送了《北京2022年冬奥会气象与雪质监测预报重大科技攻关刻不容缓》院士建议后，经多次研讨和分析后一致认为，目前冬奥会赛区雪务保障工作在道路、水源、电力和通信等基础设施建设方面存在一些紧迫问题，有必要及时向党中央、国务院报告，加紧推进解决，以便充分利用赛前为数不多的几个冬季，开展雪务实验和储雪技术储备工作。

一、北京冬奥会雪务工作的紧迫性

2022年北京冬奥会和冬残奥会雪上项目全部在延庆海坨山、张家口枯杨树和云顶滑雪场举行。赛区地理和气象数据计算显示：延庆赛区11月至次年 3 月月均最低气温为－12.4℃，最高为－1.4℃；张家口赛区分别为−16.4℃和−4.4℃。近年来两个赛区的总降水量均呈下降趋势，冬春季降雪明显减少，同时春季降雨提前；同期平均气温明显升高，暖日和暖夜数明显增加，冷昼和冷夜日数明显减少。1981 年以来，延庆地区 2 月和 3 月最高气温可达 15.9℃和 28.3℃，枯杨树地区最高气温可达 15.3℃和 21.4℃。这些气候条件将对 2022 年北京冬奥会的成功举办造成雪量不足的风险。

人工造雪和储雪是近年来历届冬奥会应对雪量不足的主要手段。国际通用的造雪和储雪技术能否适用于 2022 年北京冬奥会，必须用实测数据回答。只有通过本地化的、科学的实验设计，布设科学观测实验仪器，才能得到全面可靠的观测数据，结合模型模拟结果，综合分析各种造雪和储雪技术在各赛区的优劣情况，才能实现科学造雪和储雪的目标。因此，为应对 2022 年冬奥会赛区可能出现的暖冬及少降雪等高影响天气，应及早开展相关实验，进而确定合理可行的造雪和储雪方案。

造雪和储雪实验时效性很强。目前，距离 2020 年测试赛只有 2 个完整冬季，距离正式比赛也只有 4 个完整冬季，时间非常紧迫。加上需要在赛区或附近开展实验，亟须在道路、水源、电力和通信等基础设施建设方面加快进度，努力满足实验工作的基本条件，任务也非常紧急。

二、存在的问题

目前，冬奥会雪场的储雪实验工作正在加紧实施，但因道路、水、电、通信方面建设滞后，实验只在山下开展，尚无法进入赛区。具体存在如下困难和瓶颈性问题。

一是道路问题。由于部分高山滑雪赛道还没有正式确定，因此无法进行合理的赛场气象观测站站址和储雪实验场勘查。目前尚无道路通往海坨山顶部和山腰区域，无法开展相关观测系统的布设工作。

二是通信问题。通信问题主要是由北斗卫星的运行机制产生的。北斗传输分发机制（采集、解析、分发、重组）导致传输频率为 10 分钟（目前已建海坨山站均为北斗传输，都是 10 分钟），与目前业务站 1 分钟频次不统一，并且形成的数据格式与气象局现有的数据格式不统一，无法顺利传输到国家气象信息中心。

三是水源和电力问题。由于海坨山区尚属未开发地区，山上没有实现“三通”（通电、通信、通水），给气象观测站和储雪实验场建设带来巨大困难。目前便携自动站均使用太阳能板，但山区日照时间短，经常出现蓄电不足、设备停止运行的情况。

以上问题亟须从国家层面予以协调，通过多部门协同合作加以解决。

三、政策建议

为保障雪务实验和储雪技术储备工作，提出如下建议：

一是加紧修建通往赛区的道路。这一问题在海坨山赛区尤为突出，如果近期无法开通规划中的道路，则建议打通一条简易道路，以保证观测系统和相关人员能够在2017年冬天抵达设定地区，开展相关实验。

二是北京2022年冬奥会和冬残奥会组织委员会（简称冬奥组委）与北斗卫星运营方协商，努力满足赛区观测数据的采集、解析、分发、重组等特殊技术要求。

三是相关水源和电力负责方配合冬奥组委，采取灵活办法，特事特办，尽快将水源和电力通往赛区雪务实验场和气象观测场，满足相关观测与实验工作的开展。

（本文选自2017年院士建议）

建议成员名单

秦大河	中国科学院院士	中国科学院西北生态环境资源研究院
吴国雄	中国科学院院士	中国科学院大气物理研究所
周秀骥	中国科学院院士	中国气象科学研究院
丁一汇	中国工程院院士	国家气候中心
徐祥德	中国工程院院士	中国气象科学研究院
姚檀栋	中国科学院院士	中国科学院青藏高原研究所

崔　鹏	中国科学院院士	中国科学院·水利部成都山地灾害与环境研究所
刘昌明	中国科学院院士	中国科学院地理科学与资源研究所
赖远明	中国科学院院士	中国科学院西北生态环境资源研究院
张人禾	中国科学院院士	复旦大学
陈德亮	瑞典皇家科学院院士	瑞典哥德堡大学
史培军	教　授	北京师范大学
赵千钧	研究员	中国科学院科技促进发展局
张祖强	研究员	中国气象局应急减灾与公共服务司
毕宝贵	研究员	国家气象中心
宋连春	研究员	国家气候中心
杨兴国	研究员	中国气象局科技与气候变化司
王建捷	研究员	国家气象中心
李　柏	研究员	中国气象局气象探测中心
王志强	研究员	中国气象局气象干部培训学院
罗　勇	研究员	清华大学地球系统科学研究系
高守亭	研究员	中国科学院大气物理研究所
丁永建	研究员	中国科学院西北生态环境资源研究院
任贾文	研究员	中国科学院西北生态环境资源研究院
康世昌	研究员/主任	中国科学院冰冻圈科学国家重点实验室
效存德	研究员	北京师范大学地表过程与资源生态国家重点实验室
张洪广	主　任	中国气象局发展研究中心
俞小鼎	研究员	中国气象局气象干部培训学院业务培训部
郑永光	研究员	国家气象中心强天气预报中心
王晓明	教　授	澳大利亚联邦科学与工业研究组织

北京2022年冬奥会气象与雪质监测预报重大科技攻关刻不容缓

秦大河　等

第24届冬季奥林匹克运动会和第13届冬季残疾人奥林匹克运动会将分别于2022年2月4～20日及3月4～13日在北京市延庆区和河北省张家口市共同举行。习近平总书记2017年1月23～24日在张家口市考察北京冬奥会筹办工作时提出，要将本届冬奥会办成精彩、非凡、卓越的奥运盛会①。

气象与雪质服务保障将直接影响到冬奥会的成功举办。此次冬奥会赛场地形起伏大、面积小，高精度气象预报难度很大，加上气候变暖，使赛场雪质监测和服务问题更加突出。小尺度山地气象与雪质监测预报服务是一个国际难题，在我国也属空白。冬奥会气象与雪质保障系统需要布设气象观测网，建立精细化的模式系统和雪质监测系统，这些系统的建立至少需要3～25年的时间，现在距举办时间已经很近（仅4年），需要加快速度、尽快部署。为此，中国科学院地学部启动了“2022年北京冬奥会雪冰条件保障的科学、技术问题及风险管理”院士咨询项目。项目组组织冬奥组委、中国气象局、冰冻圈科学相关院士和专家，开展了现场调研和研讨，认为小尺度山区气象与赛场雪质精细化预报服务保障技术，是北京冬奥会筹备工作中的最大短板，亟须从国家层面设立重大专项，协调各方力量，紧急启动。

---

① 习近平在张家口市考察冬奥会筹办工作：科学制定规划集约利用资源 高质量完成冬奥会筹办工作.人民日报，2017-01-24（01）.

一、气象和雪质是举办“精彩、非凡、卓越”冬奥会的科技“牛鼻子”

雪上项目是冬奥会的“重头戏”，占金牌总数的 70%。雪质保障突出体现在从赛前储雪、铺雪到赛时制雪、补雪等一系列雪务工作上，对雪密度、温度、硬度、含水量等参数要求高。加之冬残奥会比赛时段处在温度已大幅回升的 3 月，更为造雪、储雪和赛道维护增加了难度。然而，我国冰雪体育运动基础弱，雪质服务意识薄，加之举办国际冰雪体育赛事经验不足，高水平雪务工作者更是凤毛麟角。我国应当紧紧抓住冬奥会发展机遇，开展国际合作，学习和借鉴国际上在雪务工作上的先进技术和雪质监测预测的科学方法，提升雪质服务意识，为“绿色”冬奥会服务，也为支撑我国冰雪体育事业和冰雪产业的长远发展做好科技储备。

从温哥华、索契、平昌等最近几届冬奥会承办国经验可知，从申办、筹办到举办全过程，天气和雪质都是一个绕不开的关键技术问题。以保障冬奥会为目的的气象预报服务，核心是发布以数值预报为基础、以精细化观测信息为基准、不断订正的短时临近预报产品，而我国在这方面的预报技术与国际水平仍存在较大差距。此外，目前国际上对赛道雪质监测仍较大程度上依赖于人工经验，科技含量低，雪质预报更是重大科技瓶颈，可以说，无冰无雪无冬奥、不预不测不科学。我国应当充分抓住历史机遇，利用新技术和社会资源，加强雪质监测预测技术的科学创新与谋划。

二、突破冬奥会气象和雪质重大核心技术，需要自主创新，协同攻关

坚持自主创新为主，气象与雪质核心技术和服务保障系统必须掌握在自己手里。重大国际赛事世界瞩目，不允许有任何闪失。气象条件和雪况雪质直接关系到比赛场地规划和设计、比赛赛程规划和调整、比赛成绩公平与公正、特殊赛项运动员安全、赛事运维等一系列环节。赛时气象服务需求恰恰体现在预报难度大的山区预报技术上。这项技术必须立足于自主研发，一方面是因为赛区复杂地形的差异性，无法移植国际上现有的技术方案；另一方

面，将该技术牢牢掌握在自己手里，不但抢占事关全局的科技战略制高点，也使得与此相关的各种赛时风险得到有效控制，避免依赖国际技术和人员而陷入战略被动局面。

加快立项步伐，全面快速推进气象与雪质监测预报系统建设进程。现在距 2020 年测试赛只有 2 个完整冬季，时间已很紧迫。常规研发新项目的立项审批环节多、程序长。必须从国家层面通过“绿色通道”，抓紧设立气象与雪质预报技术攻关应急重大支撑专项。

建立统一协调组织，统一部署和行动，联合攻关。冬奥会气象与雪质保障服务是重大战略科技问题，是多学科交叉的复杂科学问题，必须联合科技部门、冬奥赛事主办部门、气象部门，采取集中攻关的组织方式。

以测试赛时间倒排，边监测、边研究、边应用。冬奥会各项配套服务必须在 2020 年测试赛期间同步跟进，通过测试赛得到实战演练和检测。气象和雪质预报实战技术是从测试赛开始同步跟进直到冬残奥会结束的全过程服务工作。因此现在就应紧锣密鼓地开展监测网络布局，并尽快启动重大技术攻关。采用“边监测、边研究、边应用”的特殊方式，以便在 2020 年测试赛时提供技术和产品，接受全面检验。

三、北京 2022 年冬奥会气象与雪质监测预报重大科技攻关项目应当明确责任主体，抓紧立项，抓紧落实

一是国家科技部门要抓紧立项，通过科技管理部门走绿色通道，急事急办，于 9 月底前完成立项。北京市携手张家口市获得 2022 年冬奥会举办权后，北京市和河北地方政府都十分重视北京 2022 年气象服务建设，无论从项目建设还是科学研究等方面都给予了很大支持。但由于需求的复杂性，一些气象站的建设需要不断调整和完善，经费需求经常很急、缺口很大，需要国家层面总体部署，通过“绿色通道”抓紧立项。

二是与气象站网建设相关的电力、通信、水利、人力等多部门，需要冬奥组委统一协调，特事特办。针对国际奥林匹克委员会（IOC）与各单项联合会提出的相关需求，冬奥组委就气象服务提出了具体要求。完成这些具体要求不仅需要解决多学科交叉的复杂科学问题，还涉及多部门协调问题，需

要冬奥组委作为总协调机构，全力支持和重点保障冬奥会气象和雪务工作。

三是气象部门要抓紧推进落实，重点加强系统建设、装备保障和业务运行，发挥气象部门的基础支撑和服务保障作用。目前已建观测系统还远远不能满足赛事高标准的气象和雪质服务要求。气象部门要联合中国科学院等有关部门，面向各赛场实际需求，按照“一赛一策”标准，从国家层面科学规划赛区及其上游地区气象和雪质专业监测站网，布设立体化、多要素、兼顾大范围气象背景场和小尺度网格匹配的综合观测系统，满足冬奥会气象与雪质服务需求。

四是抓紧成立项目专家组，力争在精细化天气和雪质预报技术领域实现跨越式发展。雪上比赛项目需要时间上精确到分钟级、空间上精确到百米级的气象监测预报预警产品，以及有针对性的赛事专项服务产品。项目组要通过构建协同观测系统，揭示复杂地形下各种气象要素和人造雪物理性质演变的基本规律，发展高分辨率气象与雪质数值预报技术、降尺度技术和局地解释应用技术，研发适用于北京 2022 年冬奥会赛时保障的高分辨率数值天气预报模型和赛道雪质预报模型。

（本文选自 2017 年院士建议）

建议成员名单

秦大河	中国科学院院士	中国气象局、中国科学院西北生态环境资源研究院
吴国雄	中国科学院院士	中国科学院大气物理研究所
周秀骥	中国科学院院士	中国气象科学研究院
丁一汇	中国工程院院士	国家气候中心
徐祥德	中国工程院院士	中国气象科学研究院
姚檀栋	中国科学院院士	中国科学院青藏高原研究所
崔　鹏	中国科学院院士	中国科学院·水利部成都山地灾害与环境研究所
刘昌明	中国科学院院士	中国科学院地理科学与资源研究所

姓名	职务/职称	单位
赖远明	中国科学院院士	中国科学院西北生态环境资源研究院
张人禾	中国科学院院士	复旦大学
陈德亮	瑞典皇家科学院院士	瑞典哥德堡大学
韩子荣	秘书长	北京2022年冬奥会和冬残奥会组织委员会
赵英刚	顾　问	北京2022年冬奥会和冬残奥会组织委员会
刘玉民	常务副部长	北京2022年冬奥会和冬残奥会组织委员会规划发展部
王艳霞	副部长	北京2022年冬奥会和冬残奥会组织委员会体育部
董林模	董事长	北京2022滑雪赛事场地设计顾问
史培军	教　授	北京师范大学
赵千钧	研究员	中国科学院科技促进发展局
张祖强	研究员	中国气象局应急减灾与公共服务司
毕宝贵	研究员	国家气象中心
宋连春	研究员	国家气候中心
姚学祥	研究员	北京市气象局
宋善允	研究员	河北省气象局
杨兴国	研究员	中国气象局科技与气候变化司
王建捷	研究员	国家气象中心
李　柏	研究员	中国气象局气象探测中心
王志强	研究员	中国气象局气象干部培训学院
罗　勇	研究员	清华大学地球系统科学研究系
梁　丰	研究员	北京市气象局
刘燕辉	研究员	北京市气象局
高守亭	研究员	中国科学院大气物理研究所
丁永建	研究员	中国科学院西北生态环境资源研究院
任贾文	研究员	中国科学院西北生态环境资源研究院

康世昌	研究员	中国科学院冰冻圈科学国家重点实验室
效存德	研究员	北京师范大学地表过程与资源生态国家重点实验室
张洪广	主　任	中国气象局发展研究中心
俞小鼎	研究员	中国气象局气象干部培训学院业务培训部
郑永光	研究员	国家气象中心强天气预报中心

关于“在青藏高原国家重点生态功能区甘南藏族自治州开展绿色现代化建设试点”的建议

孙鸿烈　等

青藏高原在我国国家安全、民族团结、生态屏障、全面建成小康社会和现代化建设中具有极其重要的战略地位和作用，但高寒严酷，生态脆弱，社会经济发展滞后的区情特点和既要保护好最后“一方净土”又要实现现代化的战略任务，使其必须创新发展模式，走绿色现代化道路。

甘南藏族自治州（简称甘南州）位于甘肃省西南部，地处青藏高原东北边缘与黄土高原西部过渡的甘肃、青海、四川三省接合部，是内地通往藏区的战略大通道，是维护藏区稳定和民族团结的地缘战略高地，是藏族文化和汉族文化的交汇带，被誉为“青藏之窗”和“藏区现代化的跳板”。甘南州是《全国主体功能区规划》的国家级重点水源涵养区和生物多样性生态功能区，是国家发展和改革委员会等六部委 2014 年确定的首个青藏高原国家级生态文明建设先行示范区。

近年来，甘南州生态文明建设取得了一定成效：综合治理草原鼠害 104.9 万公顷，初步建立了高原绿色低碳循环产业体系，完成舟曲“8·8”特大山洪泥石流灾后恢复重建任务，全州近 11.96 万少数民族人口实现脱贫，创建国家级生态乡镇 2 个、省级生态乡镇 21 个，实施了全域无垃圾工程。

2017 年 8 月 19 日，习近平总书记致信祝贺第二次青藏高原综合科学考察研究启动，指出“青藏高原是世界屋脊、亚洲水塔，是地球第三极，是我国重要的生态安全屏障、战略资源储备基地，是中华民族特色文化的重要保护地”[①]。选择甘南州开展绿色现代化建设试点，对促进青藏高原生态文明和绿色现代化建设，具有十分重要的引领和示范意义。

一、试点意义

1. 甘南州为保障国家生态安全做出了巨大贡献

（1）甘南州是“黄河水塔”，以不足黄河流域5%的面积，产出了黄河流域20%的水资源量，贡献了黄河中下游40%以上的径流量；甘南州白龙江每年为长江支流嘉陵江补给约40亿米^{3}的水量；全州提供的清洁淡水资源使黄河长江中下游地区2亿多人口直接受益。

（2）甘南州自然资源资产总值约2.57万亿元，其中水、林木、草场、耕地等可再生自然资源创造的“自然资源资产总值”即“绿色GDP”就达443亿元/年，约为甘南州现有GDP的4倍。为保护国家生态屏障，甘南州牺牲了巨大的经济利益。以矿产为例，全州资产总价值约为5906亿元的已探明黄金、铅锌矿等五种主要矿产资源因保护“黄河水塔”而停止开采，仅禁采黄金每年损失总收入5.1亿元，减少就业1200人。

2. 甘南州经济社会发展基础十分薄弱

2016年甘南州人均GDP为19 213元，仅为全国平均水平的35.7%；城镇化率仅为32%；每千人拥有医院床位数仅为3.98个；贫困人口比例达到10.48%；全州全年研究与试验发展经费占GDP比例仅为全国水平的9.5%。令人忧虑的是，发展差距很可能会进一步拉大。

3. 甘南州生态环境退化形势非常严峻

目前，甘南州沙化、退化草原212万公顷，占全州草原总面积的77.8%。被誉为“黄河蓄水池”的玛曲湿地干涸面积已高达10.2万公顷；20世纪90年代以来，玛曲段补给黄河的水量减少了25.3%，严重威胁着母亲河的生态安全。玛曲县受沙化影响的草原面积已达20万公顷，在黄河沿岸形成了220

① 习近平致信祝贺第二次青藏高原综合科学考察研究启动. http：//www.xinhuanet.com//politics/2017-08/19/c_1121509916.htm.

千米长的点状流动沙丘带，总面积达 4.52 万公顷，且以每年 3.1%的速度扩展。以现在的发展速度，10 年左右玛曲将成为我国又一沙尘源区。

二、试点任务

甘南州绿色现代化试点的总体思路是以“创新、协调、绿色、开放、共享”五大发展理念为指针，以生态文明建设为统领，积极推进“绿水青山”生态资源向“金山银山”生态资产和生态资本转化，突破生态脆弱和经济贫困双重制约，探索一条可复制、可推广的青藏高原农牧业主导型传统经济向新型绿色经济跨越、农牧业社会向现代生态文明社会跨越的绿色现代化新路子。

1. 经济绿色化——建立绿色低碳循环产业体系，增强绿色发展新动能

甘南州重点培育生态农牧业、生物制药、绿色能源、生态文化旅游、商贸物流、碳汇等六大绿色产业，建立青藏高原绿色低碳循环产业体系。严格实行产业准入负面清单。

开展中国科学院等国立科研机构对口科技援藏试点，提升甘南州草畜、林果、中藏药、特色粮油和特色制种育种产业技术水平。创建玛曲国家级高原生态畜牧业可持续发展示范区。实施白龙江流域碳汇工程试点。实施“两升两转”绿色工业转型升级工程（园区升级、技改升级、传统产业转型、淘汰关停转型）；建设生态旅游区和青藏高原东缘物流集散基地。

2. 生态资本化——促进生态产品有偿使用，协同四川若尔盖湿地草原建设国家生态特区

探索建立自然资源确权登记制度，成立甘南州自然资源资产管理委员会。试点编制自然资源资产负债表，建立领导干部自然资源资产离任审计制度。探索构建生态系统价值核算体系和核算机制。开展国家黄河首曲草原生态补偿试点，设立甘南州生态补偿专项基金和绿色发展基金。实施甘南水资源、草原、湿地、森林、旅游等资源资本化示范工程。探索实施青藏高原碳交易机制，建设跨省市对口支援碳权交易市场和平台。探索建立黄河上游水

源保护基金，加快研究试点生态资产打包上市的规则和模式。

甘南州玛曲县协同四川省若尔盖县联合建设以“黄河水塔”和中国最美高寒湿地草原为资源特色的国家生态特区。

3. 绿色城镇化——建设高原绿色宜居人居环境

从安全、便捷、循环、绿色、创新、和谐六个方面推进青藏高原生态城镇建设。推进城市生态型基础设施建设试点，健全城市防灾减灾体系。推动绿色快捷交通发展，联动天津市打造青藏高原东部地区“无水陆港”，构建以“铁路+高速公路+航空”为主体的对外综合交通体系。加大青藏高原生态文明小康示范村建设试点力度，创建国家美丽宜居村镇。迭部县创建全国“碳汇城市”。尽快实施城市主城区、山区县城、草原县城、光伏风电清洁供热模式试点。制定藏区农牧区居民绿色能源“精准扶贫”示范配套政策和开展供暖设施改造工程试点。

4. 高原信息化——促进绿色现代化跨越式发展

加快实施青藏高原“互联网+”行动计划，加强信息高速网络系统设施建设。积极创建青藏高原国家级智慧城市，争创全国“大众创业、万众创新”试点城市。建立覆盖全州范围的自然灾害与突发事件监控预警应急系统及远程服务系统，重点建设社会稳定监测预警应急系统、生态风险和生态安全监测预警系统、自然灾害监测预警系统。开展藏区信息流监测预警与发布试点。加快开展甘南远程教育培训和远程医疗试点。

5. 社会文明化——树立社会主义核心价值观，增强绿色现代化内在动力

实施社会主义核心价值教育工程、人口健康与素质提升工程、藏区文化惠民工程、就业培训工程等试点工程。在兰州新区建设甘南异地教育医疗养老试点基地。开展民族团结进步示范州创建活动，实施平安甘南建设行动、和谐宗教寺庙创建活动和社会矛盾排查化解等示范工程。完善立体化社会治安防控体系。

6. 区域国际化——建设丝绸之路经济带青藏高原战略节点

建设“九色甘南香巴拉”国际生态文化旅游目的地、国际藏传佛教文化

交流门户和丝绸之路经济带藏区物流枢纽。加强高原宗教朝觐、民族文化、生态体验、高原探险、红色旅游等景区建设。开展以免税购物区等为支撑的藏区国际旅游特区试点。

三、试点政策

1. 探索藏区绿色发展制度，开展绿色发展绩效评价考核

开展藏区自然资源资产负债表编制与管理试点，建立领导干部生态建设与保护离任审计制度。探索建立藏区江河上游水源补给区、高原湿地、草原和森林等自然资产价值化、资本化的长效机制。建立甘南绿色现代化指标体系。实施绿色现代化指标统计监测，建设目标责任制和绿色发展绩效评价考核制度。

2. 探索“多规合一”国土空间规划体系，加快产城融合

成立甘南州国土空间战略规划委员会，建立甘南州“多规合一”国土空间规划信息平台。科学规划生态保护、牧业生产、农业生产、城乡发展四类空间主体功能开发管制区。

加快推进“合作市+夏河县”产城融合发展，实施基础设施、区域市场、生态环境建设和基本公共服务“一体化”工程，实现城乡居民收入、公共服务、社会保障和生活质量均质发展。

3. 加强对口支援，建立精准扶贫长效机制

鼓励华能、国电等大型国有能源企业开展“绿色能源兴藏”，支持就地消纳绿色能源。加强特色扶贫、地区帮扶、转移支付等区域性政策支持力度。试点设立民族地区扶持专项基金，实施产业扶贫、易地搬迁、科技扶贫、绿色能源扶贫、教育培训扶贫、生态补偿扶贫、金融扶贫等精准扶贫工程。开展“甘南州飞地园区”示范，在兰州新区建设甘南产业园区，在天津市建立甘南中藏药深加工基地。

4. 实施科技援藏战略，引进高端适用人才加强科技创新

建设青藏高原地区甘南州生态文明科技交易平台。中国科学院、中国农业科学院等对口支持，与甘南州联合建立院地合作科技基金、甘肃民族

学院青藏高原特种资源利用集成创新中心，建设青藏高原科技中试和成果转化基地。

建立多层次的海外和东部人才离岸创业支持系统，探索藏区人才离岸创业服务模式。国家每年安排专项经费支持甘南州设立人才发展专项基金，系统开展高素质技术农民、高素质技术工人和高素质服务人员“三高”实用技能人才培训工程。

5. 建立多元化资金支持体系，增强发展保障能力

开展青藏高原绿色现代化建设专项基金试点，探索绿色产权交易、绿色资产证券化、碳基金。积极推进普惠金融示范区建设。开展“互联网+”融资、融物，鼓励和引导社会资本以公共私营合作制（PPP）、独资、合资、控股、参股等多种模式投资甘南州生态建设、公共服务、资源环境等项目。引进1～2家证券投资公司，开通甘南证券业务。支持金融机构和互联网企业依法合规开展网络借贷、网络证券、网络保险、互联网基金销售等业务。

申请世界自然基金会（WWF）、联合国环境规划署、中华环境保护基金会、中国生物多样性保护与绿色发展基金会等国内外环境组织的项目支持和资金支持。

（本文选自2017年院士建议）

建议成员名单

孙鸿烈	中国科学院院士	中国科学院地理科学与资源研究所
叶大年	中国科学院院士	中国科学院地质与地球物理研究所
李文华	中国工程院院士	中国科学院地理科学与资源研究所
孙九林	中国工程院院士	国家环境信息化顾问专家委员会
董锁成	研究员	区域生态经济研究与规划中心
李　宇	副研究员	中国科学院地理科学与资源研究所
李泽红	副研究员	中国科学院地理科学与资源研究所

李富佳	副研究员	中国科学院地理科学与资源研究所
石广义	高级工程师	中国科学院地理科学与资源研究所
姜鲁光	副研究员	中国科学院地理科学与资源研究所
李　飞	助理研究员	中国科学院地理科学与资源研究所

关于2017年冬季京津冀和长三角区域霾污染趋势的预测展望

王会军　等

一、预测科学依据和预测意见

针对京津冀和长三角区域冬季 3 个月霾污染的季节-年际变化规律进行科学研究后发现：前期即 9～10 月的海温、海冰、地面温度、地面湿度和南极涛动对冬季霾污染有显著的影响。据此，针对每个月的霾污染选定不同的预测因子，为京津冀和长三角地区建立不同预测模型。预测结果如表 1 和图 1 所示。

表 1　主要预测结论

月份	京津冀	长三角
2017 年 12 月	2017 年 12 月京津冀区域霾污染天数接近 2016 年 12 月，明显多于常年平均	2017 年 12 月长三角区域霾污染天数多于 2016 年 12 月，明显多于常年平均
2018 年 1 月	2018 年 1 月京津冀区域霾污染天数略多于 2017 年 12 月，也略多于 2017 年 1 月，明显多于常年平均	2018 年 1 月长三角区域霾污染天数少于 2017 年 12 月，略少于 2017 年 1 月，也略少于常年平均
2018 年 2 月	2018 年 2 月京津冀区域霾污染天数少于 2017 年 12 月，接近 2017 年 2 月，但明显多于常年平均	2018 年 2 月长三角区域霾污染天数少于 2017 年 12 月，略多于 2017 年 2 月，明显多于常年平均
冬季平均状态	2017 年 12 月至 2018 年 2 月京津冀区域霾污染天数接近 2016 年、2017 年冬季，但明显多于常年平均	2017 年 12 月至 2018 年 2 月长三角区域霾污染天数略多于 2016 年/2017 年冬季，明显多于常年平均

注：此气候预测是在假设 2017 年冬季污染排放强度等同于 2016 年冬季的前提下进行的。考虑到 2017 年的治理，尤其是京津冀地区的治理，2017 年冬季的霾污染可能会略低于 2016 年。

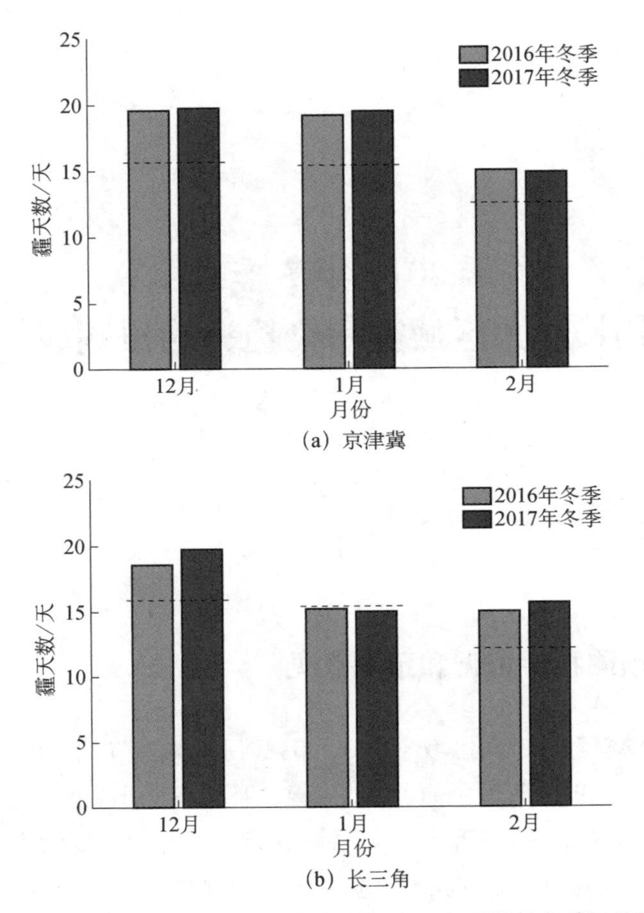

图 1　京津冀和长三角地区 2016 年监测和 2017 年预测的冬季逐月霾天数
虚线为常年平均值

二、预测模型的基本性能检验

对预测模型进行了初步检验（交叉检验），检验结果如下：

（1）京津冀地区。相比而言，12 月霾污染预测模型的性能最好，能够解释年际变量 46%的变化，均方根误差仅有 1.56 天，年际变化异常同号率为 86%。2 月霾污染的预测模型性能次之，能够解释年际增量 58%的变化，均方根误差仅有 1.73 天，年际变化异常同号率为 81%。1 月霾污染预测模型的性能仅能解释年际变率的 37%，均方根误差为 2.24 天，年际变化异常同号率保持在83%。

（2）长三角地区。相比而言，2月霾污染预测模型的性能最好，能够解释年际变量54.8%的变化，均方根误差仅有1.76天，年际变化异常同号率为86.1%。12月和1月霾污染的预测模型性能相仿，分别能够解释年际增量47.6%和41%的变化，均方根误差在2天左右，年际变化异常同号率均在83.3%。

三、对策建议

（1）加强科学研究，定量评估气候变化因素和人为因素的贡献。加强对京津冀区域霾污染过程的研究，定量评估北京市、上海市（以及其他若干超大城市）外来污染输送和本地污染物排放的相对贡献，为科学制定大气污染控制对策提供定量的科学依据。

（2）重视1～2周以上和跨季节霾污染预测研究和预测结果的应用。目前对一周以内的霾污染天气预报技术已经比较成熟。在进一步提高准确性和应用服务的基础上，要特别重视1～2周以上的预测研究和应用，为政府和社会提前制订减排计划、实施减排措施、选择减排力度提供科学依据。

（3）进一步坚持和强化减排力度和有效减排措施。近年来，长三角地区的冬季霾污染呈现出缓慢下降的趋势，但从预测结果看，未来气候条件依然不利于大气污染物扩散。京津冀地区的气候条件在未来一段时间内，还将处于不利于污染物扩散的状态，这将进一步增加大气污染治理的难度。

（本文选自2017年咨询报告）

建议成员名单

王会军	中国科学院院士	南京信息工程大学
尹志聪	副教授	南京信息工程大学
孙建奇	研究员	中国科学院大气物理研究所
马洁华	副研究员	中国科学院大气物理研究所
段明铿	副教授	南京信息工程大学
鲍艳松	教　授	南京信息工程大学

关于将电子束新兴产业列入“一带一路”合作项目的建议

王乃彦[①]

我国的核技术应用产业经过 30 多年的发展，已具一定规模，在国民经济中占有重要地位。习近平总书记提出的“一带一路”倡议对中国进一步崛起和推进改革开放具有里程碑意义。我们经过认真研究，建议将电子束新兴产业打造成高技术产业品牌，纳入“一带一路”的合作规划清单，以推动我国实体经济发展，并让更多的沿线发展中国家受益。

建议的主要理由如下。

（1）电子束技术应用面宽，产业关联度强，具有发展潜力。电子束技术是核技术领域重要的组成部分，其应用领域极其广泛，可与现代电子信息技术相比拟。电子束技术机理就是利用电子束流作用于被加工的物质，使其产生物理、化学和生物效应，通过可控手段，实现人们预定的效果，如材料改性、消毒灭菌、污染治理等。电子束技术特点是：束流（强度、能量）可控，加工能力强，安全可靠。当前世界范围电子束产业化的重要方向是用于生产高性能新材料、功能材料、超薄材料、复合材料，这些材料在对传统产业改造升级（如电子器件、线缆、汽车轮胎等）中发挥着不可替代的作用。在环保领域，电子束治理污水、烟气已经有所突破。因此，国际原子能机构（IAEA）

---

① 王乃彦，中国科学院院士，核物理学家。

和一些经济发达国家都明确提出将电子束技术及应用作为21世纪新技术应用主流新兴产业之一。

（2）我国电子束产业已具规模，技术成熟，有较强的系统配套能力。从电子束装备制造到低、中、高能电子束产品加工，已有约20家骨干企业。目前在生产线上运行的电子束装置超过500台套，用户有数千家，年加工产品产值约1500亿元，年均增长率约12%；已形成具有自主知识产权的全能量（50千电子伏至10兆电子伏）、多系列标准化工业电子加速器装备；电子束生产高性能新材料、新产品及新器件已形成规模化、品牌化；许多新的应用领域和新的产品正在不断开拓；电子加速器装置和许多高性能产品已出口多个国家。电子束新兴产业正在成为我国经济发展的新亮点，并将带动相关产业的发展。

（3）电子束新兴产业在"一带一路"国家有广泛需求。"一带一路"沿线多为新兴或发展中国家，这些国家虽然国情各异，但对基础产业改造升级、医疗卫生条件的改善以及环境治理有普遍需求，电子束新兴产业与这些国家的需求能实现很好的对接。电子束新兴产业具有较高的技术含量，但技术成熟度强、投资门槛适当，每一单项投资规模一般在3000万～4000万元人民币，建设周期短（1～2年），回报快。预测在3～5年时间内，"一带一路"国家对电子束装备需求为800～1000台套，设备及厂房和配套建设投资总规模约350亿元人民币，全部投产后，年加工产品的产值为1000亿～1200亿元，预期10年内将有3000台套的市场需求。

"一带一路"倡议给电子束新兴产业提供了广阔的市场空间，同时电子束新兴产业也将为"一带一路"倡议实施提供有力的项目支持。为此，我们提出以下建议。

（1）国家有关部门将电子束新兴产业列入"一带一路"合作项目清单。由以电子束技术产业为主业且有实力的企业为主体（如中广核核技术应用有限公司和清华同方威视技术股份有限公司），成立产学研结合的项目推进小组，经过认真调研后，在"一带一路"近期有需求的国家举办推介会、展览会，提出项目实施方案。

（2）加强国内产业基地建设。在国家政策指导下，选择一两家基础较好的企业，通过市场机制扩建升级为电子束新兴产业基地。基地要具备电子束装置的生产和研发能力以及电子束装置在线运行应用生产能力和新产品开发能力。基地建设的主要作用是提升电子束装置的综合性能和高端产品生产能力，通过创新引导，与国内外资源实现优化组合，提升国际竞争力。

（3）完善产品标准，实现产品标准化、系列化、模块化和智能化。利用我国电子束产业优势，向有关“一带一路”国家推广我国在这个产业的标准和规范。电子束新兴产业的产品标准，除了核技术行业还涉及如线缆、汽车、电器、电子、医卫用品、塑料制品等行业，应组成一个跨行业标准协调委员会，推动建立和落实产品标准系列制订计划和合作机制。

（4）设立产业基金，在“一带一路”国家建立若干产业示范基地。通过基金引导，在“一带一路”条件好的国家，建立示范性产业基地。示范基地可由国内外企业合资，共同管理实现双赢。建设周期不超过一年半，三年左右可收回投资成本。

（5）培养专业技术人才。通过产学结合、内外结合，重点在生产现场培养电子束装备运行管理及生产工艺、剂量监督和产品开发三类人才。现场教学可采取国内外混班联培模式，学制一年至一年半。

（本文选自 2017 年院士建议）

关于雄安新区能源系统规划建设的建议

陈维江　等

不一样的城市，需要不一样的能源；不一样的能源，塑造不一样的城市。规划建设好能源系统，对雄安新区建成国际一流的现代绿色智慧新城至关重要。中国科学院学部设立了“雄安新区智慧能源战略研究”重大咨询项目，组织学部多位院士和城市规划、能源和环境保护等领域相关科研单位的专家开展了调查研究，形成了关于雄安新区能源系统规划建设的一些认识和建议。

一、雄安新区能源系统规划建设亟须解决的问题

一是对城市能源绿色智慧发展的路线缺乏共识，不同品类能源规划难以有效协同。调研发现，目前已有一些对雄安新区能源系统规划的研究。不同方面开展的研究工作虽然都秉持清洁、低碳、智慧的理念，但是对于发展路线的选择存在较大分歧。具体表现为不同方面规划的关键边界条件不一致，一些核心指标甚至出现对立，再加上受限于固有利益格局，不同行业、部门之间存在界线，各方对能源系统的构建模式和整体效率难以达成统一意见，油、气、地热、生物质、电等不同品类能源规划无法实现有效协同。

二是对能源驱动城市发展的功能缺乏认识，能源与城市协同发展难以充分实现。研究发现，国际一流城市的综合能源规划已经由主要关注保障能源

的充分供应，转变为更加重视能源变革驱动城市经济、社会、环境、生产生活方式和管理方式全面升级。而目前已有的关于雄安新区能源系统规划研究工作，对能源与城市关系的定位，总体上还停留在能源为城市发展保障供给的层面上，对能源的引领带动作用重视不够，既不利于推动城市能源生产与消费革命，也难以充分发挥能源驱动城市全面发展的重要作用。

三是对雄安新区能源系统如何发挥先行示范作用尚无顶层设计与统筹部署。中央要求把雄安新区打造成为创新发展示范区，城市能源系统建设也应发挥先行示范作用。雄安新区能源系统近乎“白纸”一张，没有传统路径依赖，没有既有利益藩篱，最有可能摆脱传统能源体系束缚，最有条件突破体制机制障碍，成为“四个革命、一个合作”能源战略思想在城市全面落地的样板与表率。调研发现，现有的雄安新区综合能源规划研究，对发挥先行示范作用缺乏顶层设计，对示范引领的技术路线图、体制机制改革方案、新业态新模式创新等没有做出明确部署，建设创新发展示范区的要求难以全面落实。

二、对于雄安新区能源系统规划建设目标的建议

2014 年 6 月 13 日，习近平总书记在中央财经领导小组第六次会议上明确提出了“四个革命、一个合作”的重大能源战略思想[①]，这是指导雄安新区能源系统建设的纲领性思想，也是开展能源系统规划的总体原则。建设雄安新区能源系统，要突出新一代城市能源系统支撑绿色智慧城市的“新”，要突出中央对雄安新区特殊功能定位的“特”。我们建议以“绿色智慧、驱动发展、先行示范”为能源系统的建设目标，着重解决能源系统规划建设中存在的突出问题。

一是建设“绿色智慧型”城市能源系统。“绿色智慧型”城市能源系统的“绿色”是指实现能源系统供给和消费的清洁低碳，“智慧”是指实现能源系统运营的安全高效。具体而言，能源供应走无煤、严控油气、优先利用本地可再生能源和积极消纳区外清洁能源的道路；能源消费走最大限度节

---

① 习近平总书记关于国家能源安全发展的“四个革命、一个合作”战略思想. http://www.cecep.cn/g13420/s25601/t69684.aspx.

能、最大限度推广电气化和最大限度发挥用户侧互动潜力的道路；能源配置走多能互补、能源互联的道路；充分利用大数据和人工智能等现代信息技术，构建统一的综合能源智能集控平台，实现源网荷储各环节协同多目标优化运行。建成绿色智慧型城市能源系统，实现安全可靠、效率最优。

二是建设“驱动发展型”城市能源系统。“驱动发展型”城市能源系统是指在保障高水平能源供给的基础上，充分发挥能源驱动城市全面发展的功能作用。以能源消费总量、能效、碳排放等为约束激励目标，引领城市高端高新产业发展和布局优化，带动建筑、交通的智慧用能和节能降耗；以能源技术创新推动先进能源产业发展，激发新业态、新模式；将绿色智慧能源嵌入城市管理系统，推动城市发展理念、治理技术和管理模式的创新和提升，引导和普及全民“科学用能、节能减排”的用能理念和用能方式，实现城市能源普惠，以能源变革点亮人民的品质生活。

三是建设“先行示范型”城市能源系统。“先行示范型”城市能源系统是对雄安新区“创新驱动发展引领区、协调发展示范区、开放发展先行区”示范引领功能定位的重要体现。即最大限度地实现先进技术、商业模式和管理体制机制创新的先行示范，引领中国面向未来的城市能源系统构建与转型。应在满足雄安新区发展需要的基础上，充分发挥对全国城市能源系统建设的示范作用，以及对未来城市能源系统发展的引领作用，最大限度地实现先进技术推广、综合能源服务、商业模式创新、体制机制改革的示范引领。

三、对于雄安新区能源系统规划建设相关政策措施的建议

为实现“三型”城市能源系统建设目标，从政策和措施两个方面提出具体建议。

在政策方面，建议国家层面明确权威领导机构或管理职责，统一协调雄安新区能源系统规划建设。组织研究雄安新区能源系统建设蓝图，集中进行规划的战略研讨，明确建设定位、发展目标及路径选择等，确定规划关键边界条件，明确体制机制改革的重点领域和关键环节，提出重大能源技术发展路线图。研究建立城市能源综合评估体系，在规划建设的过程中，同步开展不同品类能源规划、能源规划与城市规划的协同性评估。

在措施方面，建议以建成“三型”能源系统为核心目标，加快研究和制定相关的发展路线、实施路径和总体方案。

一是研究雄安新区绿色智慧能源系统的发展路线。集中权威专家与有关单位研究论证存在较大分歧的规划边界条件和核心指标，包括本地可再生资源开发结构与利用方式、区外能源需求总量、电能在终端能源消费占比、能源综合利用效率、安全可靠标准等。研究多种能源优化互补利用、大型超长寿命零排物理储能、源网荷储智慧互联以及综合能源智能集控平台的技术方案，明确建设绿色智慧能源系统的发展路线。

二是研究能源系统驱动雄安新区发展的实施路径。研究论证能源消费总量、能源强度、碳排放等能源控制目标，将其作为城市总体发展规划的重要边界条件，推动出台相关标准规范，引导雄安新区产业、建筑、交通新形态。结合城市能源系统建设，将先进能源产业作为高端高新产业的重要组成部分。研究能源管理嵌入城市管理系统的方案，做好能源支撑城市管理、公共服务和社区治理的制度设计。

三是研究制定雄安新区能源系统先行示范的总体方案。面向 2050 年及更远的未来，研究中长期能源技术发展路线图，统一行动的组织和计划，制定示范应用方案，做好技术先进性、经济适用性和战略前瞻性之间的综合平衡，既要保证高新技术在雄安新区的示范应用，又要避免不计成本地建造成“高科技博物馆”。研究能源价格机制、市场体系和监管体制等方面的改革方案，在重点领域、关键环节进行有序示范。

（本文选自 2017 年院士建议）

建议成员名单

陈维江　中国科学院院士　国家电网有限公司
周孝信　中国科学院院士　中国电力科学研究院
卢　强　中国科学院院士　清华大学
王光谦　中国科学院院士　清华大学、青海大学
范守善　中国科学院院士　清华大学

徐建中	中国科学院院士	中国科学院工程热物理研究所
梅　宏	中国科学院院士	北京理工大学
倪晋仁	中国科学院院士	北京大学
高德利	中国科学院院士	中国石油大学（北京）
沈保根	中国科学院院士	中国科学院物理研究所
叶培建	中国科学院院士	中国空间技术研究院
闫楚良	中国科学院院士	北京飞机强度研究所
周　远	中国科学院院士	中国科学院理化技术研究所
王　巍	中国科学院院士	中国航天科技集团有限公司
何雅玲	中国科学院院士	西安交通大学
王锡凡	中国科学院院士	西安交通大学
宣益民	中国科学院院士	南京航空航天大学
邹志刚	中国科学院院士	南京大学
于起峰	中国科学院院士	国防科技大学
李伟阳	高级经济师	国网能源研究院有限公司
王继业	教授级高级工程师	中国电力科学研究院
蔡　澎	研究员	中国科学院城市环境研究所
庞忠和	研究员	中国科学院地质与地球物理研究所
陈海生	研究员	中国科学院工程热物理研究所
王成山	教　授	天津大学
马君华	教　授	清华大学能源互联网创新研究院

雄安新区建设前期有关水生态与水环境的重点研究工作建议

刘建康　等

白洋淀地处雄安新区规划的核心范围，是华北地区最大的淡水湖泊，对调节华北地区的气候、维护生态与环境、保持生物多样性和物种资源、补充周边地下水等方面具有不可替代的生态功能。维护白洋淀良性水生态与水环境问题是实现水城共融目标的核心问题之一，甚至可能成为决定新区建设成败的重要因素。中国科学院有关科研单位的科研人员长期关注白洋淀水资源和水环境状况，通过大量调研和分析，发现白洋淀水问题现状已不容乐观，处理不好将会制约雄安新区的建设和发展，影响京津冀协同发展重大决策部署的实施效果，须引起高度重视。

一、白洋淀水资源、水环境和水生态现状

（1）白洋淀的水面面积大幅缩小，曾经多次干涸。自20世纪50年代以来，白洋淀的来水急剧减少，从19.2亿米^{3}锐减到21世纪初的1.35亿米^3，减幅近93%；特别是近10年，原有8条入淀河流（潴龙河、孝义河、唐河、府河、漕河、萍河、白沟引河等）干涸，入淀水量几乎为零。由此导致水域面积从20世纪50年代的561千米^{2}减少到现在的366千米^2，减幅为34.8%。白洋淀曾于1984～1988年连续5年干涸，且自进入21世纪以来，干淀事件

经常发生。

（2）白洋淀水环境持续恶化、富营养化严重。20 世纪 50～60 年代白洋淀水质良好，是周边居民的主要饮用水源地。由于淀区周边工农业迅速发展，淀中村人口数量增加，人工养殖畜禽数量增加，各种污染源面积增大，白洋淀受到了严重的污染。不仅如此，白洋淀上游也受到严重污染，水质变差。自 70 年代后，由于白洋淀上游人类活动加剧及社会经济发展，工农业需水量增加，白洋淀上游修筑的水库拦腰截水改变了水资源的时空分布，地下水开采增加，地下水位持续下降，包气带厚度逐年增厚，使降雨形成地表径流中的损失过大，导致自然入淀河流水量少，且以排污水量为主，水质污染严重。河北省环保厅 2000 年以后发布的《河北省环境状况公报》显示，白洋淀大部分水域水质为Ⅴ类或劣Ⅴ类，属重度污染，而且已长期处于富营养至超富营养状态，远远劣于水功能区水环境保护目标Ⅲ类标准，水体仅适用于农业灌溉。超标污染物为总磷、总氮和化学需氧量等。《2014 年河北省环境状况公报》称："保定空气最差，白洋淀水质最差。"

（3）淀区生物栖息地严重退化，水生生物多样性显著减少。白洋淀水生生物种类多样、品种丰富，为人类提供了大量的水生生物资源。20 世纪 50 年代，淀内水生生物资源种类丰富，鱼类品种多而且质量好，优质鱼所占比重较大。60 年代以后，上游水库数量的增长使得白洋淀水生生物种群结构发生了明显变化。鱼种类及数量减少，尤其是经济价值较高的鱼类数量减少较快。1958 年淀区记录的鱼类有 54 种，2007 年的调查中减少为 27 种，2009 年仅发现 25 种。白洋淀渔业呈现产量下降、种类单一，并趋于小型化、低龄化和杂鱼化的现状。虾蟹种类、数量和品质规格均呈下降趋势。另从监测的情况来看，白洋淀流域浮游生物、栖息鸟类种类和数量也大幅减少，20 世纪 90 年代之前能监测到的部分植被、生物群落已经不复存在，浮游植物种类从 1958 年调查记录中记载的 7 门 122 属下降到 1993 年的 73 属 104 种。鸟类到 20 世纪 90 年代种类及数量达到较低数值，2004 年引岳济淀工程和 2010 年以来引黄入淀工程的实施使野生禽类数量有所恢复。

二、白洋淀水生态与环境恶化原因及潜在风险分析

（1）气候变化和人类活动是白洋淀干涸的主要原因。20 世纪 50 年代以来，白洋淀流域进入枯水期，降水量逐年减少。近 60 年平均减幅为 3.42 毫米/10 年。另外，随着流域工农业用水量不断增加，上游已修建王快、西大洋、安各庄、龙门等大中型水库近 150 座，总库容超过 36 亿米^3，工程拦蓄导致入淀水量锐减，而平原区总用水量一直在 30 亿米^3 以上。同时，上游水土流失和淀内围堤造田使得白洋淀泥沙淤积加速，淀区水面日益缩小。据研究分析，人类活动对入淀径流减少的影响占 74.9%，气候变化仅占 25.1%。

（2）流域上游城市污水排放、农业水土流失等面源污染是白洋淀水域生态环境恶化的主要原因。白洋淀的天然清洁水源补给一直匮乏，入淀水源主要为周边城市的污水，仅保定市每年排入的污水总量就达 1 亿吨。20 世纪 70 年代，白洋淀污染就引起中央政府的重视。20 世纪 90 年代以来，河北省和保定市政府已累计投资治污近 100 亿元，国家也设立了多项科技专项进行研究。经过多年的治理，虽然入淀污染负荷有所削减，但据 2007 年污染源普查数据，化学需氧量和氨氮总负荷量为 9221 吨/年和 2720 吨/年，仍远远高于平水年淀区水环境容量（化学需氧量和氨氮允许负荷为 6214.7 吨/年和 232 吨/年）。另外，流域上游处于特重水土流失范围，年流失量约 1600 万吨，大量剩余农药化肥随水土流失直接进入白洋淀水域，其氮、磷输入量占总输入量的 51%和 34.1%，引起淀区的富营养化。

（3）淀区居民生产生活污染和旅游开发也是重要的污染源，同时雄安新区建设与发展将增加水资源与水环境风险。淀区共居住约 36.48 万人，主要从事水上种植、水产养殖等经济活动，直接排入淀区的生活污水为 11.68 万～29.20 万米^3/年，而且大量饵料的投放、养殖时间延长和死鱼事件发生等引起淀区水域氨氮、总氮和总磷等浓度的增加，在一定程度上加剧了淀区富营养化。此外，白洋淀自 1988 年起开始实施红色和生态旅游开发，是我国首批 5A 级旅游景区，目前每年接纳近百万人的游客。旅游饭店、宾馆、度假村无序建设和污水排放引起的水环境污染不容忽视。随着雄安新区的建设，预计近期将有 10 万余人陆续迁入，并在远期形成承载 200 万～250 万人口、

城区面积在 2000 千米^2 的Ⅱ型大城市。相应地，流域生产生活取用水量、排污量会增加水资源的短缺与水污染风险。

（4）忽视流域生态与环境整体性保护与治理是雄安新区白洋淀流域水生态与环境恶化趋势未得到有效遏制的根本原因。白洋淀流域可大致分为陆域和水域湿地两部分，陆域产生的径流最终汇流到下游水域湿地中。上游陆域包括山区、平原及相应的工农业及城乡生活景观，下游水域则由湖泊湿地、入湖河流、入海通道及水滨带组成，陆域影响水域，陆域及水域各组分之间又相互作用，因此流域整体是一个复杂的巨系统。不同景观单元通过物质和能量交换相互作用，进而影响到景观间的生态与环境状态。景观间的很多生物物种需要在多种景观单元中迁徙、洄游，需要整体良性的生态与环境作为支撑。然而，尽管白洋淀流域水生态环境保护已经开展了大量工作，但多局限于局部区域的水土流失防治、污染治理和少数物种的保护，缺乏行之有效的对流域整体生态与环境修护和保育的全面战略规划与措施，以致白洋淀水环境状况还没有得到根本改善。

三、雄安新区建设前期几项重点工作的建议

为实现雄安新区的千年大计目标，水城共融，维系适宜的水生态与水环境，呼吁把雄安新区所处的白洋淀流域的资源、生态与环境作为建设前期科研工作的重点，设立研究专项，为雄安新区建设提供科学依据。

（1）开展白洋淀流域水生态与水环境本底综合调查，基于水城共融，为雄安新区白洋淀流域生态维护与环境整体保护综合规划提供依据。

开展陆域与水域生态环境本底调查，为制定整体生态与环境保护规划奠定基础。陆域主要开展水土流失、农业面源污染、工业与城市“三废”、农村生活“三废”、土壤污染、地下水污染等本底调查；水域主要开展水生生物资源多样性，资源量及时空分布格局，基础生物学及生态学参数，水体营养物、重金属和有机物等污染物种类、含量及来源等调查。通过全面的调查，建立白洋淀流域生态、环境与水生生物本底数据库。在对流域生态环境本底全面调查的基础上，研究雄安新区白洋淀流域水生态与水环境综合保护治理方案，为流域雄安新区建设综合规划提供科学依据。

（2）确切评价雄安新区的供水能力和水资源承载力，提出多水源联合调配方案。基于良性水循环理念和高效用水新技术，综合考虑当地水与外调水（南水北调来水、引黄入淀水、上游水库蓄水）和淀区地下水合理利用，厉行节水，挖掘各种非常规水的潜力。基于水量-水质联合评价方法，构建水系统综合模拟系统，分析雄安新区建设的用水需求与供水能力，并根据雄安新区建设不同发展阶段，进行生产生活需水预测；根据白洋淀生态系统修复与保护、水环境恢复与治理的需要，进行生态和环境需水预测；在此基础上，综合分析水资源供需平衡与态势，构建多水源联合调配和供水安全保障方案。评估气候变化和突发事件可能导致的不确定性与风险，制定生产、生活、生态共享，节水保水的水资源高效利用方案与措施。

（3）基于源头治理截污治污，研究控制白洋淀流域污染物入淀总量的技术方法。白洋淀水环境的保护和修复需从流域整体出发，从源头上进行控制与治理。加强流域内农村生产生活“三废”的集中处理技术与模式的研究，对上中游的农村进行改厕和集中排污，结合美丽乡村建设，构建村级生态湿地对生活污水进行生物拦截和初级净化，实现大幅削减农村污水排放；研发农业养殖废弃物处理和再利用工艺与相关设备，促进有机堆肥和动物粪尿的循环利用；在全流域推广节水节肥节药的集约农业生产技术应用，加强农田保护，减少水土流失，全面拦截和削减农村生产生活的废水废物排入白洋淀，控制农业面源污染；合理布局在流域内大小城市集中的废物处理中心和污水处理厂，提升污水处理能力，研究再生水在市政和农业中的安全利用技术与模式，提高再生水利用率；同时研究实行严格环境监测、管理、监督、问责的体制机制，按照水功能区纳污红线实行监控，结合河长制的落实，控制淀区内水体和各入淀河流断面的水质；此外，结合脱贫工作，对在淀区生活的居民进行整体的异地搬迁安置，取缔对淀区水质造成污染的水产养殖生产活动。研究全流域污染物立体阻隔与分布式治理的白洋淀水环境治理与修复格局，全面阻断污染物向淀区的排放。

（4）开展多视角跨学科的白洋淀流域水生态保育研究，提供打造雄安新区水生态安全屏障的科学根基。针对雄安新区白洋淀流域的水生态问题，基于天地空一体化监测技术开展多学科、跨学科的综合调研，从政治学、法学、社会学、哲学和伦理学的视角进行规律认知的同时，合理吸取经济学、管理学、统计学、心理学等科学领域的研究思想与研究方法，形成多学科、多层次、多角度的系统工程研究。通过综合的实地调研，收集整理相关统计资料和调查数据，分析历史时期水生态的时空演变、生物多样性的变化。确定河湖流域的生态需水量及明晰生态退化与上下游关系以及社会经济变化的关系。基于水文-水环境-水生态相互关系，建立水量-水质-水生态耦合模型。综合考虑水生态的自然和社会经济因子，面向水城融合目标，进行水生态功能分区，制定分区生态保护目标，提出合理的分区生态需水量、淀区生态水位和地下水合理水位。研究水生生物多样性与水质、土地利用相互关系，优化国土格局，确定分区的水生态、水环境负荷合理的阈值，确定适宜的社会经济规模。综合运用调水引流、截污清淤和生物控制等措施，实现流域和淀区水生态修复，加强流域上游水源涵养林保护和坡耕地整治，开展生态清洁小流域建设，打造水生态安全屏障，增强区域生态、环境的水土保持能力；实施河湖水系连通工程，促进水体流动和水量交换，增强水资源环境的承载力和抗御洪旱灾害的能力与应对气候变化的适应能力。建立天地空一体化的综合监测评估预警平台，为水生态保育水环境应急管理提供科技支撑。

（5）研究新兴宜水生态旅游业，制定减轻快速增长的旅游产业对淀区水环境影响的旅游规划与保障措施。白洋淀旅游资源十分丰富，不仅吸引京津冀周边地区的游客，甚至吸引了全国各地众多的游客。每年旅游人数以百万计，对区域的水环境压力巨大。雄安新区的建设将会增进旅游业的发展，环境压力将呈增加趋势。因此，必须制定白洋淀保护和可持续双目标下旅游业的发展方向，评估当前及未来旅游业对水环境的影响，制定新形势下的旅游发展规划，防止污染水环境的无序旅游业的开发，将对水环境的影响限制到最低。通过水环境影响评估，整治、限制和取缔现有对水环境产生严重污染的黑色污水旅游业；开展宜水指引和持续监测，有序引导加强以生态、民俗、历史和红色文化为特色的、不污染水环境的蓝色旅游，宣传环保意识，弘扬中华优秀传统文化，延续历史文脉；设计、构思、创新雄安新区建成后的新兴宜水旅游产业，开发新兴蓝色旅游品牌，整体提高旅游系统的宜水功能。

（本文选自2017年院士建议）

建议成员名单

姓名	职称	单位
刘建康	中国科学院院士	中国科学院水生生物研究所
刘昌明	中国科学院院士	中国科学院地理科学与资源研究所
曹文宣	中国科学院院士	中国科学院水生生物研究所
朱作言	中国科学院院士	中国科学院水生生物研究所
夏　军	中国科学院院士	中国科学院水资源研究中心、武汉大学
桂建芳	中国科学院院士	中国科学院水生生物研究所
赵进东	中国科学院院士	中国科学院水生生物研究所
于静洁	研究员	中国科学院地理科学与资源研究所
王洪铸	研究员	中国科学院水生生物研究所
刘苏峡	研究员	中国科学院地理科学与资源研究所
李丽娟	研究员	中国科学院地理科学与资源研究所
李　涛	研究员	中国科学院水生生物研究所
张永勇	副研究员	中国科学院地理科学与资源研究所
吴振斌	研究员	中国科学院水生生物研究所
宋献方	研究员	中国科学院地理科学与资源研究所
沈彦俊	研究员	中国科学院遗传与发育生物学研究所
贺　锋	研究员	中国科学院水生生物研究所
谢　平	研究员	中国科学院水生生物研究所

关于利用长江水体开展地下探测计划的建议

陈颙　等

长江是世界上最长的境内河流，其流域覆盖了中国最大的经济带，然而有关长江流域的地下探测一直是个薄弱环节。为响应中央提出的向地球深部进军，积极破解科技创新发展难题，中国科学院地学部组织近 20 位相关院士和专家，充分利用长江这一天然水体试验场，从 2015 年开始，在长江安徽段 330 千米的航道中，通过在内陆水体激发地震波开展地下探测试验，取得了较好的结果，引起了国内外同行的高度重视。在此基础上，我们建议国务院有关部委和沿江省市加以组织协调，联合国内相关科研院校，尽快启动长江流域地下探测科学计划。该计划对研究长江经济带的矿产、能源、大地构造演化、环境、交通、考古等有重大意义，且具有独特的长江地缘特色。

一、长江流域地下探测存在的主要问题

（1）天然地震产生的地震波是探测地下结构的主要手段，但长江流域天然地震活动性很低，利用天然地震探测地下结构的能力较弱。

无论是历史记录还是近代的仪器记录，长江流域都是我国地震活动性较低的地区，利用天然地震获取地下结构的能力，在全国范围是比较低的；另外，由于该流域是我国经济活动最重要的地区，开展长江流域地下结构探测研究迫在眉睫。

（2）利用爆炸等人工源产生地震波的方法，产生了许多环境、安全等方面的问题，急需寻找环保、安全、经济的新人工震源。

20世纪50年代以来，国外已利用爆炸源的宽角反射/折射开展地震探测试验，并成功应用于洋脊、造山带和盆山结合带等区域，在揭示不同构造带地壳结构的研究中发挥了重要作用。中国大陆目前已完成的人工源地震测深剖面约达7万千米，为中国大陆及海域地壳结构、构造及地球动力学研究提供了重要的数据基础，也为油气能源勘探，资源选景评价，火山地震等自然灾害孕育、发展规律的认识，以及构造演化过程研究等提供了有力支撑。

但是，利用传统的爆炸震源也带来了环境破坏、生态恶化、安全受到威胁等一系列问题，这是由于为了深入了解成矿带岩浆活动过程的深部构造背景及动力学机制，需要药量超过吨级的爆破。随着人口增加和城市化发展，全世界绝大多数国家在法律上明确禁止使用爆炸震源。因此，地下深部探测急需新的替代手段和方法。

（3）半个世纪以来，在长江中下游地区进行了数十条的探测剖面试验，通过爆炸震源采集了大量深部数据，但是资料不能共享，没有得到统一的深部图像。这既有体制方面的原因，也有科学技术方面的原因。

回顾20世纪70年代至2015年10月在中国大陆下扬子江及其邻区开展的深地震测深野外探测工程（至少几十个），通过总结分析宽角反射/折射的地震资料基本波组特征和区域地壳结构特征发现：每个工程的结果都是局部和独立的，很难得到一个全局性的综合图像。

造成这种结果首先是体制方面的原因，由于工程经费来源不同，采集到的数据发布范围、数据格式、授权等不同，资料共享难以实现，综合图像便难以完成；另一个重要的原因来自科学技术方面，每个探测工程采集到的数据都和人工震源的激发状态密切相关，即使是几乎同一地点的两次爆破，产生的信号也会有较大的差别。

二、通过长江水体激发地震波探测地下结构技术获得了突破性进展

在水中释放压缩空气，引起水体震荡，从而产生地震波的技术（简称气

枪）是国外20世纪60年代发明的，80年代开始用于海洋石油勘探。目前国外这种技术只应用于海洋，近十余年，中国科学家移植这种技术于内陆水体，并不断完善和发展，获得了突破性的进展。

（1）通过周密部署探测点，利用水体激发地震波可实现大面积的地下结构探测。海洋可近似看作无限水体，中国科学家发展了在大陆有限水体激发地震波的理论，并在实际应用中得到检验。2015年10月，气枪震源船沿长江从马鞍山航行至安庆（航道长度约330千米），气枪阵列由4条枪组成，每条枪为2000英寸^3，气枪阵列水下沉放深度为12米。收集到的信号表明：激发地震波的传播距离达200千米以上，接收地震波的覆盖面积可达20万千米^2。

（2）信号易于存储和分析。地震波采用了编码激发，实现了小激发，大面积接收的效果，激发效果相当于吨级爆破；采集到的地震波易于存储，通过解码实现数据分析和对比，有助于资料的积累和进一步分析。

（3）气枪激发是一种绿色环保、高效安全的新型地震波激发方式。气枪激发仅仅使用压缩空气产生振动，不影响水质，通过多年上万次实验，未见鱼类等水生物死亡，安全可靠。

三、政策建议

（1）利用天然水体激发地震波来开展长江流域地下探测，投入经费少，科学意义重大，应用现实可行，是一个地缘优势明显的大型科学计划。目前已具备工作基础，建议国务院有关部委和沿江省市加以组织协调，尽快启动该计划。

（2）从研究尺度（用深度衡量）角度，建议可从以下四个层次开展地球大陆地下结构探测：①地下40千米左右：对于大部分大陆，此深度是地壳和地幔的交互作用带，涉及地球动力学的诸多问题。尤其是地缘性的地学问题与此深度的结构密切相关，如青藏高原隆起、造山运动，盆地演化，克拉通减薄等。②地下20千米左右：是地壳中强度最高的层，涉及地震的孕育和发展，火山岩浆囊的形成和迁移等，对上述问题的研究是认识自然灾害机理并减轻灾害的基础。③地下5千米左右：属于浅部地壳（5千米以内），是目前人类能够开采和利用的能源和资源的主要集中区域。研究此深度的问题不仅有利于地下资源开发利用，也为进一步研究人类活动对地球介质的影响提供信息。④地下 1 千米左右：城市化进程对研究近地表（1 千米以内）介质精细结构提出了越来越高的要求，此深度的研究涉及城市地质稳定、城市地下空间开发、城市地面建筑的减灾和防灾。

（本文选自 2017 年院士建议）

建议成员名单

陈　颙	中国科学院院士	中国地震局
陈　骏	中国科学院院士	南京大学
朱日祥	中国科学院院士	中国科学院地质与地球物理研究所
董树文	研究员	中国地质科学院
金　星	研究员	福建省地震局
王宝善	研究员	中国地震局地球物理研究所
姚华建	教　授	中国科学技术大学
黄清华	教　授	北京大学
王夫运	研究员	中国地震局地球物理勘探中心
陶知非	教授级高级工程师	中国石油集团
田　柳	副调研员	中国地震局科技司
陈　涛	处　长	中国地震局科技司

关于大力加强四川杂卤石型钾资源地质勘查与技术开发的建议

赵鹏大　等

钾肥是农业发展的必备条件，然而传统钾资源高度集中在加拿大、俄罗斯、白罗斯和德国等少数几个国家（已探明储量占世界总储量的92%，产量占世界总产量的90%）。我国农业承担着养活14亿人口的重任，据统计，40多年累计进口氯化钾超过1.3亿吨。四川部分地区的深部杂卤石型钾资源是新型的、非传统钾资源，其勘查开发对弥补我国钾资源短缺具有十分重要的战略意义。

一、钾盐资源在我国的分布情况

1. 国内钾盐资源的分布

我国钾盐资源十分短缺。从“一五”到“十三五”时期，钾资源都是国家确定的七种大宗战略性紧缺矿产之一，其中可溶性钾盐资源严重不足。现已探明传统性钾盐储量为3.57亿吨（以K_2O计），按每年消费1500万～2500万吨计算，探明储量只够开采14年左右。已探明的可溶性钾盐资源主要以液态矿为主，品位低、质量差、可选择性弱。我国资源型钾肥规模以上生产企业大部分在青海，仅能满足全国约40%的需求。虽然新的钾盐资源不断开发出来，在短时间内可以降低部分进口需求，但限于传统钾盐总体储量不足，难以从根本上解决受制于人的困局。

2. 四川钾盐资源的分布

为尽快在国内找到足够的钾盐资源，早在20世纪五六十年代，当时的地质部就在四川地区组织了长达数十年的钾盐普查、勘探。经过几代地质工作者的艰辛努力并未发现理想的钾盐矿物，如钾石盐、光卤石等，却只发现了一种含钾的矿物——杂卤石。总体来说，四川地区杂卤石型钾资源勘探程度较低，目前资源分布与储量预估情况尚依赖于数十年前地矿系统勘探钻井与近年来川东地区大规模天然气开发钻井的资料。即使勘探程度不高，但现有资料足以显示四川的杂卤石型钾盐储量十分可观。以川东北为例，杂卤石矿分布面积达5万千米^2，以K_2O计远景储量达200亿吨以上，资源潜力十分巨大。此类钾盐资源因埋藏深（1500～4500米），几十年来均未取得开采技术突破。

二、四川省深部杂卤石型钾盐开发现状

杂卤石型钾盐早在19世纪就已被开发应用，因其含钾、镁、硫（杂卤石分子式为$K_2SO_4 \cdot MgSO_4 \cdot 2CaSO_4 \cdot 2H_2O$），往往被作为复合型肥料使用。杂卤石因难溶于水，深部开发关键性技术难以突破，国外主要开发目标为浅部杂卤石。截至目前，全世界杂卤石开发深度不超过1000米。深部杂卤石（大于1500米）开发技术更是世界钾盐开发的空白。

近年来，针对深部杂卤石型钾资源开发，四川省相关单位在广安市开展了大量的探索性开采工作，取得了阶段性成果，首次找到了开采地下3000米杂卤石的“原位有选择性的促溶采矿法”，并以此为核心，形成了以地球较深部杂卤石为原矿制取硫酸钾的完整工艺流程。该技术利用地球深部高温高压的自然条件，将采、选过程均置于地球深部原位，通过选择性溶出钾离子，形成钾离子溶液抽提至地面结晶分离形成硫酸钾产品，有节能环保、成本低、占地面积小、采矿回收率高等优势。该技术已于2013年6月通过四川省科技厅鉴定。以上述技术为基础，广安市与相关企业建立了深部杂卤石型钾资源开发中试基地，至2015年底，中试第一阶段工作完成，并取得了

较好的试验效果。

（1）首次于地下 3000 米提取含钾溶液（硫酸钾浓度达 2.5%），证明了上述研究的配方、装备、工艺路线的可行性。

（2）充分利用地球深部温压自然条件，节约能源。

（3）提取液的 pH 值为 6.8，对环境无影响。提取液可促进溶剂循环利用，零排放。

（4）对此工艺路线进行了初步经济可行性评价和环保评价，取得了较满意的结果。

目前，广安市与相关企业正在研究进一步完善工艺路线，筹备中试第二阶段工作。

三、存在的问题

1. 开发技术急需突破

中试第一阶段中发现几个问题：一是溶出液硫酸钾浓度不稳定；二是没有圈定出可控的可持续采矿靶区；三是没有把杂卤石矿体产状的三维特征摸清。除此之外，地面蒸发浓缩结晶也还需要中试验证。因此，工艺路线从中试到大生产还有很长的路要走。

2. 资金、技术力量薄弱

四川深部杂卤石型钾资源勘探开发是一项系统性工作，涉及专业多、部门多、技术多，所需投入的资金和人力资源都非常巨大。广安市政府在土地、拆迁、“三通一平”方面进行了大力支持，相关企业承担了科技攻关和技术研发的主要资金，但缺乏持续的资金和人力资源投入，仅靠地方政府和企业的力量，难以取得决定性胜利。

3. 勘探工作处于起步阶段，后续工作受制严重

目前，四川地区杂卤石型钾资源勘探工作仍处于初步阶段，勘探总体程度很低，2008 年之前尚无上储量表的钾盐矿产地和资源量，也没有直接针对深部杂卤石型钾盐矿的钻孔资料，地质钻孔资料基本依赖于数十年前地矿系统的勘测井与近年来川东地区的天然气井的部分资料。2012 年后，有关企业

开始在广安等地开展相关工作，才有直接针对深部杂卤石型钾盐矿的钻探资料。上述情况直接导致储量难以精准计算、地层（矿层）难以精准描述、矿产分布情况难以摸清等一系列问题，也使得开发工作受到严重的制约和影响。

四、建议

中国钾资源匮乏情况日益严重，如果四川地区杂卤石型钾资源勘探开发取得突破性进展，那么中国将从钾资源贫乏国一举成为世界富钾国，极大弥补农业短板。这对贯彻中共中央和国务院实施的“三深”战略、响应习近平总书记“中国人的饭碗任何时候都要牢牢端在自己手上”[①]的号召均具有重要的战略意义。因此，我们提出以下建议。

1. 设立国家科技重大专项，联合攻关突破开发技术难关

2017 年 4 月，四川省人民政府成立了“四川钾盐领导攻关小组”，致力于推进四川钾盐开发利用工作，但技术力量有限。因此，我们建议科技部设立国家科技重大专项，加大科技资金投入，支持相关研究单位和企业，进行关键技术联合攻关，这将成为四川的钾盐产业化、国家的钾盐战略规划发展的里程碑。建议重大专项名称为“新型矿产资源开发与利用”，以利于除新型钾资源开发研究外，开展其他新型矿产资源研究。

2. 成立国家“非传统矿产资源研究中心”

四川地区深部钾资源的勘探开发是一项综合性的工作，其成矿方式、埋藏深度、开发方式与青海、新疆钾盐有本质上的不同，其研究方向、内容均自成体系。鉴于青海、新疆地区“国家科学技术委员会盐湖组”的成功经验，我们建议尽快在四川成立“国家非传统（非常规）矿产资源研究中心”，进一步协调各行业、各专业通力完善工艺路线，形成大规模生产。这将对四川深部杂卤石型钾资源勘探开发和钾盐的工业化生产形成坚强的技术后盾，也为开展其他非传统矿产资源提供有力的技术支撑。

---

① 习近平：饭碗要端在自己手里. http：//www.xinhuanet.com/politics/2015-08/25/c_128164006.htm.

3. 落实“油钾兼探”，加大深部杂卤石型钾资源勘探力度

目前，虽然四川杂卤石型钾资源勘探工作处于起步阶段，但有相当多的资料可供利用，例如油气勘探部门在川东北地区实施的天然气井资料。中石油、中石化在川东北地区拥有大量的油气田井，这些资料如被充分共享利用，可以使得勘探工作前进一大步。建议从国家层面进一步协调大型油气企业，争取勘探数据资料共享，减少不必要的投入。

除此之外，还需要专门针对深部杂卤石进行勘探，加大勘探投入和勘探力度，以摸清杂卤石型钾资源的分布、储量、地层和含矿层特征。建议由国土资源部牵头，大力推进勘探进程。重点集中力量完成项目中试基地的精准勘探，进一步完善工艺路线。

（本文选自 2017 年院士建议）

建议院士名单

赵鹏大　中国科学院院士　中国地质大学
李曙光　中国科学院院士　中国地质大学（北京）
翟裕生　中国科学院院士　中国地质大学（北京）
於崇文　中国科学院院士　中国地质大学（北京）
莫宣学　中国科学院院士　中国地质大学（北京）
金之钧　中国科学院院士　中国石油化工股份有限公司
王成善　中国科学院院士　中国地质大学（北京）